融媒体
新形态教材

新编21世纪高等职业教育精品教材·通识课系列

U0874059

信息技术智能办公教程

主　编　侯　艳　董浩洁
副主编　成雅君　薛　惠　霍靖雯
　　　　张　璐　崔　健　曹志强
　　　　秦景峰
参　编　孙彦红　韩彦欣　李敏捧
　　　　邱春芳　张　玥

中国人民大学出版社
·北京·

图书在版编目（CIP）数据

信息技术智能办公教程 / 侯艳，董浩洁主编. 北京 ：中国人民大学出版社，2025. 1. --（新编 21 世纪高等职业教育精品教材）. -- ISBN 978-7-300-33435-6

Ⅰ. TP317. 1

中国国家版本馆 CIP 数据核字第 2024LF9025 号

新编 21 世纪高等职业教育精品教材·通识课系列

信息技术智能办公教程

主　编　侯　艳　董浩洁

副主编　成雅君　薛　惠　霍靖雯　张　璐　崔　健　曹志强　秦景峰

参　编　孙彦红　韩彦欣　李敏捧　邱春芳　张　玥

Xinxi Jishu Zhineng Bangong Jiaocheng

出版发行	中国人民大学出版社		
社　　址	北京中关村大街 31 号	**邮政编码**	100080
电　　话	010－62511242（总编室）		010－62511770（质管部）
	010－82501766（邮购部）		010－62514148（门市部）
	010－62515195（发行公司）		010－62515275（盗版举报）
网　　址	http://www.crup.com.cn		
经　　销	新华书店		
印　　刷	北京溢漾印刷有限公司		
开　　本	787 mm×1092 mm　1/16	**版　　次**	2025 年 1 月第 1 版
印　　张	14. 5	**印　　次**	2025 年 1 月第 1 次印刷
字　　数	295 000	**定　　价**	48. 00 元

前言
Preface

为适应职业院校“信息技术”“智能办公”课程的教学改革发展，满足社会对科技人才计算机应用能力的要求，提高学生智能办公的水平，我们结合多年的实践教学工作经验与企业对学生计算机应用能力的要求，组织编写了本教材。

本教材以习近平新时代中国特色社会主义思想为指导，全面融入党的二十大精神，在进行相关知识阐释的过程中，始终把提高学生的思想道德素质与专业素养融为一体，培养学生诚实守信、爱岗敬业的优秀品质。

本教材采用项目教学法和全新的编写方式，彻底改变了纯理论与纯实践的教学模式。同时，通过与河北省交通规划设计研究院有限公司、九易庄宸科技（集团）股份有限公司合作，实现校企高度融合，所选案例贴近生活与企业实际工作，力求企业用什么学生学什么，企业做什么学生会什么，通过学习企业实际案例提高学生的实践能力。

本教材操作内容实用，操作步骤详尽，并配有适当的知识讲解、具体的图片演示和视频操作演示。每一个任务由浅入深、由简到繁，将所涉及的知识点融入其中，真正实现了学中做、做中学。本教材在注重实操训练的同时，培养学生的学习兴趣，激发学生的创造力，以最终实现从教学到自学的转变，并提高学生的实践能力。

本教材由河北交通职业技术学院侯艳、董浩洁担任主编，负责设计和安排整体结构，以及拟定编写提纲；由河北交通职业技术学院成雅君、薛惠、霍靖雯、张璐，九易庄宸科技（集团）股份有限公司崔健、曹志强，河北省交通规划设计研究院有限公司秦景峰担任副主编；河北省交通规划设计研究院有限公司孙彦红、韩彦欣、李敏捧、邱春芳、张玥参与编写。本教材配有大量电子版任务要求与素材、课件、视频等资源，可通过中国人民大学出版社网站（www. crup. com. cn）下载。

本教材在编写过程中参考了有关教材和网站的资料，吸纳了来自一线师生及企业的意见和建议，得到了河北交通职业技术学院各级领导的帮助、河北省交通规划设计研究院有限公司和九易庄宸科技（集团）股份有限公司的技术配合及中国人民大学出版社的大力支持，在此一并表示感谢！

由于编者的能力和水平有限，加上时间仓促，书中难免有疏漏和不足之处，恳请同行、专家和读者批评指正。

目录
Contents

项目一 Windows 10 操作系统应用

操作系统是一种系统软件，管理和控制着计算机系统中各种硬件和软件资源，合理组织计算机的工作流程，是用户与计算机之间的接口。Windows 10 操作系统是目前较为流行的操作系统，它采用了全新的多任务界面设计，让用户能够轻松管理和切换不同的应用程序，实现多任务操作。Windows 10 操作系统以其高效、智能和安全的优势，为用户带来了全新的计算机使用体验。

学习目标

★知识目标：

1. 掌握 Windows 10 操作系统的基本操作，如个性化定制方法、任务栏的组成和作用、任务栏的基本操作和常用设置、图标及窗口的组成元素和基本操作等。

2. 掌握文件和文件夹的基本概念，理解它们在 Windows 10 操作系统中的作用和重要性。

3. 了解 Windows 10 系统管理的主要分类和相关概念，如用户账户的基本概念、类型和权限。

★能力目标：

1. 能够根据个人喜好和需求，独立完成 Windows 10 操作系统的个性化定制，打造独特的桌面风格。

2. 熟练使用任务栏进行应用程序的启动、切换和管理，提高多任务处理的效率。

3. 能够灵活运用图标窗口进行文件、程序的浏览和操作，实现高效的信息获取和处理。

4. 能够熟练使用 Windows 10 操作系统的文件资源管理器进行文件和文件夹的浏览、创建、重命名、复制、移动、删除、压缩和解压等基本操作。

5. 掌握文件和文件夹的搜索方法，能够快速定位并找到所需的文件或文件夹。

6. 熟练卸载不再需要的应用程序，释放系统资源。

7. 掌握 Windows 10 操作系统中时间和日期的设置方法。

8. 熟悉 Windows 10 操作系统的多语言支持功能，包括语言包的安装、切换和卸载。

9. 了解 Windows 10 操作系统用户账户的基本概念、类型和权限。

10. 掌握用户账户的创建、修改和删除方法。

★素养目标：

1. 培养审美观和个性化意识，通过个性化定制展现个人风格和品味。

2. 具备自主学习和创新能力，能够不断探索和尝试新的个性化定制方法和技巧。

3. 培养良好的文件管理和组织习惯，建立规范的文件和文件夹命名、分类和存储方式。

4. 培养良好的应用管理习惯，定期更新和清理应用程序，保持系统的清洁和高效。

任务一 基本操作

对于 Windows 10 用户而言，个性化定制、任务栏、图标和窗口的设置，是提升操作便捷性和美观性的关键。个性化定制功能丰富多样，用户可根据个人喜好调整主题、背景、颜色等，打造独特的桌面风格。任务栏作为快速访问应用程序的重要工具，支持固定常用程序、调整大小等操作。图标和窗口直观展示文件和应用程序，便于用户浏览和操作。通过学习这些内容，用户将能够熟练掌握 Windows 10 的基本操作技巧，提高计算机使用效率，同时享受个性化的操作体验。

任务描述

通过本任务的学习，掌握 Windows 10 的基本操作，包括使用个性化命令、任务栏的操作、管理桌面图标、调整窗口等。

任务实施

一、个性化定制

Windows 10 对桌面个性化设置进行了改进，相较于 Windows 7 而言，其界面看起来更加简洁。Windows 10 操作系统界面的个性化设置被集成到“个性化”窗口中，这是微软对 Windows 界面设置重新归类的结果。个性化命令包括对背景、颜色、锁屏界面、主题、字体、开始和任务栏的设置。

（一）进入个性化设置

【操作步骤一】系统个性化设置可通过开始菜单的“设置”进入，具体操作为：单击“开始”菜单，单击左侧“设置”按钮进入“Windows 设置”窗口，选择“个性化”，如图 1－1 所示。

1－1 进入个性化设置

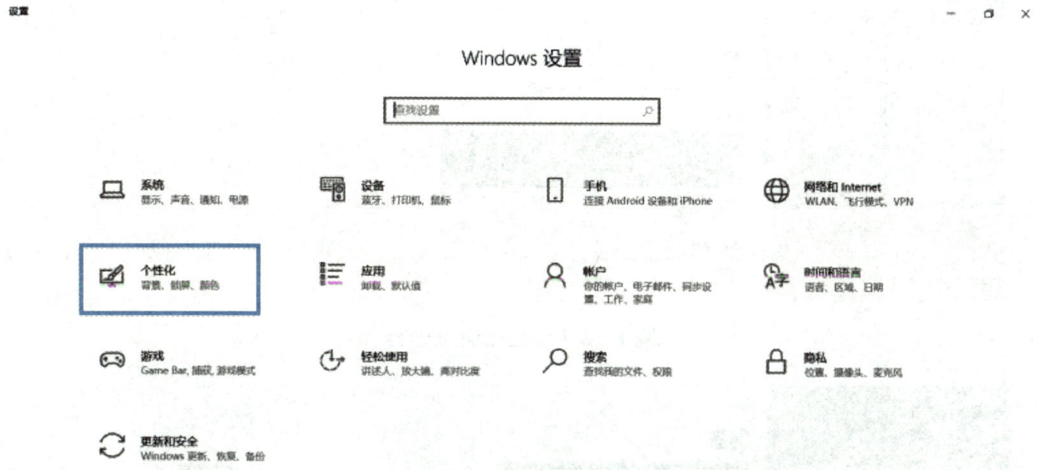

图 1－1　“Windows 设置”窗口中选择“个性化”

【操作步骤二】也可以在 Windows 10 系统桌面空白处单击鼠标右键，在弹出的菜单中选择“个性化”，可以快速进入个性化设置，如图 1－2 所示。

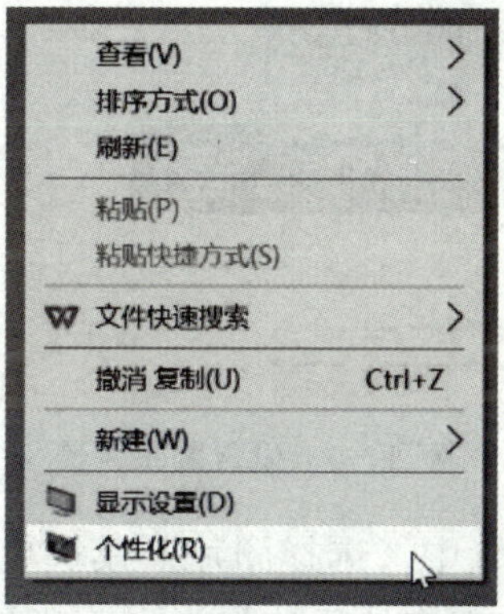

图 1－2　快速进入个性化设置

【操作步骤三】个性化设置主要包括对背景、颜色、锁屏界面、主题、字体、开始和任务栏的设置，如图 1－3 所示。本书主要介绍对背景、颜色和锁屏界面的设置。

（二）更改桌面背景

【操作步骤一】在系统桌面空白处单击鼠标右键，在弹出的菜单中选择“个性化”，快速进入个性化设置。选择“背景”，单击“背景”的下拉列表可以设置屏幕背景为图片、纯色、幻灯片放映三种效果，如图 1－4 所示。

1－2 更改桌面背景

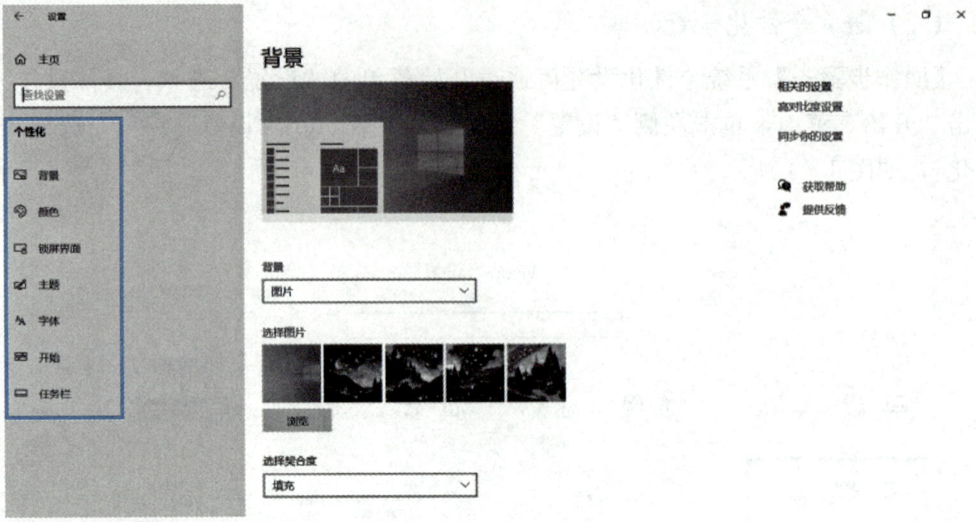

图 1-3　个性化设置内容

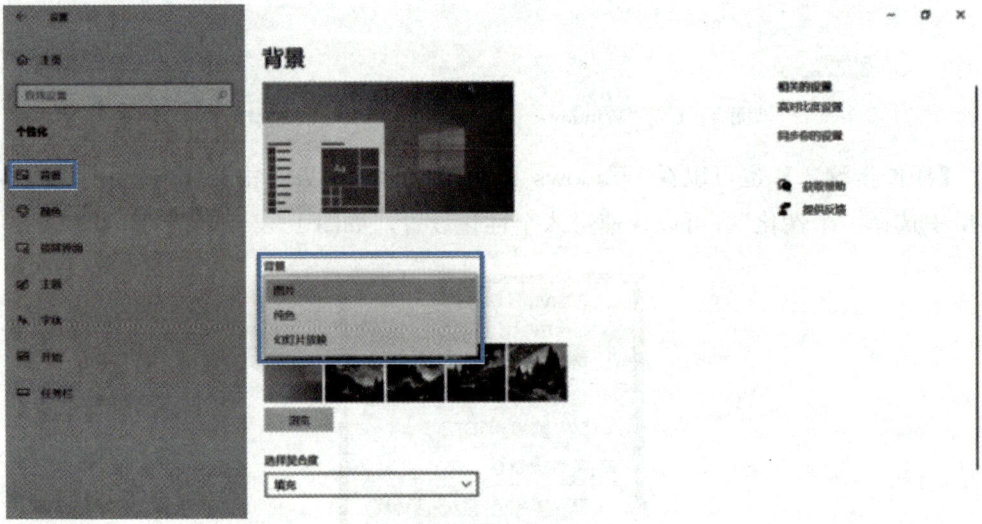

图 1-4　设置屏幕背景

【操作步骤二】在背景设置中“选择图片”模块单击“浏览”按钮，如图 1-5 所示，可以在文件中选择已经保存的图片作为桌面背景。在“选择契合度”的下拉列表中可以选择填充、适应、拉伸、平铺、居中和跨区等形式，进一步设置所选桌面背景与桌面的契合度，如图 1-6 所示。

（三）更改 Windows 颜色

【操作步骤一】Windows 颜色主要是指其主题颜色，包括标题栏、窗口边框、窗口背景及选择按钮等颜色。如图 1-7 所示，在“个性化”设置窗口中选择“颜色”，在“选择颜色”的下拉列表可以选择浅色、深色或自定义（图中未注明下拉列表），完成对窗口背景的设置，当前选中“浅色”，颜色如上面“示例文本”所示，整体窗口背景、标题栏及边框的颜色为白色。

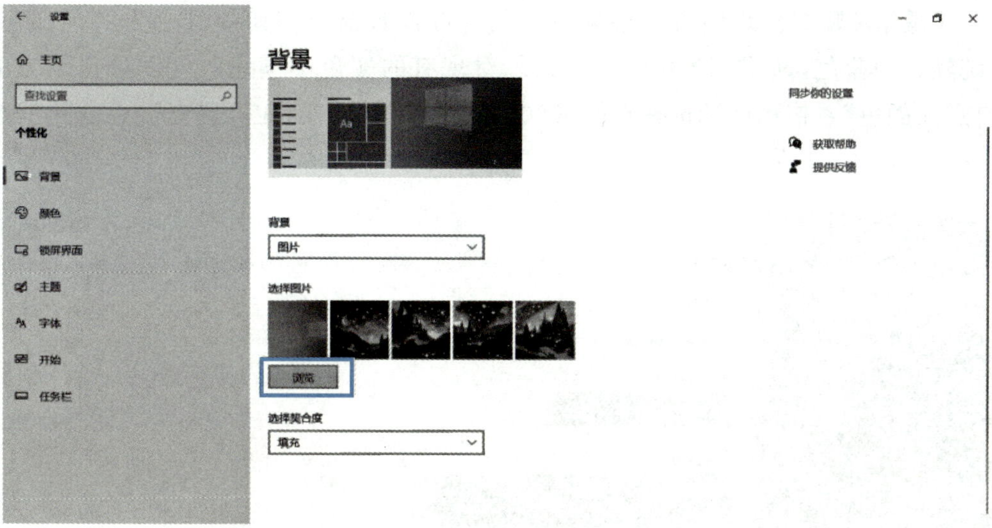

图 1－5　“选择图片”模块单击“浏览”按钮

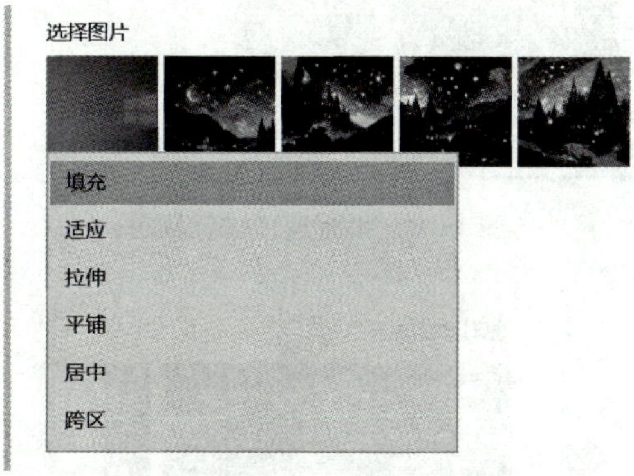

图 1－6　设置所选桌面背景与桌面的契合度

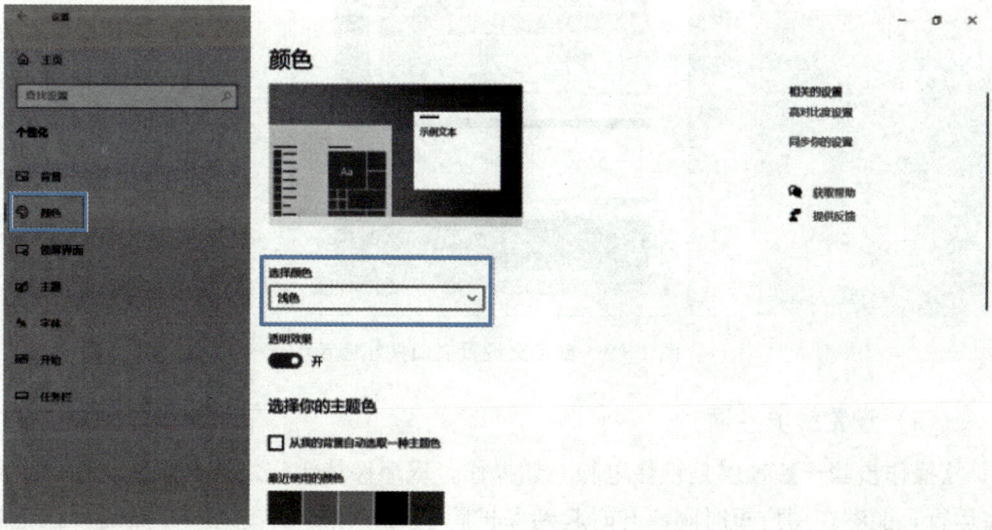

图 1－7　设置窗口背景颜色

1－3 更改 Windows 颜色

【操作步骤二】我们可以根据自己的喜好设置窗口按钮等颜色为其他颜色，系统默认为蓝色，如图 1－8 所示。如果对现有的颜色不满意，可以单击下方的“自定义颜色”，拖动鼠标选择自己喜欢的颜色添加到“自定义颜色”色块中完成设置，如图 1－9 所示。

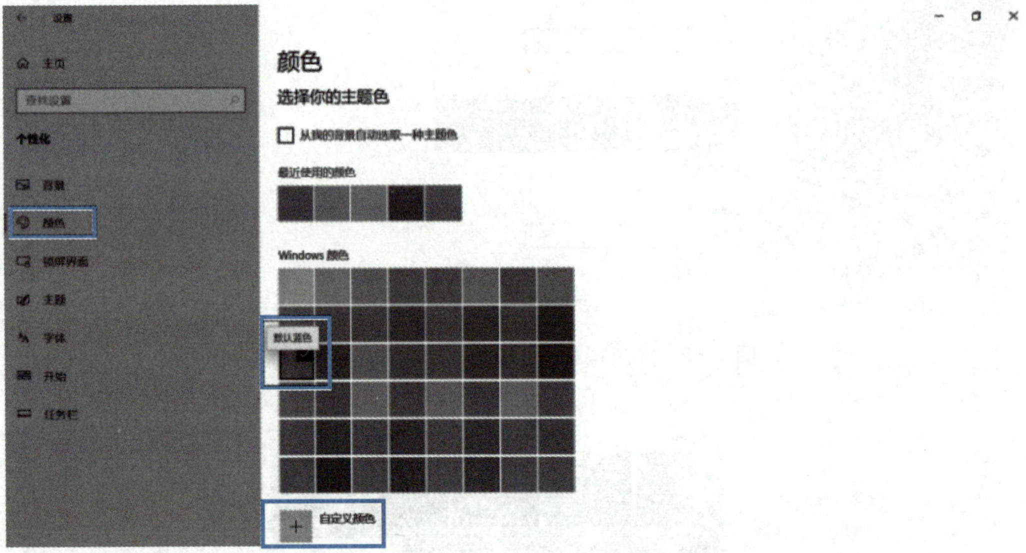

图 1－8　设置窗口按钮颜色

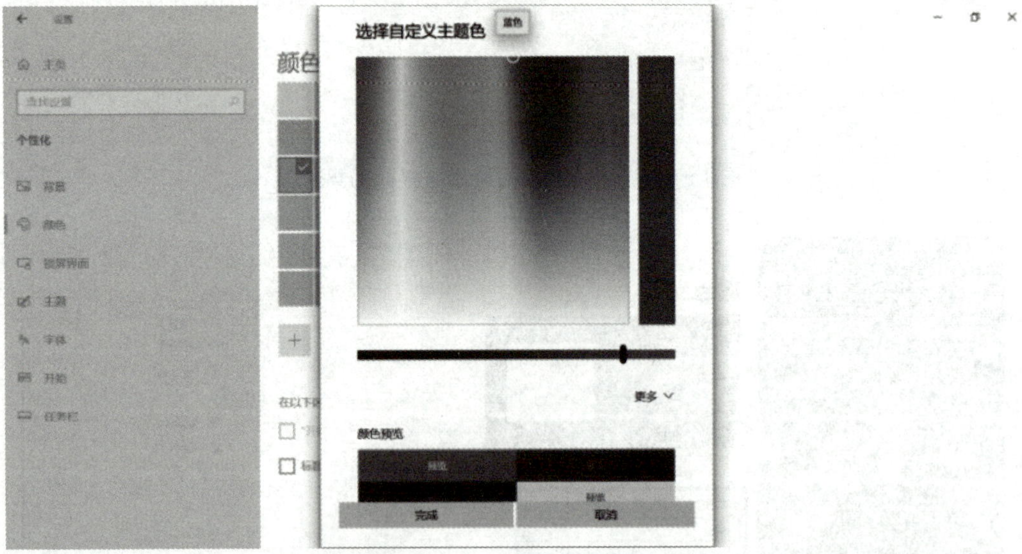

图 1－9　自定义设置窗口按钮颜色

（四）设置锁屏界面

【操作步骤一】锁屏是锁住电脑一切操作，程序保持锁定之前的状态，而后台还在运行，能够在用户短时间离开时起到保护隐私的作用。设置锁屏界面能够让电脑处于锁屏状态下看起来更加美观。具体操作是在“个性化”设置窗口中选择“锁屏界面”，在背景下拉列表可以选择 Windows 聚焦、图片和幻灯片放映三种模式，并可以在上方预览所选模式的显示效果，如图 1-10 所示。

1-4 设置锁屏界面

图 1-10 选择锁屏界面设置模式

【操作步骤二】当锁屏界面背景为“Windows 聚焦”模式时，可以在下方选择在锁屏界面上显示详细状态、快速状态的应用，并设置是否在登录屏幕上显示锁屏界面背景图片，如图 1-11 所示。

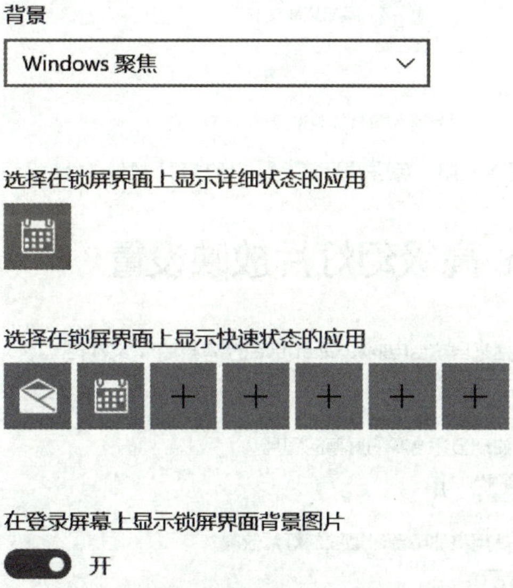

图 1-11 锁屏界面背景“Windows 聚焦”模式设置

当锁屏界面背景为“图片”模式时，除上述设置外，可以单击“浏览”按钮选择自己保存的图片或系统图片进行自定义设置，同时可以在锁屏界面上获取花絮、提示、技巧等，如图 1-12 所示。

当锁屏界面背景为“幻灯片放映”模式时，除上述设置外，单击“添加文件夹”

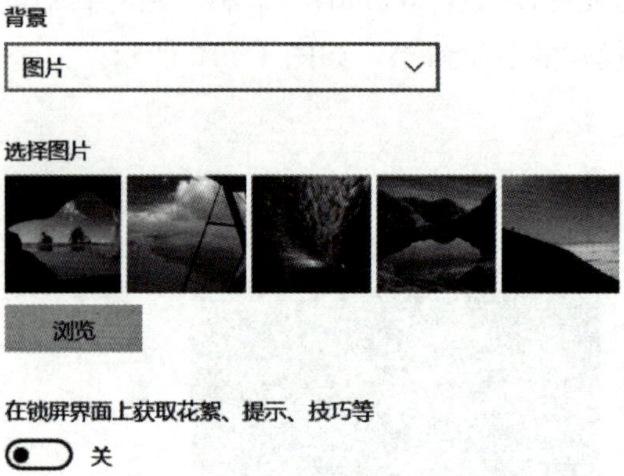

图 1－12　锁屏界面背景“图片”模式设置

可以为幻灯片放映选择相册，如图 1－13 所示。在“高级幻灯片放映设置”下方，可以进行更多设置，如图 1－14 所示。

图 1－13　锁屏界面背景“幻灯片放映”模式设置

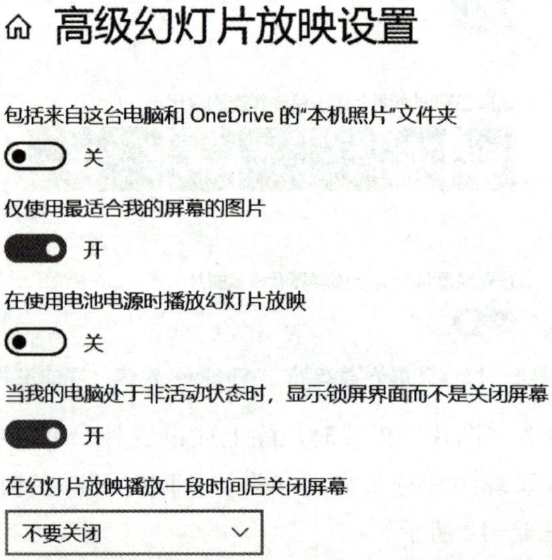

图 1－14　锁屏界面背景“高级幻灯片放映设置”

【操作步骤三】 在锁屏界面设置中还可以进行屏幕超时设置和屏幕保护程序设置，如图 1－15 所示。单击锁屏界面设置窗口中的“屏幕超时设置”，将自动跳转至“电源和睡眠”页面，对关闭屏幕和进入睡眠状态的时间进行设置，如图 1－16 所示。

1－5 屏幕超时设置和屏幕保护程序设置

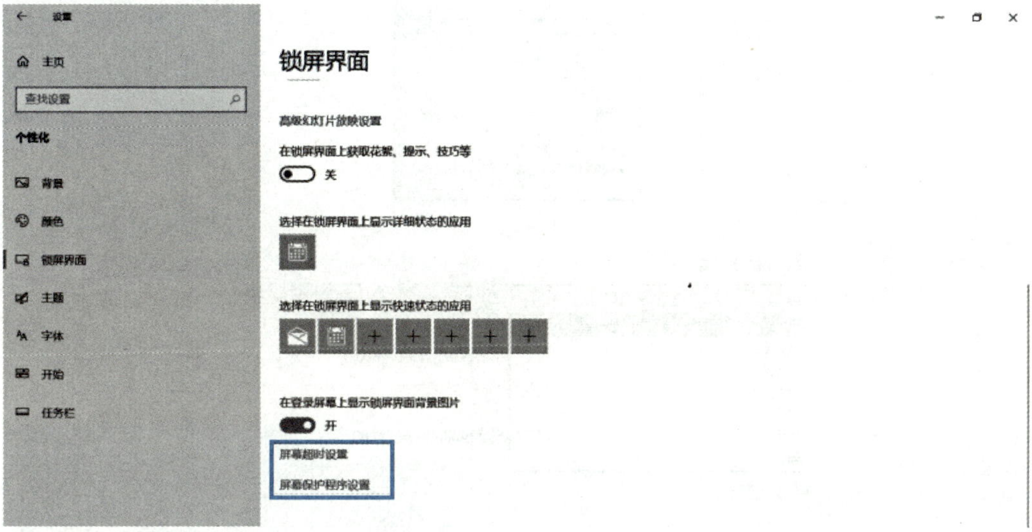

图 1－15　屏幕超时设置和屏幕保护程序设置

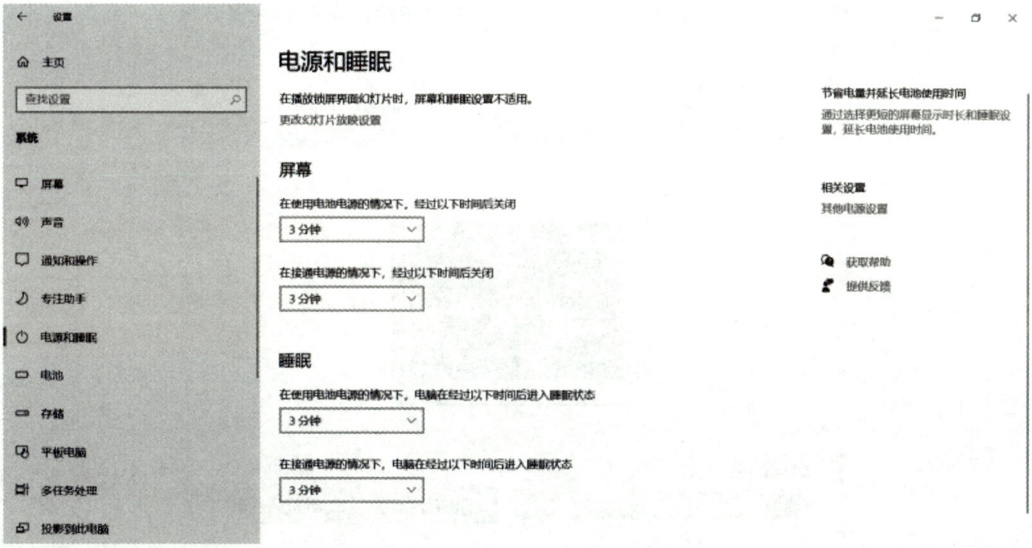

图 1－16　“电源和睡眠”页面

单击锁屏界面设置窗口中的“屏幕保护程序设置”，在“屏幕保护程序”下拉列表中选择喜欢的屏保动画，如图 1－17 所示。当选择了屏幕保护程序后，可以在“等待”微调框中设置等待时间，即设置用户多长时间未操作计算机时启动屏幕保护程序。例如，设置屏幕保护程序为“气泡”，等待时间为“1 分钟”，如图 1－18 所示，最后单击“确定”按钮，完成设置。

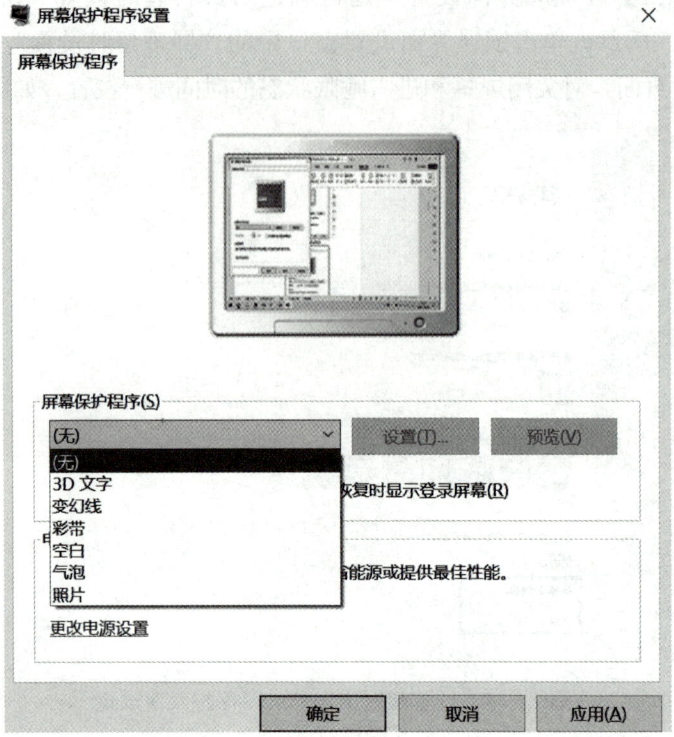

图 1-17　在“屏幕保护程序”下拉列表中选择喜欢的屏保动画

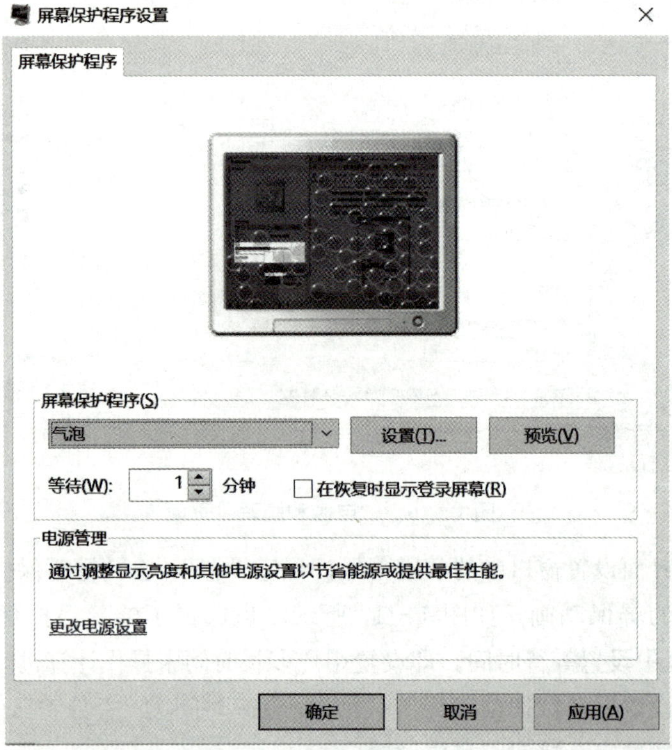

图 1-18　设置屏幕保护程序为“气泡”，等待时间为“1 分钟”

二、任务栏

任务栏的操作包括认识任务栏、任务栏的锁定与解锁、任务栏位置的改变、将程序锁定到任务栏。

（一）认识任务栏

1－6 认识任务栏

位于桌面底部的长横条是任务栏，其中包含一系列功能组件，从左到右依次为“开始”按钮、搜索框、任务视图、快速启动区、程序按钮区、系统通知区和“显示桌面”按钮，如图 1－19 所示。

（1）“开始”按钮：单击该按钮，会弹出“开始”菜单。

（2）搜索框：可用于搜索应用程序、文档、网页、文件夹、图片等各种资源。

（3）任务视图：单击该按钮，可显示当前正在运行的任务和历史任务。

（4）快速启动区：用于快速启动应用程序，或者切换显示当前正在运行的应用程序。

（5）程序按钮区：在系统工作中，打开一个窗口时，相对应的按钮就会出现在程序按钮区；关闭窗口后，该按钮消失。

（6）系统通知区：用于显示 CPU 温度、系统音量、网络、输入法、日期与时间、应用程序提示信息等内容。

（7）“显示桌面”按钮：单击该按钮，可以直接显示电脑桌面。

图 1－19　任务栏组成内容

（二）任务栏的锁定与解锁

1－7 任务栏的锁定与解锁

【操作步骤一】任务栏的锁定：在任务栏空白处单击鼠标右键，在弹出的菜单中选择“锁定任务栏”即可，如图 1－20 所示。

【操作步骤二】任务栏的解锁：在任务栏空白处单击鼠标右键，在弹出的菜单中取消选中“锁定任务栏”即可，如图 1－21 所示。

（三）任务栏位置的改变

1－8 任务栏位置的改变

【操作步骤一】在“开始”菜单中单击“设置”进入 Windows 设置页面，单击“个性化”进入个性化设置，如图 1－22 所示。

【操作步骤二】在弹出的“个性化”设置左侧边栏选择“任务栏”，可以对任务栏进行相关设置，其中可在“任务栏在屏幕上的位置”的下拉列表中选择需要的位置变化，如图 1－23 所示，可通过选择“靠左、顶部、靠右、底部”完成设置，如图 1－24 所示。

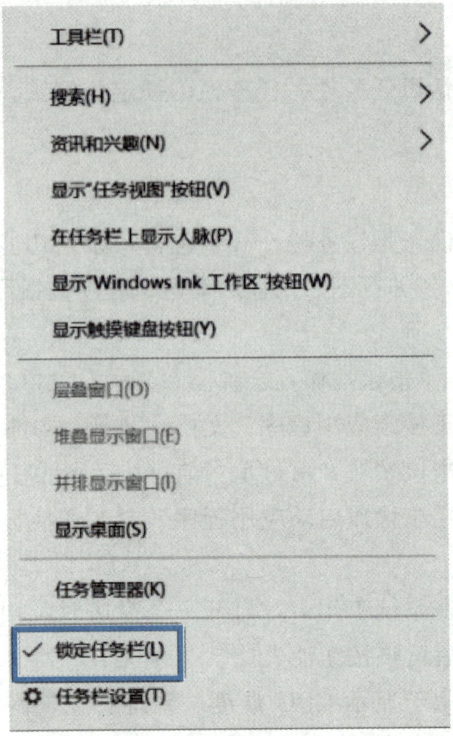

图 1－20　锁定任务栏

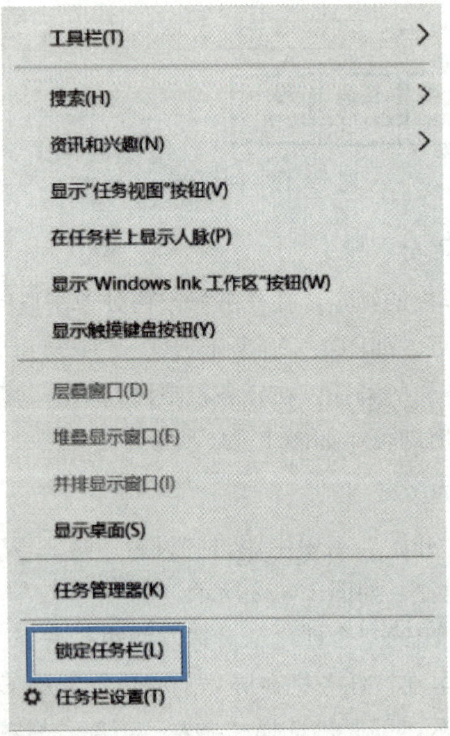

图 1－21　解锁任务栏

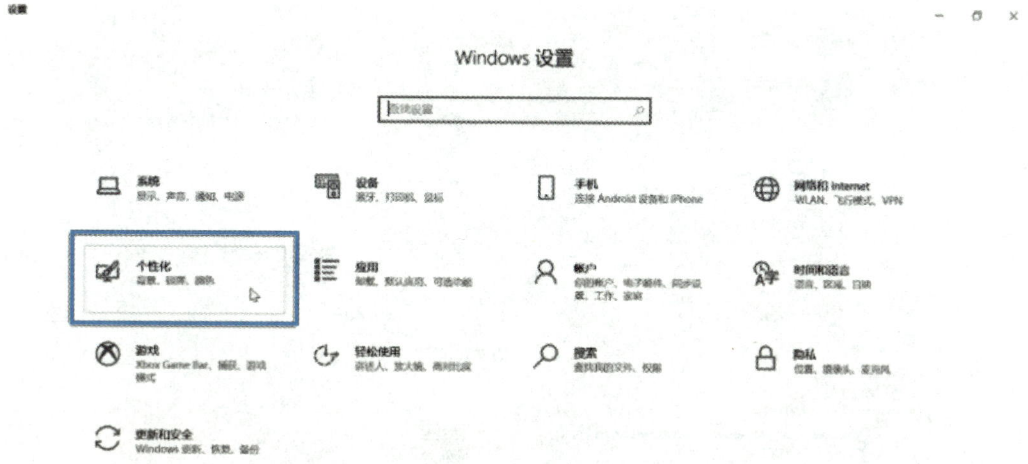

图 1－22 进入个性化设置

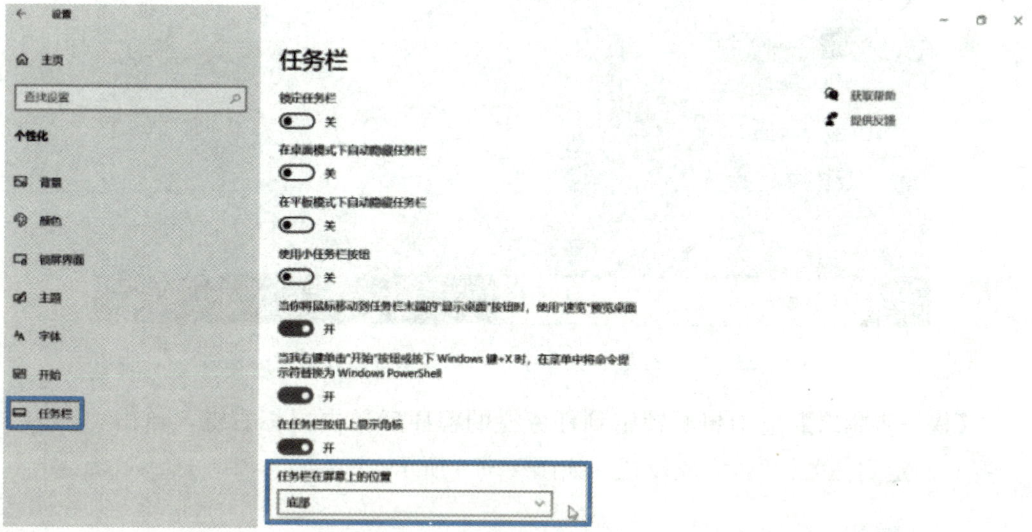

图 1－23 在“任务栏在屏幕中的位置”的下拉列表中选择需要的位置变化

图 1－24 完成任务栏位置设置

（四）将程序锁定到任务栏

【操作步骤一】单击系统桌面左下角的“开始”按钮，在弹出的“开始”菜单中选择想要锁定到任务栏的程序，以“百度网盘”为例，如图 1－25 所示。

1-9 将程序锁定到任务栏

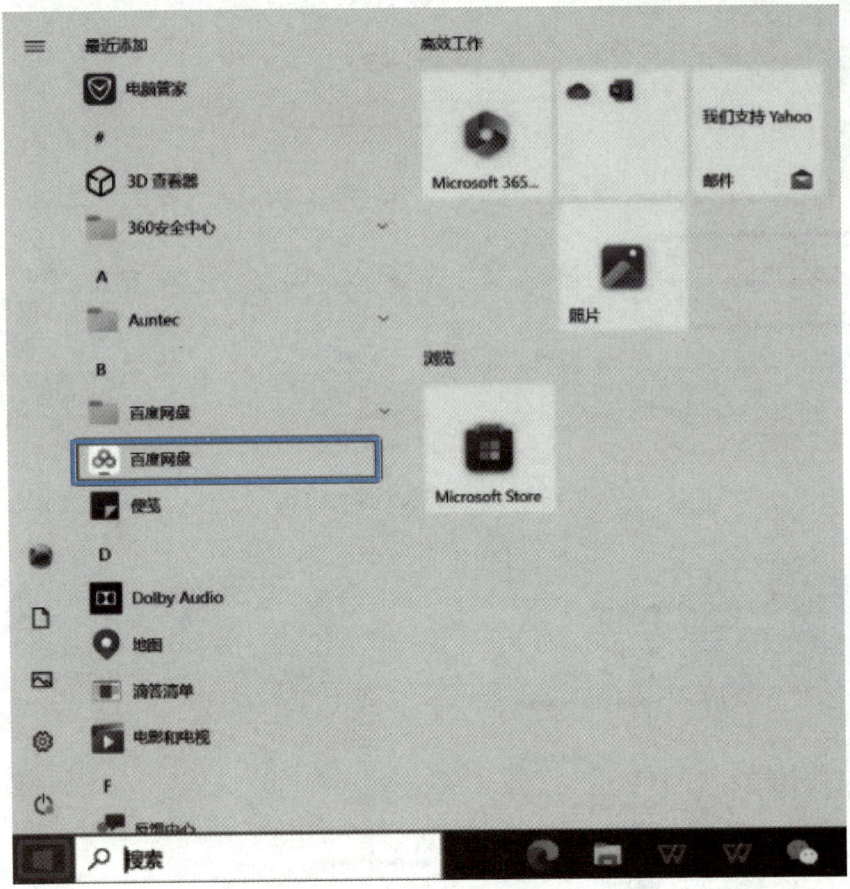

图 1-25　在“开始”菜单中选择想要锁定到任务栏的程序

【操作步骤二】选中想要锁定到任务栏的程序后单击鼠标右键，单击“更多”，选择“固定到任务栏”，完成设置，如图 1-26 所示。

三、图标

桌面图标管理包括认识桌面图标、添加系统图标、添加快捷方式图标、更改桌面图标的大小。

（一）认识桌面图标

通常，桌面图标（见图 1-27）可以分为系统图标、快捷方式图标和文件（夹）图标等。

（1）系统图标：系统图标是指操作系统定义的图标，主要用于启动常用程序，包括“此电脑”“网络”“回收站”“控制面板”图标等。

（2）快捷方式图标：在桌面图标中，有些图标带有小箭头，它们表示程序或文件的快捷方式。快捷方式并不是源文件，而是指向源文件的一个链接，双击快捷方式图标即可打开相应的程序或文件。图 1-27 中的“WPS Office”、“电脑管家”、

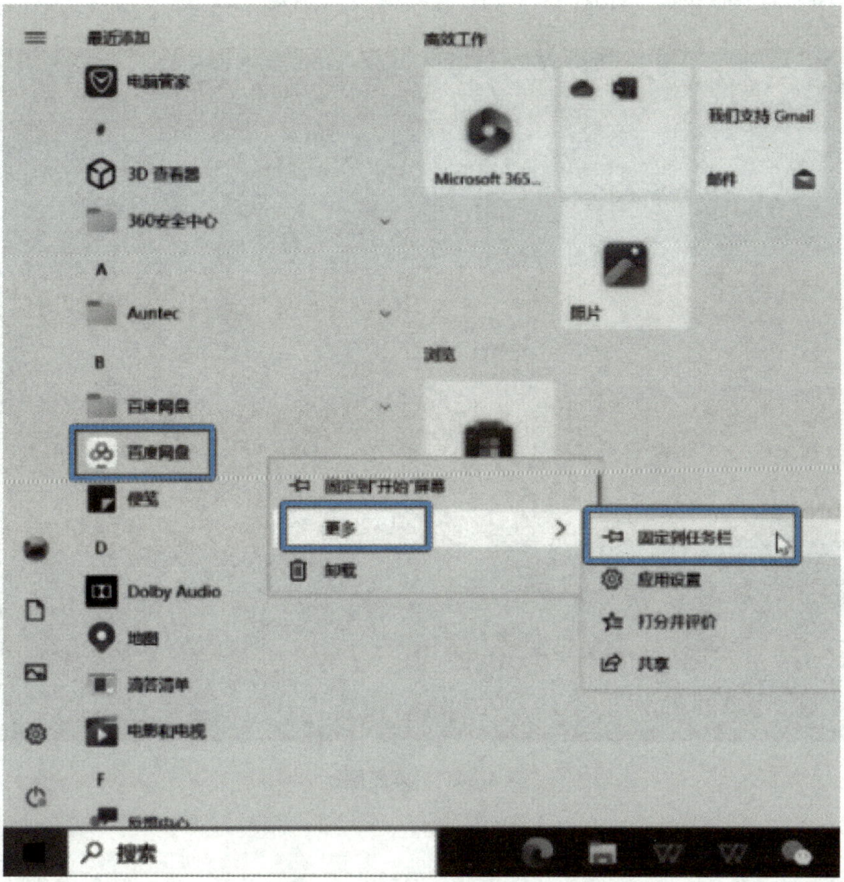

图 1-26 将程序锁定到任务栏

“百度网盘”、“腾讯会议”、“网易有道词典”、“微信”及“腾讯 QQ”图标都是快捷方式图标。

（3）文件（夹）图标：桌面和其他文件夹一样，也是一个可以保存文件的场所，一些临时用过的文件可以方便地保存在桌面上，如图片、文档等，这些文件在桌面上就会显示为一个图标。图 1-27 中的“Administrator”图标就是文件夹图标。

（二）添加系统图标

第一次登录 Windows 10 操作系统的时候，系统桌面上只有一个“回收站”图标。为方便平时操作，可以通过简单的操作将其他常用的系统图标添加到系统桌面上。具体操作步骤如下：

【操作步骤一】在系统桌面空白处单击鼠标右键，在弹出的菜单中选择“个性化”。

【操作步骤二】在弹出的“个性化”窗口中选择“主题”，单击右侧的“桌面图标设置”按钮。

【操作步骤三】在弹出的“桌面图标设置”对话框中的“桌面图标”选项组中选

中需要添加的系统图标，如图 1-28 所示，单击“确定”按钮。

1-10 认识桌面图标

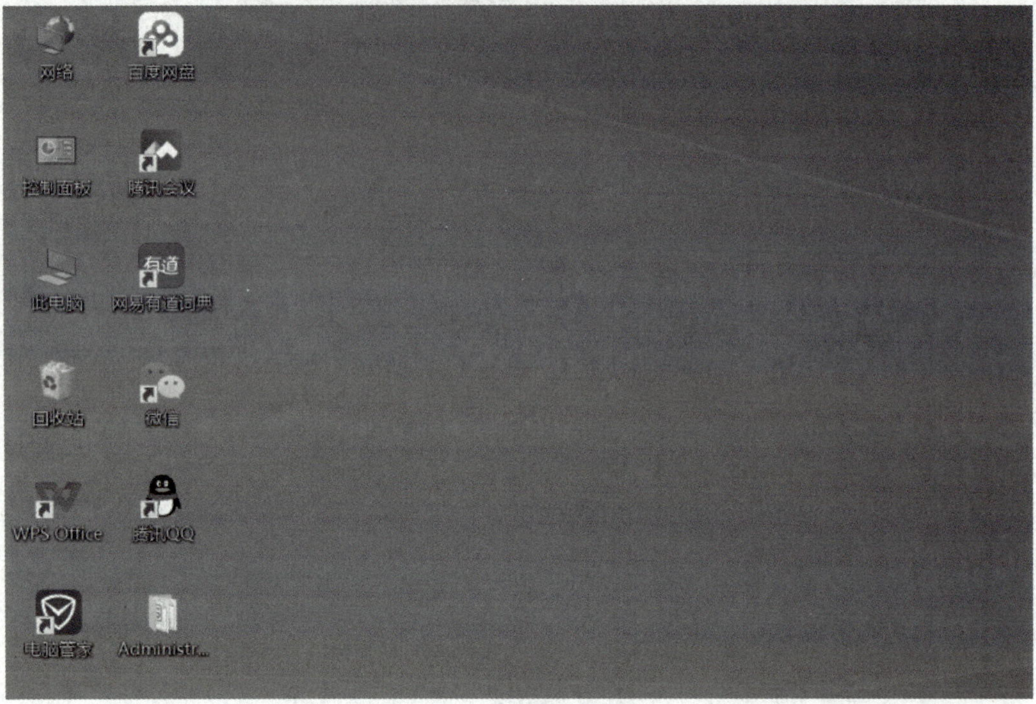

图 1-27　桌面图标

1-11 添加系统图标

图 1-28　添加系统图标

（三）添加快捷方式图标

对于某些没有在桌面创建快捷方式图标的程序，可以手动添加该程序的快捷方式图标。以创建“腾讯 QQ”桌面快捷方式为例，具体操作步骤如下：

1-12 添加快捷方式图标

【操作步骤一】单击系统桌面左下角的“开始”按钮，在弹出的“开始”菜单中找到“腾讯 QQ”的位置，如图 1-29 所示。

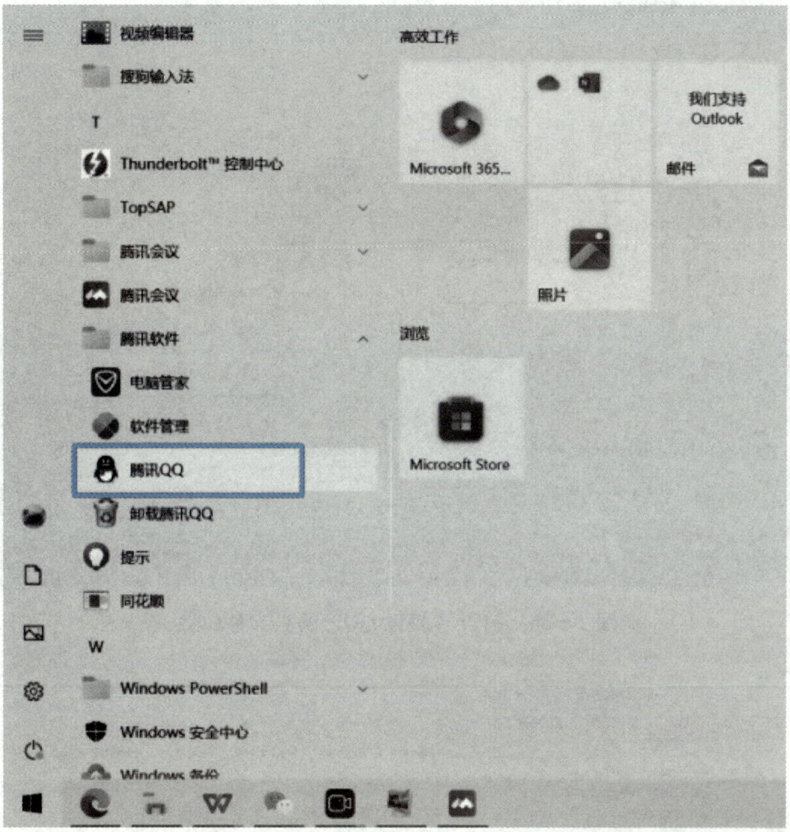

图 1-29　找到“腾讯 QQ”的位置

【操作步骤二】在展开的程序列表中选中“腾讯 QQ”，单击鼠标右键，在“更多”中选择“打开文件位置”，如图 1-30 所示，可快速定位到“腾讯 QQ”所在文件位置。

【操作步骤三】在文件中选中“腾讯 QQ”，单击鼠标右键，依次选择“发送到”→“桌面快捷方式”，完成创建，如图 1-31 所示。

（四）更改桌面图标的大小

1-13 更改桌面图标大小

在 Windows 10 中，我们可以改变桌面图标的大小，使其满足视觉和操作的习惯。系统提供了 3 种桌面图标显示方式，分别是“大图标”、“中等图标”和“小图标”。具体操作步骤如下：

【操作步骤一】在系统桌面空白处单击鼠标右键，弹出桌面快捷菜单，如图 1-32 所示。

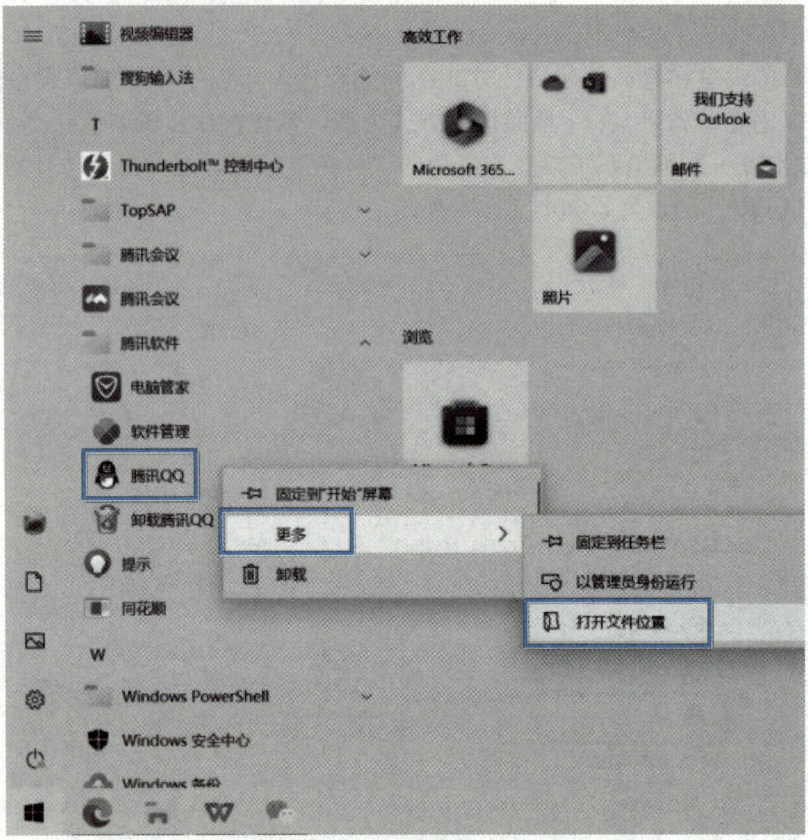

图 1－30　打开“腾讯 QQ”所在文件位置

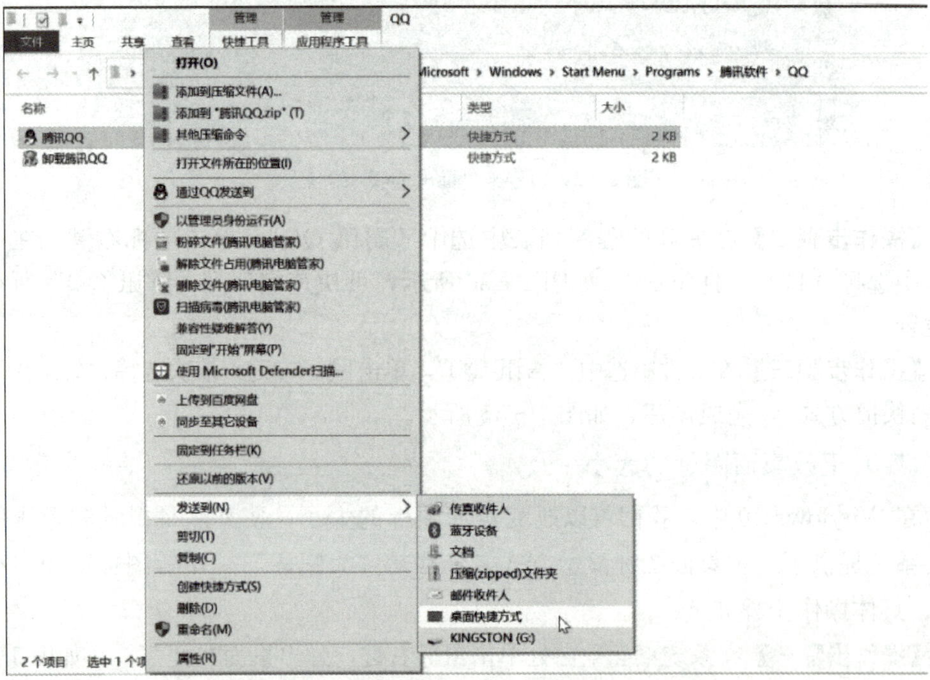

图 1－31　完成“腾讯 QQ”桌面快捷方式创建

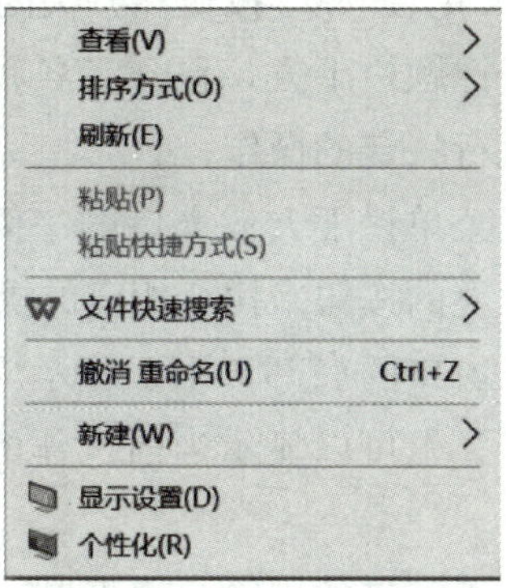

图 1-32 桌面快捷菜单

【操作步骤二】将光标移动到“查看”上，在系统自动展开的菜单中分别单击“大图标”“中等图标”“小图标”来选择该桌面图标的大小，如图 1-33 所示。

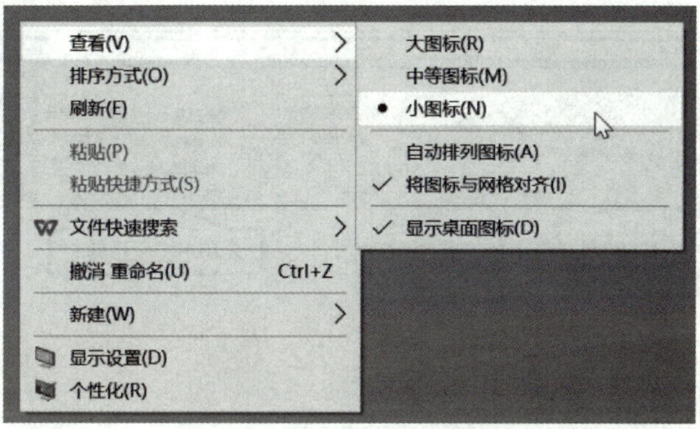

图 1-33 选择桌面图标的大小

四、窗口的组成与操作

Windows 被称为视窗操作系统，它的界面是由一个个的窗口组成的，每当打开应用程序、文件或文件夹时，它们都将显示在相应的窗口中。在 Windows 操作系统中，一个窗口可以包含应用程序的用户界面元素，如按钮、文本框、菜单等，用户可以通过窗口与应用程序进行交互。

Windows 10 系统的窗口与经典的 Windows 7 系统相比有了重大改变，Windows 10 以图标形式平铺所有功能，使其操作的便利性大大提高。另外，Windows 10 系统中的窗口还专门为触屏进行了优化，如窗口右上角的按钮更利于用手指点击操作。

（一）窗口的组成

Windows 窗口的组成部分主要包括标题栏、菜单栏、工具栏、状态栏、边框和内容区域等，如图 1-34 所示。

（1）标题栏：标题栏位于窗口的顶部，显示了窗口的标题和控制按钮。控制按钮包括“最小化”按钮、“最大化/还原”按钮和“关闭”按钮。

（2）菜单栏：菜单栏位于标题栏下方，包含了各种菜单和子菜单，用户可以通过选择菜单栏上的菜单项来执行特定的操作。

（3）工具栏：工具栏位于菜单栏下方或窗口的一侧，显示了一些常用的工具按钮，用户可以通过单击工具栏上的按钮来执行相应的操作。

1-14 窗口的组成

（4）状态栏：状态栏位于窗口的底部，用于显示应用程序的状态信息，如正在打印、正在加载、剩余空间等；也可以显示当前操作的一些提示，如光标悬停在链接上时会显示链接的地址。

（5）边框：窗口的边框位于窗口的周围，用于界定窗口的边界。

（6）内容区域：内容区域位于窗口的中间部分，用于显示应用程序的具体内容，如文本、图片、表格等。用户可以在内容区域进行各种操作，如编辑文本、查看图片、填写表格等。

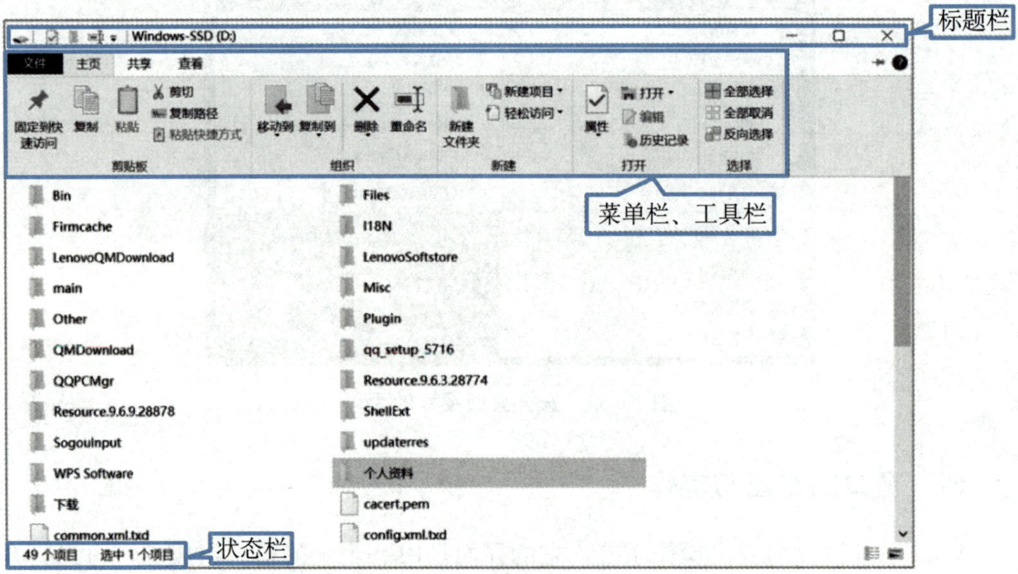

图 1-34 Windows 窗口的组成

（二）窗口的相关操作

（1）改变窗口的大小：通过单击“最小化”“最大化”按钮可以改变窗口的大小。将光标移动到窗口 4 个边框或 4 个角上，当光标显示为双箭头时，按住鼠标左键并移动鼠标便可以调整窗口的大小。

（2）调整窗口的位置：将光标指向窗口的标题栏，按住鼠标左键并移动鼠标便可以调整窗口的位置。

1-15 窗口的相关操作

（3）在窗口间切换：单击任务栏中的窗口图标即可实现相应的切换。或者同时按“Alt+Tab”组合键，即按住“Alt”键不动，每按一下“Tab”键切换一次窗口。还可以同时按下“Win+Tab”键，即可打开任务视图。任务视图中罗列了当前运行的所有任务，可直接单击选择窗口进行切换。

(4) 排列窗口：在任务栏的空白处单击鼠标右键，然后在弹出的快捷菜单中选择“层叠窗口”“堆叠显示窗口”“并排显示窗口”中的一个，以实现窗口的不同布局方式。

任务训练

自定义个人计算机

要求如下：

(1) 更改桌面背景为自己喜欢的图片，并设置背景契合度为“平铺”。

(2) 将 Windows 主题颜色设置为浅色。

(3) 设置屏幕保护程序为“变幻线”，等待时间为“2 分钟”。

(4) 将任务栏的位置移动到“靠右”。

(5) 在桌面创建“微信”的快捷方式。

(6) 设置桌面图标的大小为“中等图标”。

(7) 将任务栏中的窗口以“堆叠显示窗口”方式排列。

知识巩固

1. 以下不属于 Windows 10 操作系统中个性化设置的是（　　）。

A. 背景　　B. 颜色　　C. 锁屏界面　　D. 语言

2. 位于 Windows 10 系统桌面底部的长横条是（　　）。

A. 任务栏　　B.“开始”菜单　　C. 控制面板　　D. 资源管理器

3. 下列关于任务栏在屏幕中的位置的说法正确的是（　　）。

A. 任务栏只能位于桌面的底部

B. 任务栏的位置不能改变

C. 任务栏的位置可以在个性化设置中进行设置

D. 任务栏的位置不能位于屏幕的左边或右边

4. 以下不属于桌面图标的类型的是（　　）。

A. 系统图标　　B. 快捷方式图标

C. 文件（夹）图标　　D. 桌面图标

5. 桌面上的“回收站”图标属于（　　）。

A. 系统图标　　B. 快捷方式图标

C. 文件（夹）图标　　D. 桌面图标

6. 下列选项中不属于 Windows 10 窗口的组成的是（　　）。

A. 标题栏　　B. 任务栏　　C. 工具栏　　D. 状态栏

7. 以下不属于锁屏界面的模式的是（　　）。

A. Windows 聚焦　　B. 幻灯片放映

C. 图片　　D. 视频

8. 下列关于 Windows 颜色设置的说法错误的是（　　）。

A. Windows 颜色只能改变窗口背景的颜色

B. 用户只能选择系统给定的颜色

C. 用户可以自定义颜色

D. 系统默认的颜色为红色

9. 在桌面图标中，有些图标的右下角带有小箭头，这些图标属于（　　）。

A. 系统图标　　B. 快捷方式图标

C. 文件（夹）图标　　D. 桌面图标

10. 任务栏中窗口的切换可以同时按下（　　）组合键。

A. Alt＋Tab　　B. Alt＋Shift

C. Alt＋Ctrl　　D. Alt＋Enter

任务二 文件和文件夹管理

Windows 10 操作系统的文件和文件夹管理功能强大且灵活，允许用户高效组织、存储和检索文件。通过学习文件和文件夹的创建、命名、复制、移动和删除等基本操作，用户可以轻松管理计算机中的各类数据。同时，掌握文件和文件夹的搜索方法，能够快速定位所需文件，提高工作效率。因此，学习 Windows 10 操作系统的文件和文件夹管理对于提升计算机操作能力和数据管理效率具有重要意义。

任务描述

通过本任务认识 Windows 10 操作系统的资源管理器，掌握使用文件管理器来进行文件或文件夹的常用操作。本任务要求认识文件和文件夹，掌握文件和文件夹的基本操作，包括新建、重命名、选择、复制、删除、隐藏、搜索文件或文件夹，以及压缩和解压文件。

任务实施

一、认识文件、文件夹及资源管理器

（一）认识文件

文件是数据在计算机中的组织形式，不管是程序、文档、音频、视频还是图像，最终都是以文件的形式存储在计算机的存储介质上。Windows 系统中的任何文件都是用图标和文件名来标识的，文件名由主文件名和扩展名两部分组成，中间由“.”分隔，如图 1－35 所示。

图 1－35 文件名

文件的命名规则如下：

（1）一个文件的文件名最多可以有 255 个字符，其中包含驱动器名、路径名、主文件名和扩展名 4 个部分。

（2）通常每个文件都有 3 个或 4 个字符的文件扩展名，用以标识文件的类型。

（3）文件名中不能出现以下字符：\、/、:、*、?、"、＜、＞、|。

（4）可以使用多分隔符的名字，如 your. book. pen. paper. txt。

（5）文件名可以使用汉字，一个汉字相当于两个字符。

扩展名通常为英文字符，扩展名决定了文件的类型，也决定了可以使用什么应用程序来打开文件。常说的文件格式指的就是文件的扩展名。

常见文件类型及扩展名如表 1－1 所示。

表 1－1　常见文件类型及扩展名

扩展名	文件类型	扩展名	文件类型
. bmp、. jpg、. gif	图形文件	. avi、. mpg	视频文件
. int、. sys、. dll	系统文件	. bak	备份文件
. bat	批处理文件	. tmp	临时文件
. drv	设备驱动程序文件	. ini	系统配置文件
. wav	波形声音文件	. mid	音频文件
. txt	文本文件	. obj	目标代码文件
. rar、. zip	压缩文件	. exe、. com	可执行文件

（二）认识文件夹

在现实生活中，为了便于管理各种文件，我们会对它们进行分类，并放在不同的文件夹中。Windows 10 操作系统也是用文件夹来分类管理计算机中的文件的。

一个文件夹（见图 1－36）中既可以包含文件，也可以包含其他文件夹，文件夹中包含的文件夹通常称为子文件夹。双击文件夹图标，即可打开文件夹并显示其内容。文件夹的命名规则与文件名中的主文件名的命名规则相同。

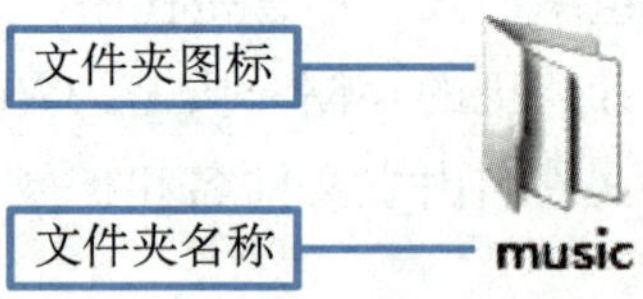

图 1－36　文件夹

（三）认识资源管理器

文件资源管理器是 Windows 系统提供的资源管理工具。资源管理器采用分层的树形文件系统结构，使用资源管理器可以很方便地查看计算机上的所有资源，不需要打开多个窗口，只在一个窗口中就能实现如浏览目录，查看、移动和复制文件或文件夹等操作，如图 1－37 所示。

Windows 10 资源管理器的功能十分强大，使用它不仅可以显示文件夹的结构和文件的详细信息，而且可以浏览、移动、复制、删除文件或文件夹，甚至可以管理

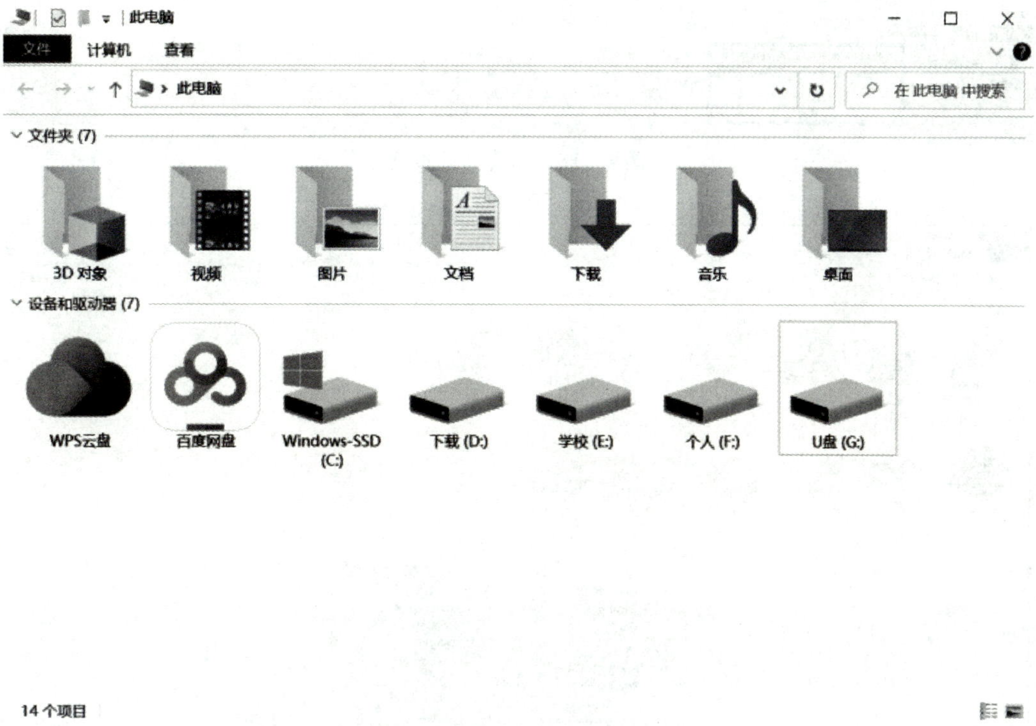

图 1-37　资源管理器

计算机的其他资源、启动应用程序，以及进行磁盘维护。以下为打开资源管理器的三种方法：

（1）双击桌面图标“此电脑”。

（2）选择“开始”菜单，单击鼠标右键，在弹出的快捷菜单中选择“文件资源管理器”。

（3）按“Win＋E”组合键。

在资源管理器窗口的“查看”选项卡的功能区有一组布局方式按钮，可以改变文件夹中内容的显示方式，如图 1-38 所示；也可以在工作区空白处，单击鼠标右键，选择“查看”，在弹出的菜单项中设置不同的布局方式（见图 1-39）。以下为几种布局方式的显示特点：

（1）图标：文件和文件夹用图标显示，又可以分为超大图标、大图标、中等图标和小图标。

（2）列表：文件和文件夹用列表的方式进行显示。

（3）详细信息：显示文件和文件夹的详细内容，其中包括文件名、大小、类型、修改时间等。

（4）平铺：以平铺的大图标方式来显示文件和文件夹。

（5）内容：可以详细显示修改时间。

“文件夹选项”是资源管理器中的一个重要功能，通过它可以修改文件的查看方

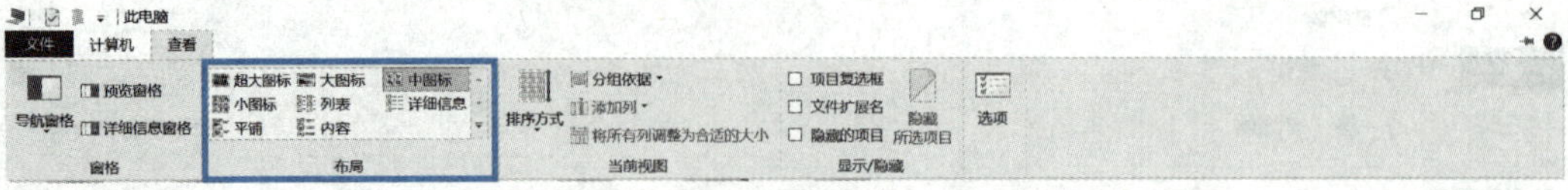

图 1－38　布局方式按钮

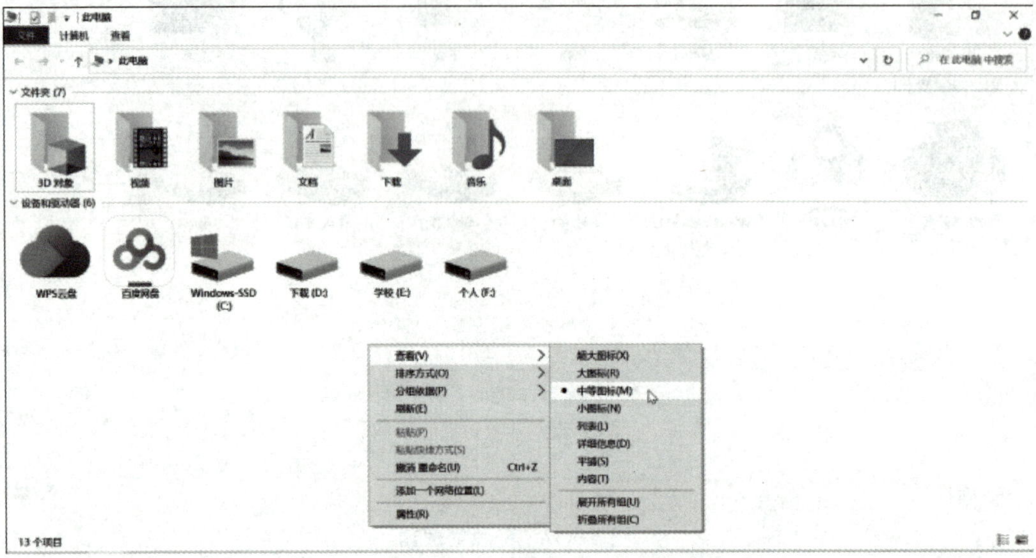

图 1－39　在弹出的菜单项中设置不同的布局方式

式、编辑文件的打开方式、隐藏文件和文件夹、隐藏已知文件类型的扩展名等。在资源管理器窗口中的“查看”选项卡中，单击“选项”按钮（见图 1－40），即可打开“文件夹选项”对话框，选择“查看”选项卡，用户可以根据自己的需要进行相应的设置，如图 1－41 所示。

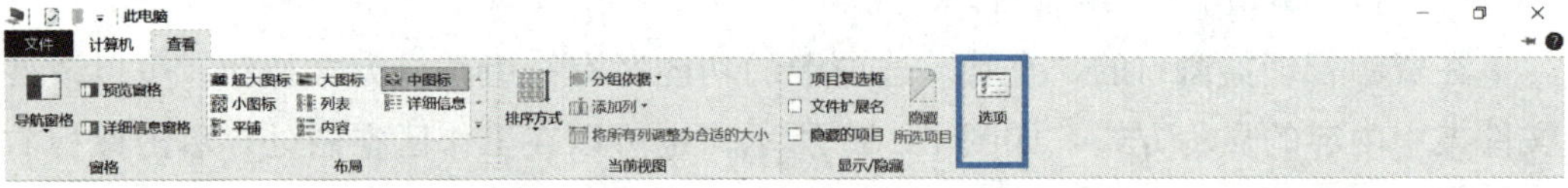

图 1－40　单击“选项”按钮

二、管理文件或文件夹

（一）新建文件或文件夹

通常情况下，用户可利用文档编辑程序、图像处理程序等应用程序创建文件。此外，也可以直接在 Windows 10 中创建某种类型的空文件，或者创建文件夹来分类管理文件。在要创建文件或文件夹的磁盘窗口中单击“新建文件夹”按钮，输入文件夹名称，即可创建文件夹。进入文件夹后通过单击鼠标右键弹出的快捷菜单中的选项来新建文件。

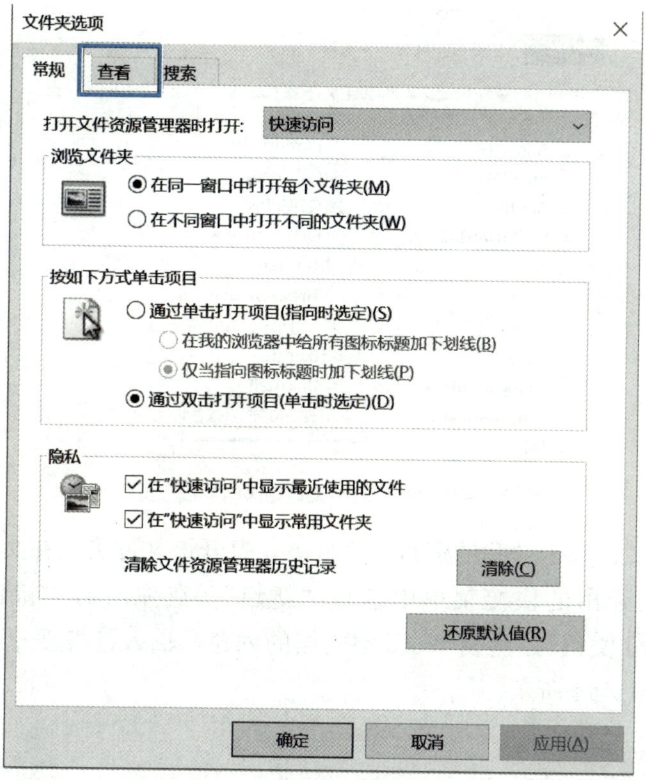

图 1-41　“文件夹选项”对话框

在 D 盘创建一个名为“我的资料”的文件夹，在“我的资料”文件夹中创建一个名为“计算机作业 . docx”和“成绩 . xlsx”的空文件。具体操作步骤如下：

【操作步骤一】 在 D 盘单击工具栏中的“新建文件夹”按钮，如图 1-42 所示，此时 D 盘中已经有了一个新建文件夹。输入文件夹的名称“我的资料”，如图 1-43 所示，文件夹的创建和重命名完成。

1-16 新建文件或文件夹

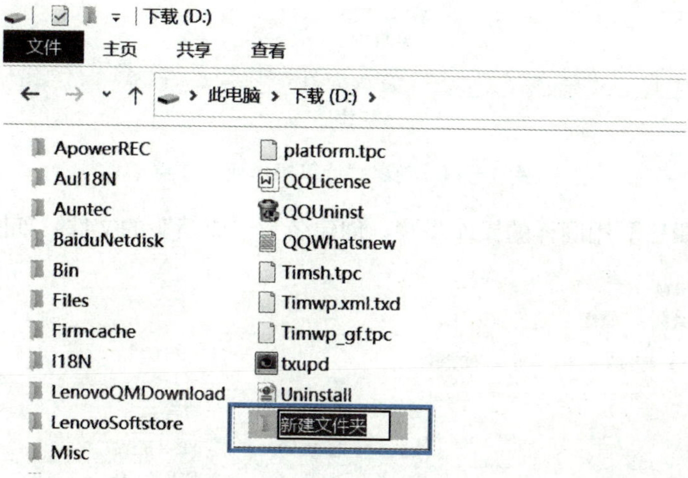

图 1-42　新建文件夹

图 1-43　输入文件夹的名称“我的资料”

【操作步骤二】双击“我的资料”文件夹，打开该文件夹。在文件夹的空白处单击鼠标右键，在弹出的快捷菜单中选择“新建”，在弹出的“新建”菜单中单击“Microsoft Word 文档”，完成 Word 空文档的创建，输入任务要求的文件名“计算机作业”，如图 1-44 所示。

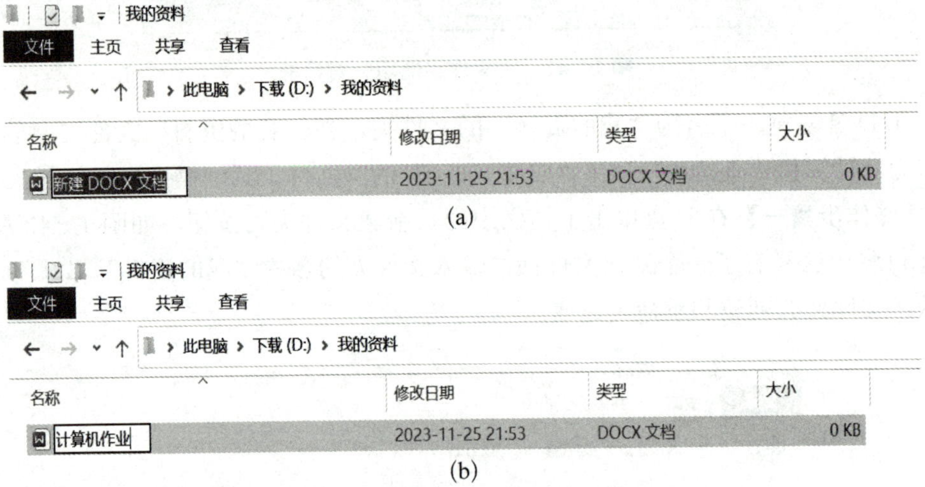

图 1-44　创建“计算机作业”文件

【操作步骤三】用同样的操作步骤，创建名为“成绩”的文件，如图 1-45 所示。

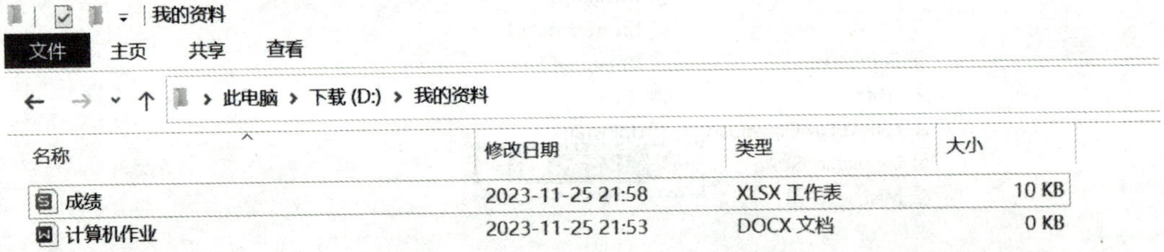

图 1-45　创建“成绩”文件

（二）重命名文件或文件夹

当用户在计算机中创建了大量文件或文件夹时，为了方便管理，可以根据需要对文件或文件夹重命名。

重命名 D 盘中的“我的资料”文件夹为“个人资料”，重命名“计算机作业”文件为“英语作业”。具体操作步骤如下：

【操作步骤一】选择需要重命名的“我的资料”文件夹，打开“主页”选项卡，选择“重命名”（见图 1 - 46），直接输入新的文件夹名称“个人资料”，如图 1 - 47 所示，然后按“Enter”键。

1 - 17 重命名文件或文件夹

图 1 - 46　选择“重命名”

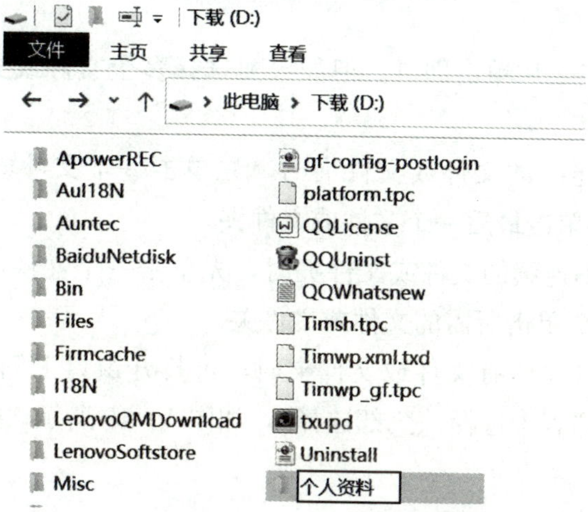

图 1 - 47　输入新的文件夹名称“个人资料”

【操作步骤二】打开“个人资料”文件夹，选中“计算机作业”文件，单击鼠标右键，然后选择弹出的快捷菜单中的“重命名”选项，将文件重命名为“英语作业”，如图 1 - 48 所示。

在重命名文件和文件夹时，要注意在同一个文件夹中不能有两个名称相同的文件或文件夹，还要注意不要修改文件的扩展名。如果文件已经被打开或正在被使用，则不能被重命名；不要对系统中自带的文件或文件夹，以及其他程序安装时所创建的文件或文件夹重命名，以免引起系统或其他程序的运行错误。

（三）选择文件或文件夹

选择单个文件或文件夹比较简单，只需在“资源管理器”或直接在“此电脑”

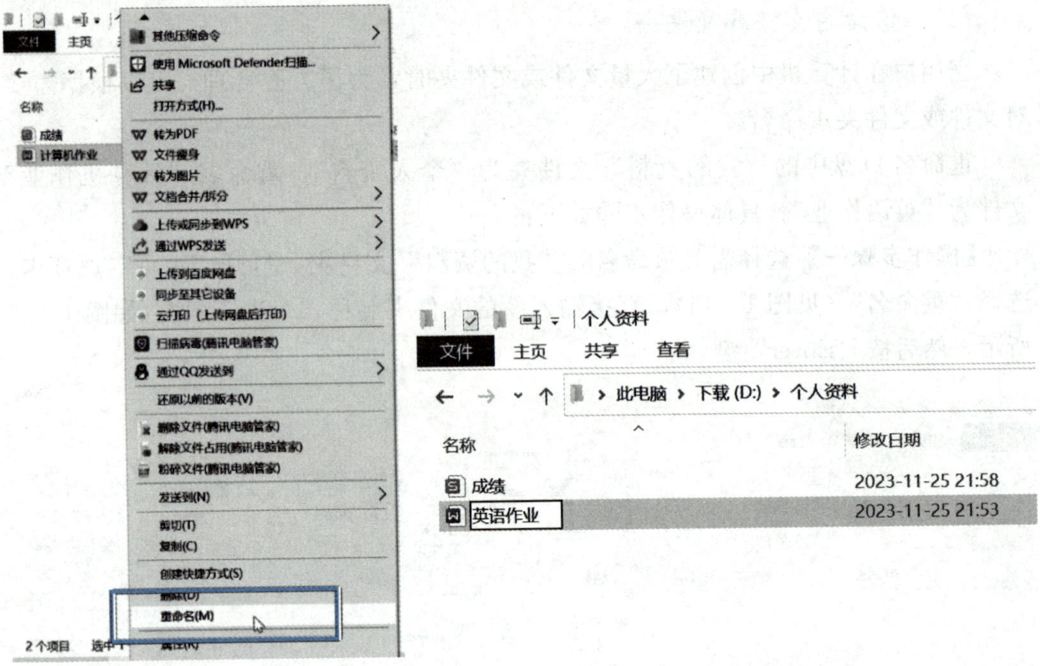

图 1－48　重命名文件

中找到文件或文件夹之后单击即可。但如果要选择多个文件或文件夹，则应按以下方法进行：

（1）选择多个连续的文件或文件夹时，先单击一个文件或文件夹，然后按住“Shift”键不放，再单击最后一个文件或文件夹。

（2）选择多个不连续的文件或文件夹时，先单击一个文件或文件夹，然后按住“Ctrl”键不放，逐个单击所需的文件或文件夹。

（3）要选择窗口中所有文件或文件夹时，可打开窗口上侧工具栏中的“主页”选项卡，在展开的列表中选择“全部选择”，如图 1－49 所示，或直接按“Ctrl＋A”组合键。

图 1－49　选择“全部选择”

（4）还有一种方法是按住鼠标左键不放，拖出一个矩形选框，这时在选框内的所有文件或文件夹都会被选中。

三、移动与复制文件或文件夹

移动文件或文件夹是指调整文件或文件夹的存放位置；复制是指为文件或文件

夹在另一个位置创建副本，原位置的文件或文件夹依然存在。

（一）移动文件或文件夹

在D盘“个人资料”文件夹中分别创建4个名为“music”、“downloads”、“作业及成绩”和“精品课程”文件夹，将“music”文件夹移动到“downloads”文件夹中，将“英语作业”和“成绩”文件移动到“作业及成绩”文件夹中。具体操作步骤如下：

【操作步骤一】打开D盘中的“个人资料”文件夹，选择“music”文件夹，打开窗口上侧工具栏中的“主页”选项卡，在展开的列表中选择“剪切”，选择并打开“downloads”文件夹后打开窗口上侧工具栏中的“主页”选项卡，在展开的列表中选择“粘贴”选项即可，如图1-50所示。

1-18 移动文件或文件夹

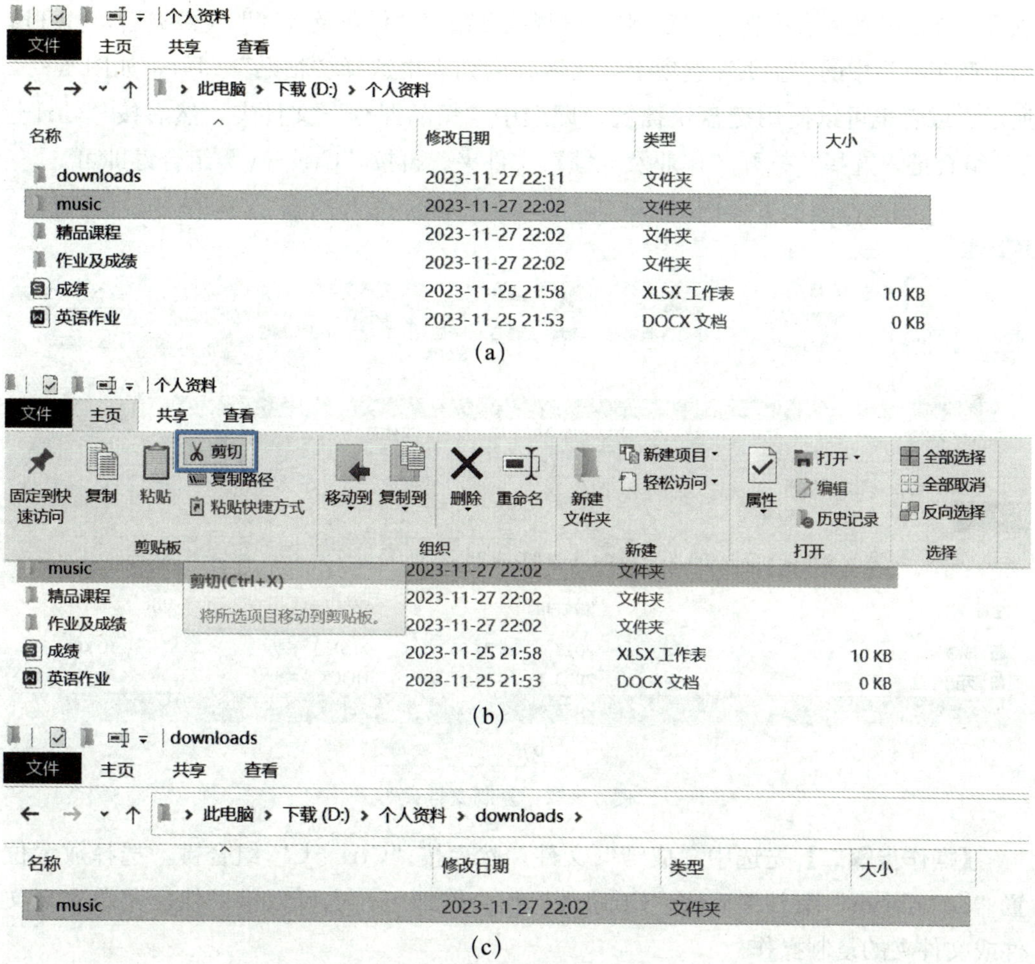

图1-50　移动文件夹

【操作步骤二】同时选中“英语作业”和“成绩”两个文件，然后按“Ctrl+X”组合键，选择并打开“作业及成绩”文件夹，再按“Ctrl+V”组合键即可，结果如图1-51所示；也可以借助快捷菜单实现文件或文件夹的移动。

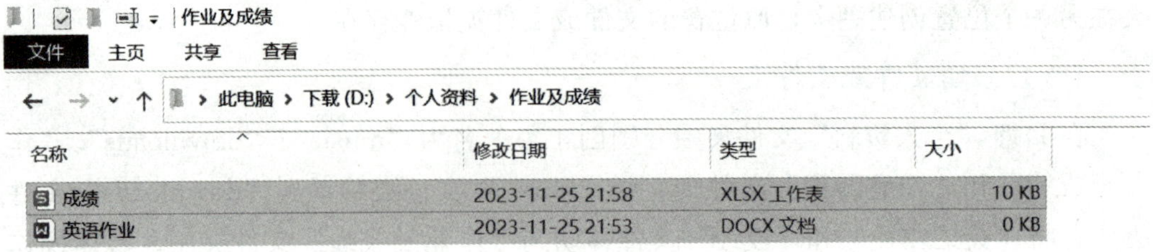

图 1-51　移动文件

（二）复制文件或文件夹

将 D 盘“个人资料”文件夹中的“精品课程”文件夹复制到“作业及成绩”文件夹中，将“成绩”文件复制到“downloads”文件夹中。

【操作步骤一】选中“精品课程”文件夹，打开窗口上侧工具栏中的“主页”选项卡，在展开的列表中选择“复制”，选择放置位置“作业及成绩”文件夹后，打开窗口上侧工具栏中的“主页”选项卡，在展开的列表中选择“粘贴”即可，如图 1-52 所示。或者也可以使用键盘快捷键，即选中“精品课程”文件夹，然后按“Ctrl+C”组合键，选择并打开“作业及成绩”文件夹，再按“Ctrl+V”组合键即可。

1-19 复制文件或文件夹

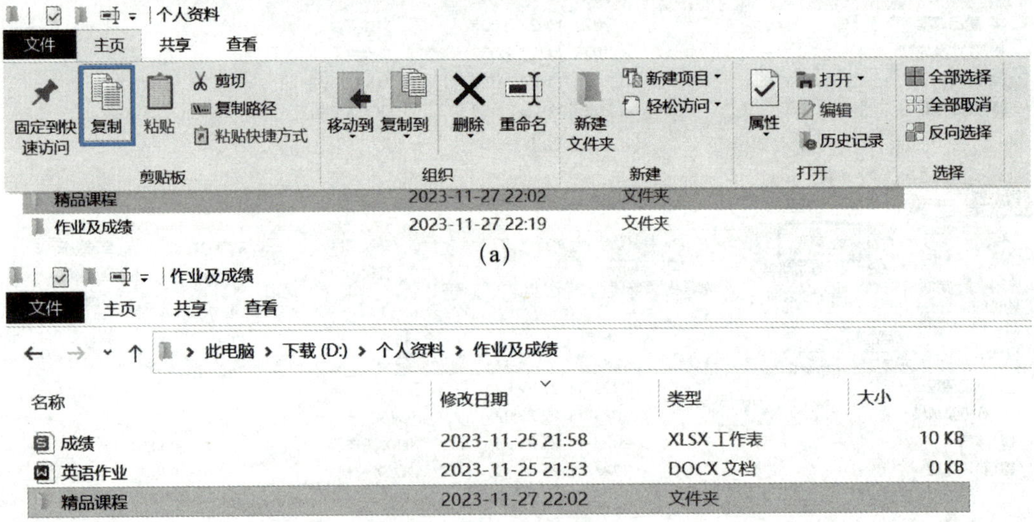

(a)

(b)

图 1-52　复制文件夹

【操作步骤二】先选中“成绩”文件，然后按“Ctrl+C”组合键，选择放置位置“downloads”文件夹后按“Ctrl+V”组合键即可；也可以借助快捷菜单实现文件或文件夹的复制操作。

四、删除与恢复文件或文件夹

（一）删除文件或文件夹

在使用计算机的过程中应及时删除计算机中已经没有用的文件或文件夹，以节省磁盘空间。

删除“D：\个人资料\作业及成绩”文件夹中的“精品课程”文件夹及“英语作业”文件。具体操作步骤如下：

【操作步骤一】选中需要删除的“精品课程”文件夹，按“Delete”键；或者打开窗口上侧工具栏中的“主页”选项卡，在展开的列表中选择“删除”，在“删除”的下拉列表中可以根据自己的需求选择“回收”或者“永久删除”，如图 1－53 所示。在选择之后弹出的提示对话框中单击“是”按钮，“精品课程”文件夹就被删除了，如图 1－54 所示（以选择“显示回收确认”为例）。

1－20 删除文件或文件夹

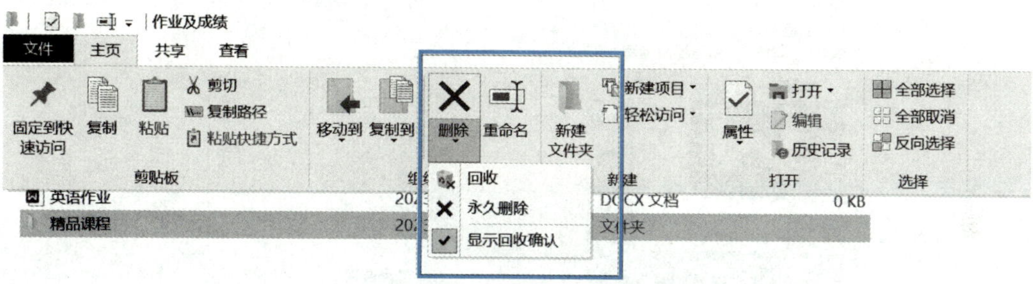

图 1－53 “删除”的下拉列表

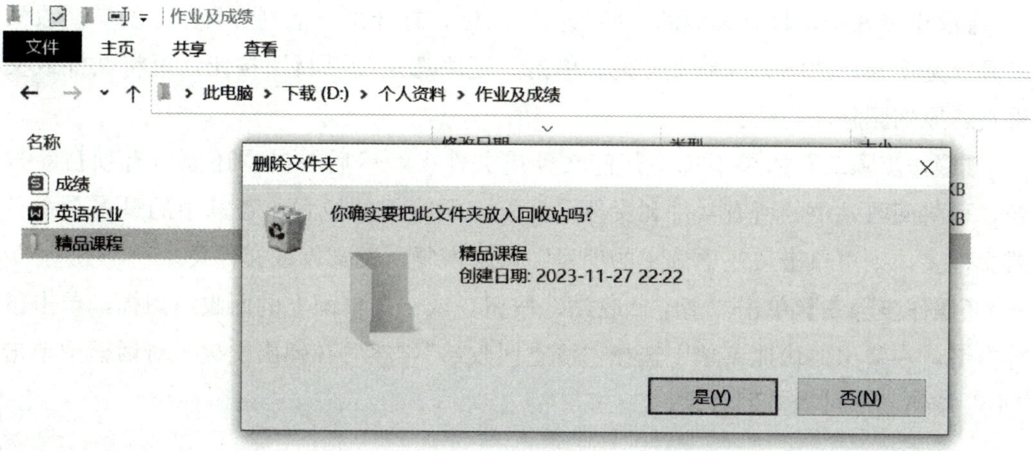

图 1－54 删除“精品课程”文件夹

【操作步骤二】选中需要删除的文件“英语作业”，按“Delete”键；或者打开窗口上侧工具栏中的“主页”选项卡，在展开的列表中选择“删除”，在弹出的提示对话框中单击“是”按钮，“英语作业”文件即被删除。

被删除的文件或文件夹一般被保存到回收站中，以备恢复使用。删除大文件或不需要的文件时，可不经过回收站而将其直接从硬盘中删除。方法是：选中要删除的文件或文件夹，按“Shift＋Delete”组合键，然后在打开的提示对话框中确认即可；或者打开窗口上侧工具栏中的“主页”选项卡，在展开的列表中选择“删除”，在“删除”的下拉列表中选择“永久删除”，然后在弹出的提示对话框中确认即可。

（二）恢复文件或文件夹

回收站用于临时保存从磁盘中删除的文件或文件夹。当用户对文件或文件夹进行删除操作后，默认情况下，它们并没有从计算机中直接删除，而是保存在回收站中，对于误删除的文件或文件夹，可以随时将其从回收站恢复；对于确认没有价值的文件或文件夹，可从回收站中删除。图 1－55 所示为针对回收站的相关操作。

1－21 恢复文件或文件夹

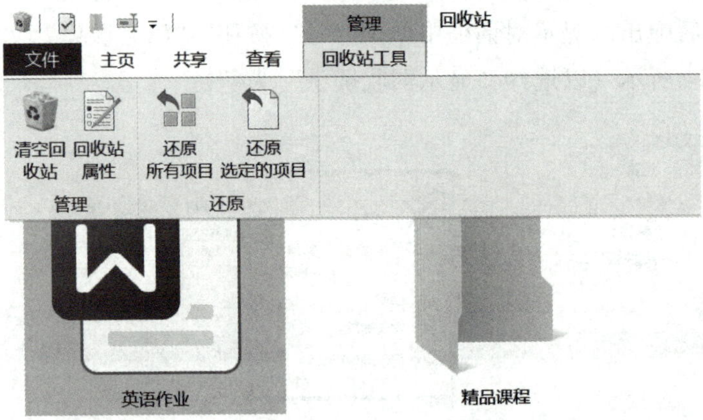

图 1－55　针对回收站的相关操作

【操作步骤一】打开桌面的“回收站”图标，打开窗口上侧工具栏中的“回收站工具”选项卡，选中文件或文件夹后单击“还原选定的项目”按钮，可将文件或文件夹还原到删除前的位置。

【操作步骤二】如果不选中任何文件或文件夹，然后单击“还原所有项目”按钮，可将回收站中的所有文件和文件夹恢复到删除前的位置；若选中的是多个文件或文件夹，则可单击“还原选定的项目”按钮恢复所选文件或文件夹。

【操作步骤三】单击“清空回收站”按钮，或选择桌面上的回收站图标，单击鼠标右键，在弹出的快捷菜单中选择“清空回收站”，然后在弹出的提示对话框中单击“是”按钮，即可清空回收站。

五、搜索文件或文件夹

随着计算机中文件和文件夹的增加，用户经常会遇到找不到某些文件的情况，这时可以利用 Windows 10 资源管理器窗口中的搜索功能来查找计算机中的文件或文件夹。

【操作步骤一】打开资源管理器窗口，此时可在窗口的右上角看到“在此电脑中搜索”编辑框，在其中输入要查找的文件或文件夹名称，表示在所有磁盘中搜索名称中包含所输入文本的文件或文件夹，此时系统自动开始搜索，等待一段时间即可显示搜索的结果。

【操作步骤二】对于搜到的文件或文件夹，用户可对其进行复制、移动、查看和打开等操作，如图 1－56 所示（以搜索“作业及成绩”文件为例）。

1－22 搜索文件或文件夹

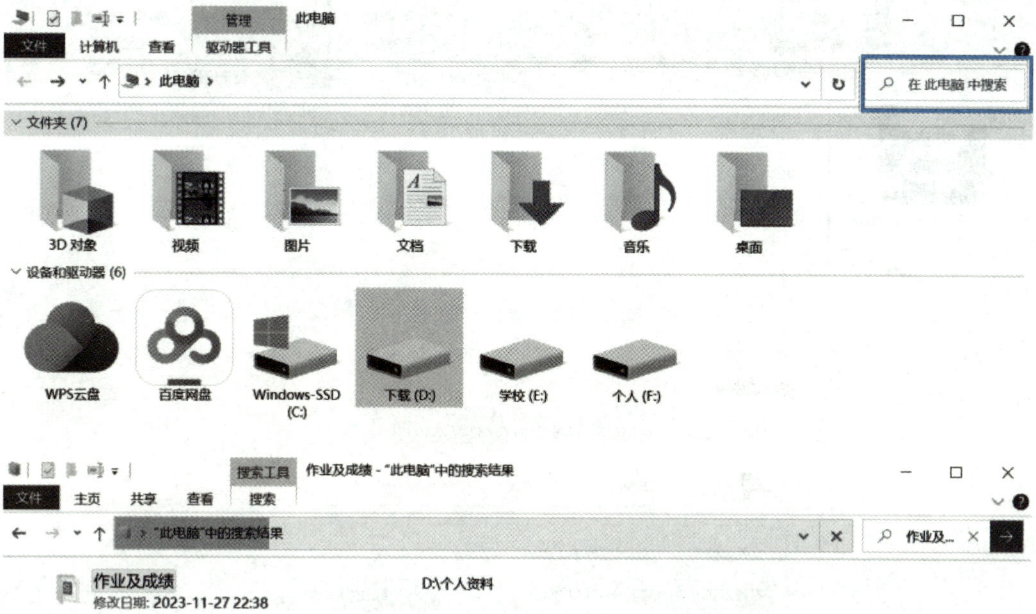

图 1－56　搜索“作业及成绩”文件

注意：如果用户知道要查找的文件或文件夹的大致存放位置，可在资源管理器中首先打开该磁盘或文件夹窗口，然后再输入关键字进行搜索，以缩小搜索范围，提高搜索效率。

如果不知道文件或文件夹的全名，可以只输入部分文件名；还可以使用通配符“?”和“*”，其中“?”代表任意一个字符，“*”代表多个任意字符。

六、隐藏文件或文件夹

1－23 隐藏文件或文件夹

Windows 10 为文件或文件夹提供了两种属性，即只读和隐藏。

只读：用户只能对文件或文件夹的内容进行查看而不能修改。

隐藏：在默认设置下，设置为隐藏的文件或文件夹将不可见，从而在一定程度上保护了文件资源的安全。

【操作步骤一】 打开要设置隐藏属性的文件或文件夹，在工具栏中的“主页”选项卡中选择“属性”（见图 1－57），在打开的对话框中选中“隐藏”复选框，确定后再在打开的对话框中保持默认选项后再确定，如图 1－58 所示。

【操作步骤二】 文件或文件夹被隐藏后，如果想再次访问它们，则可以在 Windows 10 中开启查看隐藏文件功能。打开资源管理器窗口，打开工具栏中的“查看”选项卡，在展开的列表中勾选“隐藏的项目”，隐藏的文件及文件夹即可显示，如图 1－59 所示。

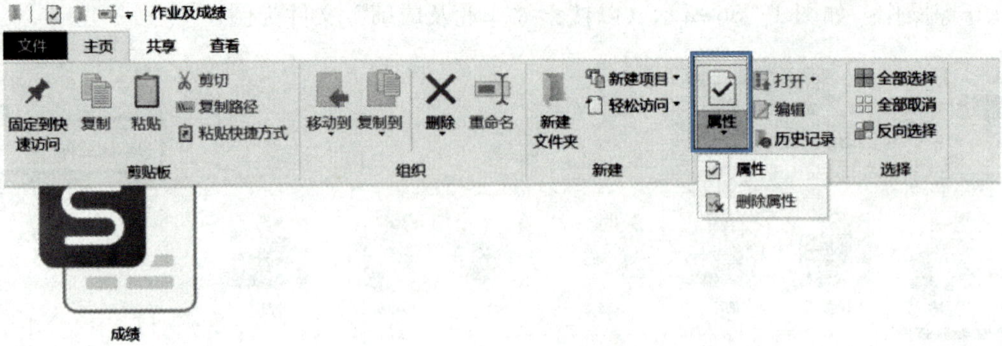

图 1-57　选择“属性”

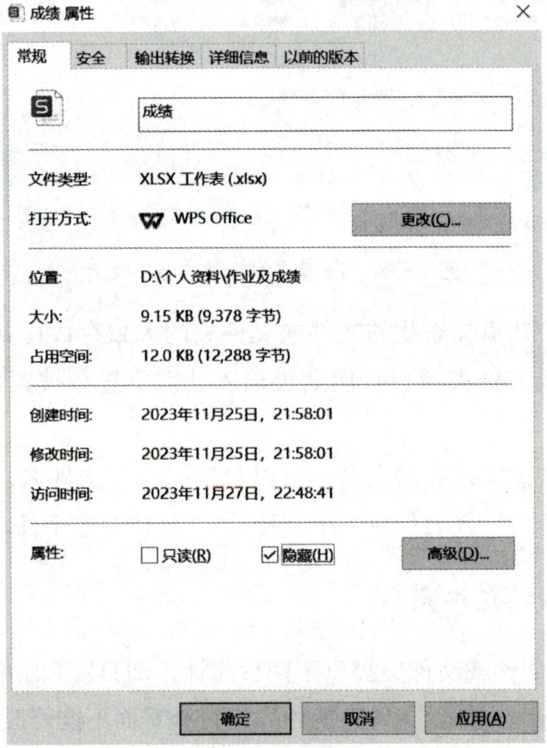

图 1-58　隐藏文件夹

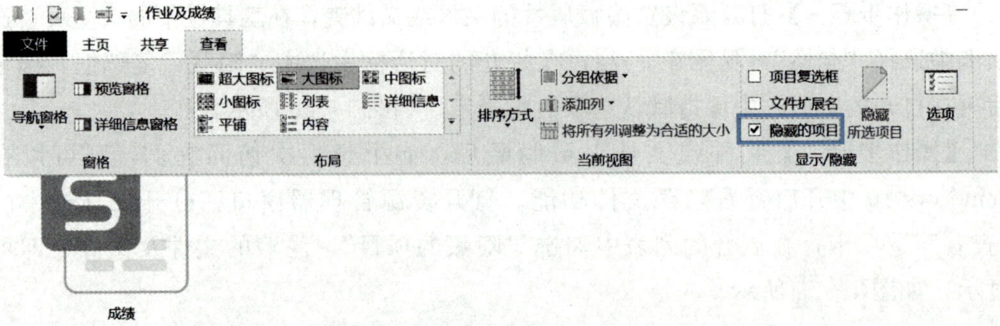

图 1-59　查看隐藏的文件或文件夹

七、压缩和解压文件

当计算机中存储较多文件或文件夹时，就会占用较多的内存空间，而压缩文件可以使同一个文件占用更小的内存，同时又不影响文件的完整性，有效缓解这一问题。压缩文件除了可以帮助计算机节省空间，还方便用户进行文件传输、上传和管理，甚至进行加密处理。

WinRAR 是一款功能十分强大的压缩包管理器，它是档案工具 RAR 在 Windows 环境下的图形界面。该软件可用于备份数据，压缩附件大小，对下载的 RAR、ZIP 及其他类型文件进行解压，还可新建 RAR 、ZIP 等格式的压缩文件，同时压缩时间可根据压缩程度的不同自行调整。下面以 WinRAR 压缩管理工具为例，介绍如何压缩和解压文件。

（一）压缩文件

在桌面创建一个名为“作业”的文件夹并进行压缩。

【操作步骤一】 选中要压缩的“作业”文件夹，单击鼠标右键，在弹出的快捷菜单中选择“添加到‘作业 . rar’”，如图 1 - 60 所示，就可以直接将文件夹压缩为 RAR 格式的压缩包，即在文件夹的同一位置可获得该文件的压缩包。

1 - 24 压缩文件

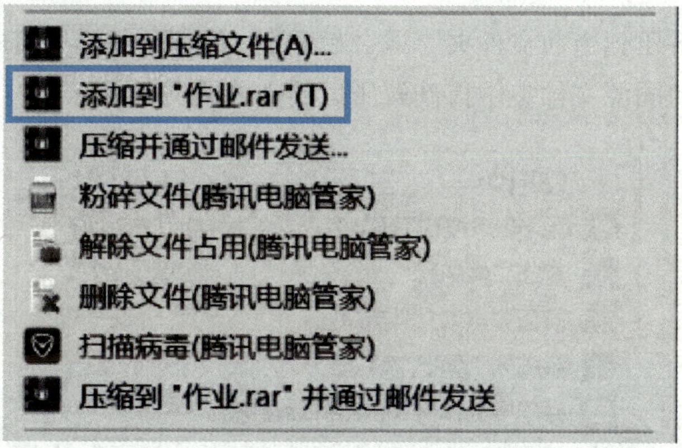

图 1 - 60　选择“添加到‘作业 . rar’”

【操作步骤二】 用户也可以选中要压缩的文件夹，单击鼠标右键，在弹出的快捷菜单中选择“添加到压缩文件”，在弹出的“压缩文件名和参数”对话框中可以对该文件夹压缩的常规、高级、选项、文件、备份、时间和注释等模块进行详细的参数设置，如图 1 - 61 所示，设置完成后单击“确定”按钮，即可生成压缩包。

（二）解压文件

将桌面上的“作业 . rar”压缩包进行解压。

1 - 25 解压文件

【操作步骤一】 选中要解压的“作业 . rar”压缩包，单击鼠标右键，在弹出的快

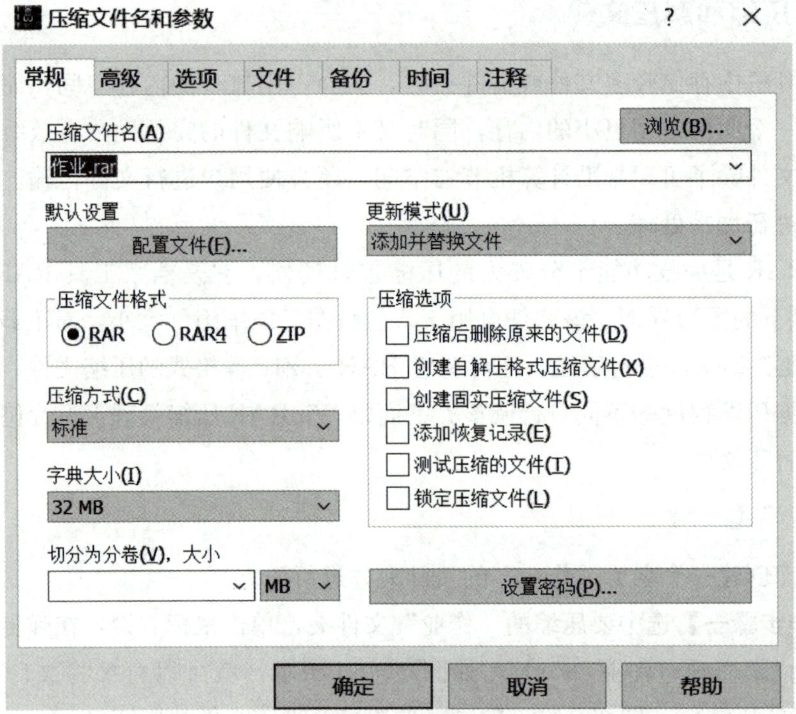

图 1－61　“压缩文件名和参数”对话框

捷菜单中选择“解压到当前文件夹”或“解压到‘作业\’”，如图 1－62 所示，即可直接在压缩包的同源文件夹中得到解压后的文件或文件夹。

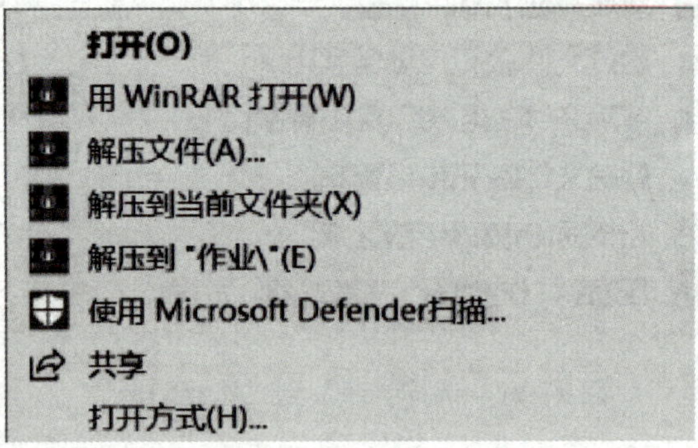

图 1－62　解压文件

【操作步骤二】如果用户想将压缩包解压到指定文件夹中，可以选中要解压的压缩包，单击鼠标右键，在弹出的快捷菜单中选择“用 WinRAR 打开”，或者通过双击打开压缩包后，在 WinRAR 菜单选项中单击“解压到”，在弹出的“解压路径和选项”对话框中可以根据需要设置文件名、保存路径等选项，如图 1－63 所示。

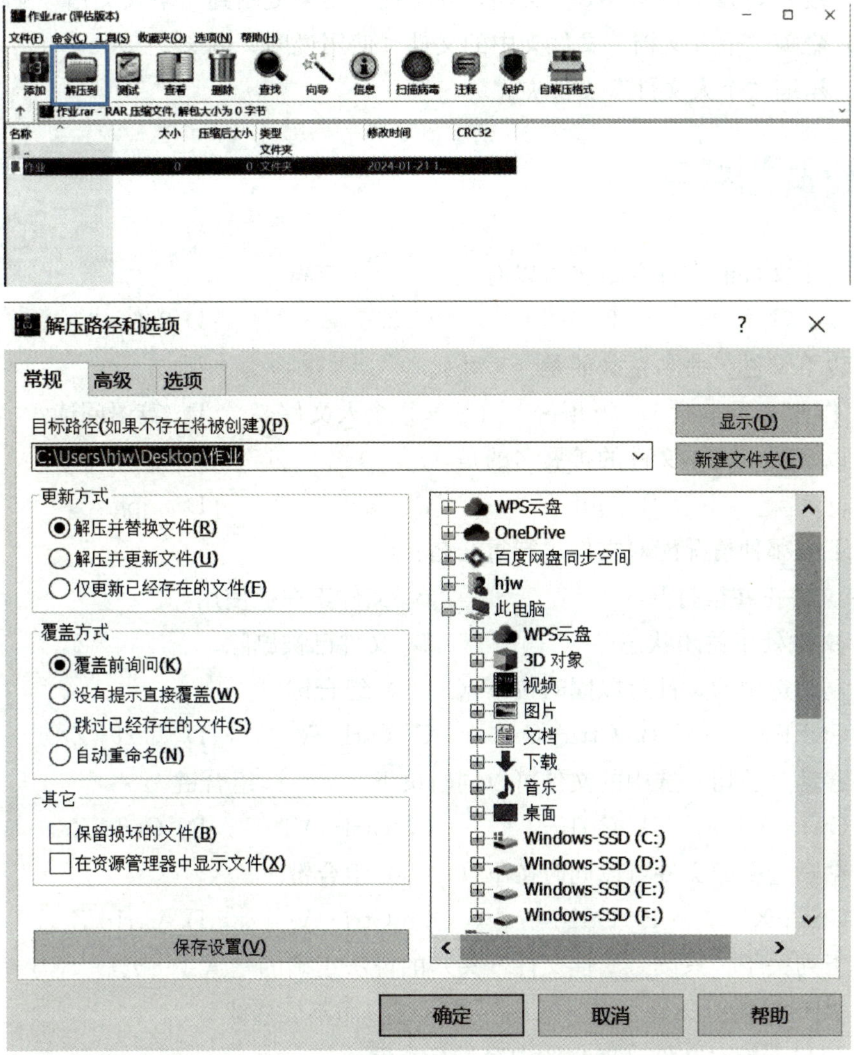

图 1-63　设置文件名、保存路径等选项

任务训练

创建个人文件夹

要求如下：

(1) 在 D 盘创建一个名为“个人文件”的文件夹。

(2) 在“个人文件”中分别创建名为“个人文档”和“个人视频”的文件夹，创建 2 个文件名分别为“使用说明 . docx”和“注意事项 . docx”的空文件。

(3) 将新建的文件夹“个人视频”更名为“个人音频”。

(4) 删除“注意事项 . docx”文件。

(5) 将新建的文件“使用说明 . docx”移动到“个人文档”文件夹中。

(6) 搜索D盘中所有Word文档，并将搜索结果复制到“个人文档”文件夹中。

(7) 隐藏“个人文档”文件夹中的文件“使用说明.docx”。

(8) 压缩“个人文件”文件夹。

知识巩固

1. 一个文件的文件名最多可以有（　　）个字符。

A. 245　　B. 255　　C. 256　　D. 266

2. 以下文件名命名正确的是（　　）。

A. 作业/　　B. 视频*　　C. 个人文件　　D. 英语阅读?

3. 以下属于文本文件的扩展名的是（　　）。

A. .txt　　B. .gif　　C. .avi　　D. .jpg

4. 下列哪种情况能对文件进行重命名？（　　）

A. 文件正在被打开　　B. 文件正在被使用

C. 文件处于关闭状态　　D. 文件已被删除

5. 复制选中的文件可以同时按下（　　）组合键。

A. Ctrl+X　　B. Ctrl+C　　C. Ctrl+V　　D. Ctrl+Z

6. 移动（剪切）选中的文件可以同时按下（　　）组合键。

A. Ctrl+X　　B. Ctrl+C　　C. Ctrl+V　　D. Ctrl+Z

7. 粘贴选中的文件可以同时按下（　　）组合键。

A. Ctrl+X　　B. Ctrl+C　　C. Ctrl+V　　D. Ctrl+Z

8. 下列关于“只读”属性文件（夹）的说法正确的是（　　）。

A. 用户只能对文件（夹）的内容进行查看而不能修改

B. 用户不能对文件（夹）的内容进行查看

C. 用户能对文件（夹）的内容进行修改

D. 以上说法都不对

9. 下列对文件夹的操作，可以使同一文件占用更小的内存而又不影响文件的完整性的是（　　）。

A. 移动文件　　B. 删除文件　　C. 压缩文件　　D. 解压文件

10. 文件名中一个汉字相当于（　　）个字符。

A. 2　　B. 3　　C. 4　　D. 1

任务三　系统管理

Windows 10 操作系统的系统管理涉及多个关键方面，本任务主要围绕应用管理、时间与语言设置和用户账户管理三个方面进行介绍。应用管理功能让用户能够轻松安装、更新和卸载各类应用程序，满足不同的使用需求。时间与语言设置功能则提供了灵活的时间设置和多语言支持，方便用户在不同场景下使用系统。用户账户管理功能则确保了系统安全和用户隐私，用户可以创建、修改和删除账户。系统管理学习是提升 Windows 10 操作水平的关键环节，对于个人用户和企业管理者都具有重要意义。

任务描述

通过应用管理操作熟悉卸载或更改程序、设置默认程序；通过时间与语言设置轻松调整时区、日期和时间格式，并添加多语言支持；通过用户账户管理操作熟悉账户的分类及如何新建、删除账户等操作。

任务实施

一、应用管理

应用管理主要包括卸载或更改程序、设置默认程序等内容。

（一）卸载或更改程序

1-26 卸载或更改程序

【操作步骤一】在系统桌面单击“控制面板”，在弹出的“控制面板”窗口中选择“程序和功能”（见图 1-64），打开后的界面如图 1-65 所示。

【操作步骤二】选中要卸载或更改的程序，双击该程序，或者单击鼠标右键，在弹出的快捷列表中选择“卸载/更改”，在弹出的提示对话框“你要允许此应用对你的设备进行修改吗?”中选择“是”，即可卸载或更改选中的应用程序。

（二）设置默认程序

1-27 设置默认程序

【操作步骤一】在系统桌面单击“控制面板”，在弹出的“控制面板”窗口中选择“默认程序”（见图 1-66），打开界面后选择“设置默认程序”（见图 1-67），将会自动跳转至“设置”中对默认应用设置的页面。

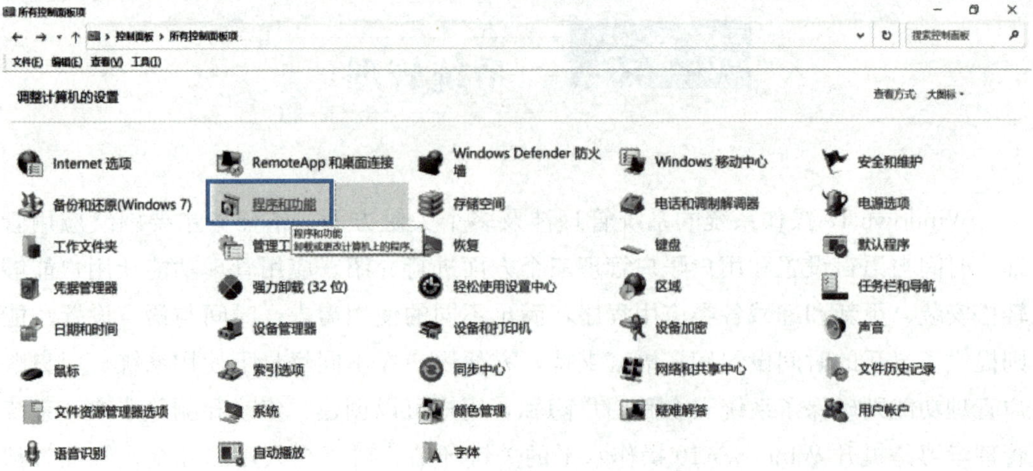

图 1－64　选择“程序和功能”

图 1－65　“程序和功能”界面

图 1－66　选择“默认程序”

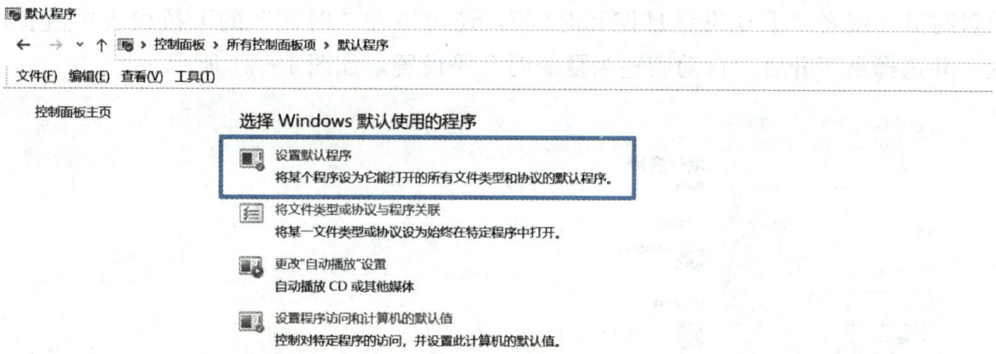

图 1-67　选择“设置默认程序”

【操作步骤二】默认应用的设置页面包含对电子邮件、地图、音乐播放器、照片查看器、视频播放器和 Web 浏览器默认应用的设置。以音乐播放器为例，单击“音乐播放器”，在弹出的下拉列表中可以根据用户需求选择已有应用“Windows Media Player”“媒体播放器”，或者选择“在 Microsoft Store 中查找应用”下载用户喜欢的音乐播放器，如选择“媒体播放器”（见图 1-68）。设置完成后，再次打开相关应用（如播放音乐）时，系统将用默认应用（如媒体播放器）打开应用。

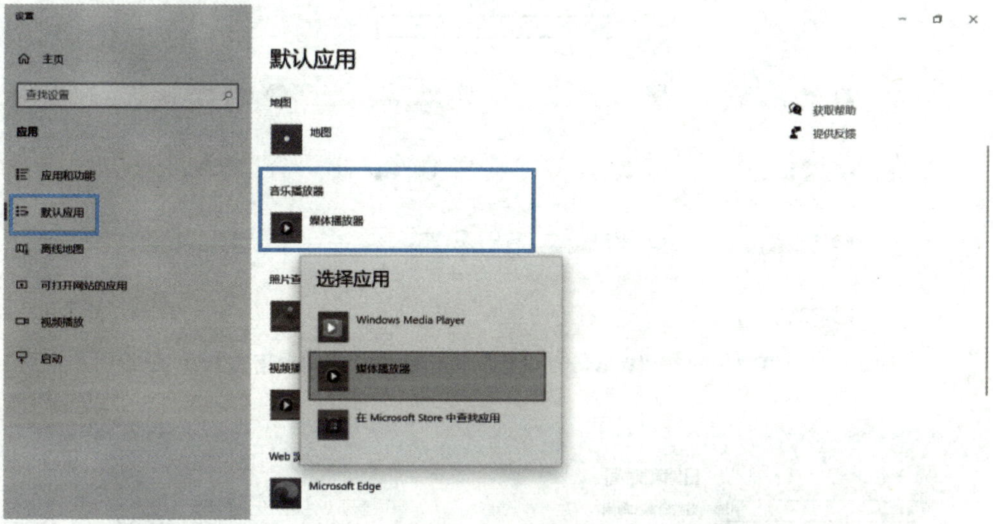

图 1-68　设置默认应用（选择“媒体播放器”）

【操作步骤三】如果用户想要还原系统默认的应用设置，单击“默认应用”设置页面的“重置”（见图 1-69），即可重置为 Microsoft 推荐的默认值，此时等待系统自动还原默认的设置就可以了。

二、时间与语言设置

【操作步骤一】单击“开始”菜单中的“设置”进入设置窗口，在“Windows 设置”页面选择“时间和语言”，如图 1-70 所示。随后选择“日期和时间”即可对系统的日期和时间进行设置。用户可以自行选择是否开启“自动设置时间”、“自动设置时区”或者“手动设置日期和时间”，还可以在“时区”的下拉列表中选择时区，并选择是否开启“自动调整为夏令时”等设置，如图 1－71 所示。

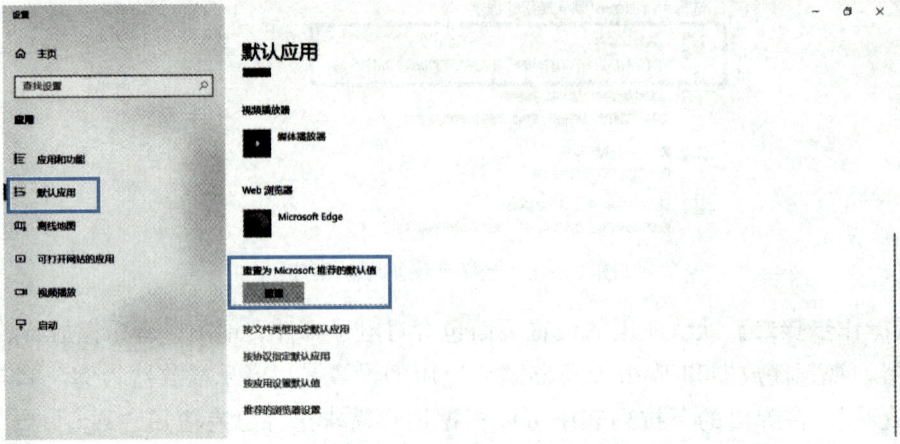

图 1－69　重置默认应用

1－28 时间设置

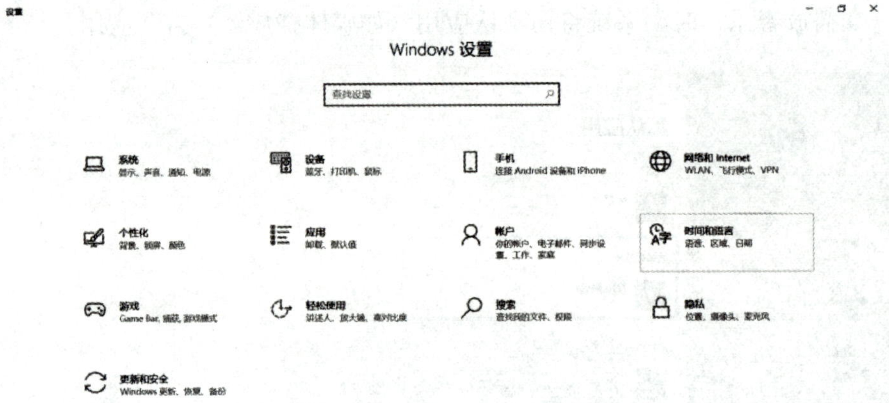

图 1－70　“Windows 设置”页面选择“时间和语言”

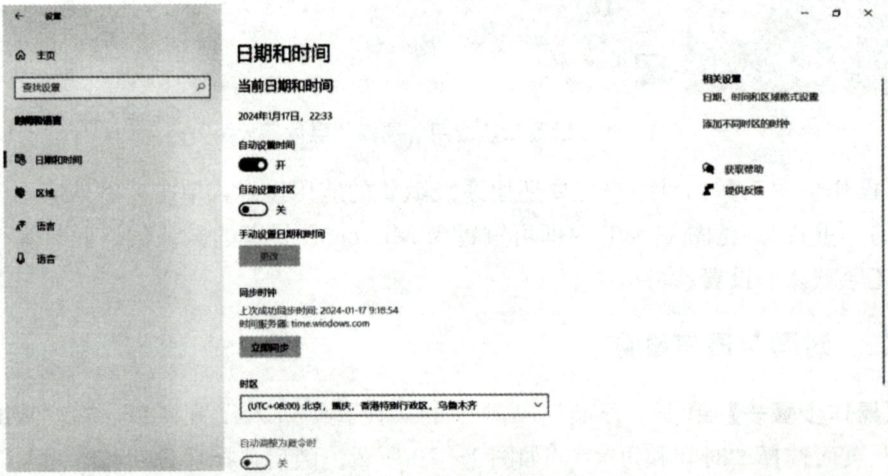

图 1－71　“日期和时间”设置页面

【操作步骤二】单击“开始”菜单中的“设置”进入设置窗口，在“Windows 设置”页面选择“时间和语言”。随后选择“语言”即可对系统的语言进行设置。系统语言设置主要包括对 Windows 显示语言、应用和网站、区域格式、键盘和语音等模块的设置，单击每个模块可进行详细的设置。用户可以单击“添加语言”对其他语言进行安装，如图 1－72 所示。随后可以选择要安装的语言，如图 1－73 所示。

1－29 语言设置

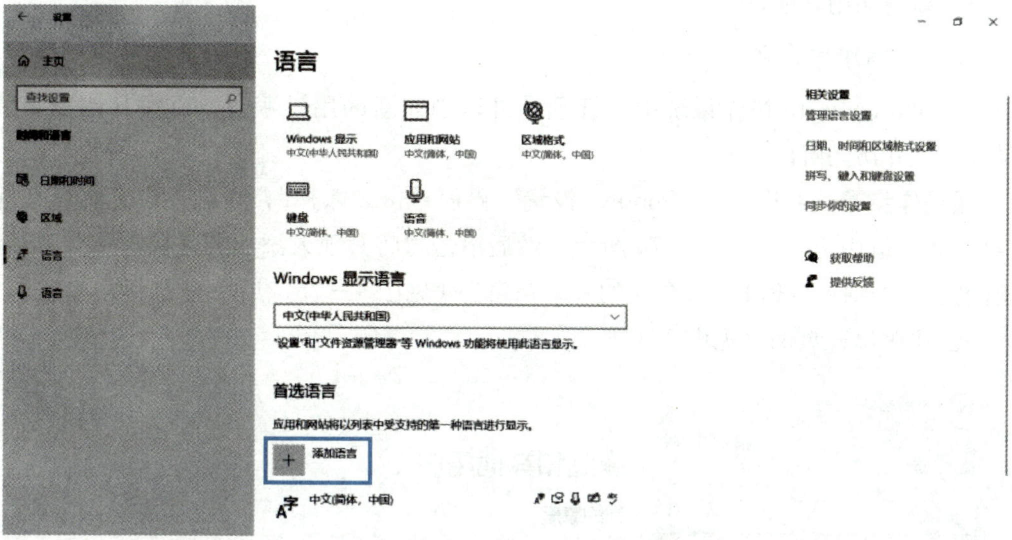

图 1－72　“语言”设置页面

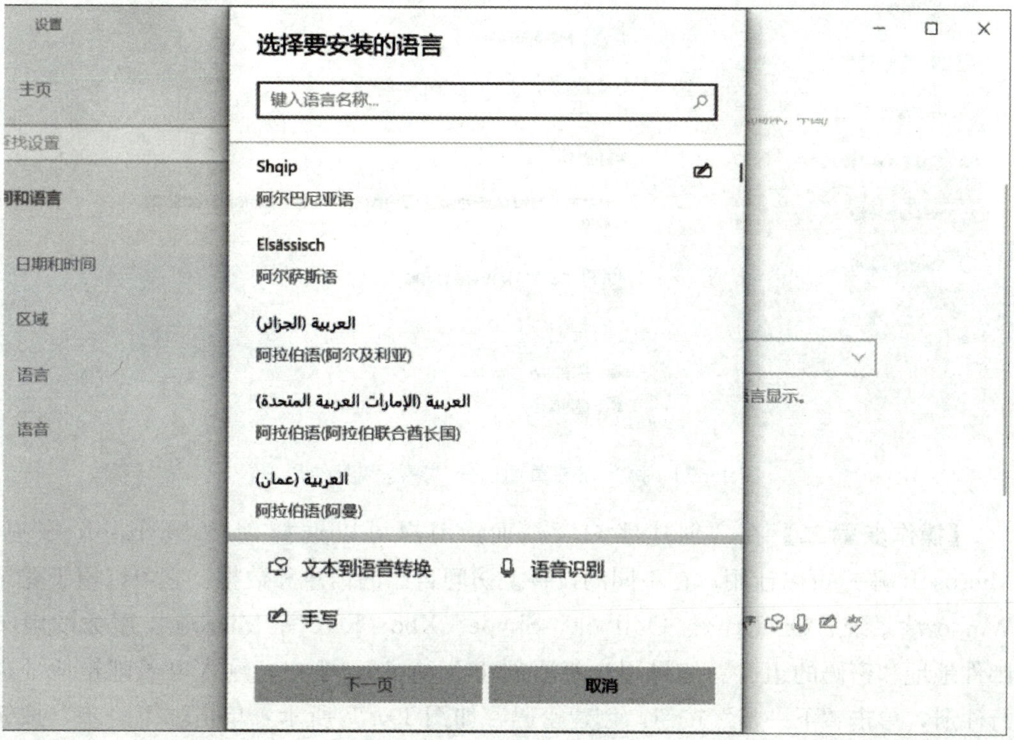

图 1－73　选择要安装的语言

三、用户账户管理

Windows 10 操作系统安全稳定，并且允许多用户使用，而 Windows 用户账户是 Windows 操作系统的重要组成部分之一，它们控制着用户对计算机的访问和权限。Windows 10 用户账户管理涉及多个方面，下面主要介绍创建用户账户、更改账户类型和删除用户账户。

（一）创建用户账户

在 Windows 10 操作系统中，管理员可以创建新的用户账户，以便其他用户登录计算机并访问资源。

1－30 创建用户账户

【操作步骤一】 进入“Windows 设置”界面单击“账户”，在账户设置页面选择“家庭和其他用户”，如图 1－74 所示；然后单击“将其他人添加到这台电脑”，在弹出的窗口中选择“我没有这个人的登录信息”（见图 1－75）后单击“下一步”，进入“创建账户”页面（见图 1－76）。

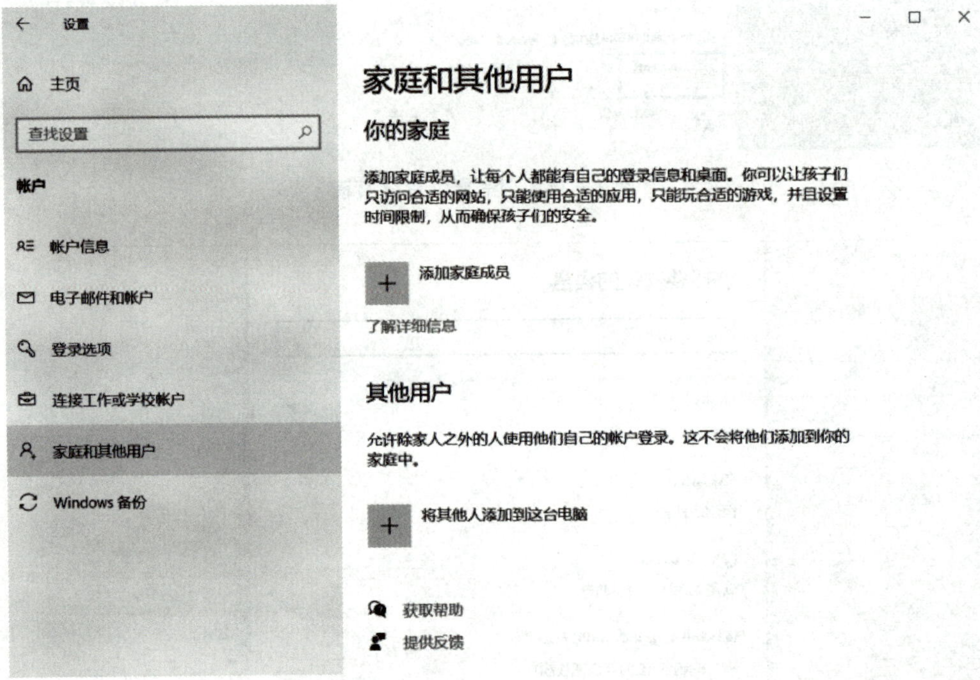

图 1－74　账户设置页面选择“家庭和其他用户”

【操作步骤二】 在“创建账户”页面，用户可以选择创建 Microsoft 账户。Microsoft 账户可以让用户在不同的设备上访问自己的信息和数据，它可以用于登录 Windows 系统、OneDrive、Outlook、Skype、Xbox Live 等 Microsoft 服务的电子邮件地址和密码的组合。如果用户想要创建 Microsoft 账户，输入电子邮箱地址进行注册，单击“下一步”按钮，创建密码，如图 1－77 所示，单击“下一步”按钮输入提示信息即可创建。

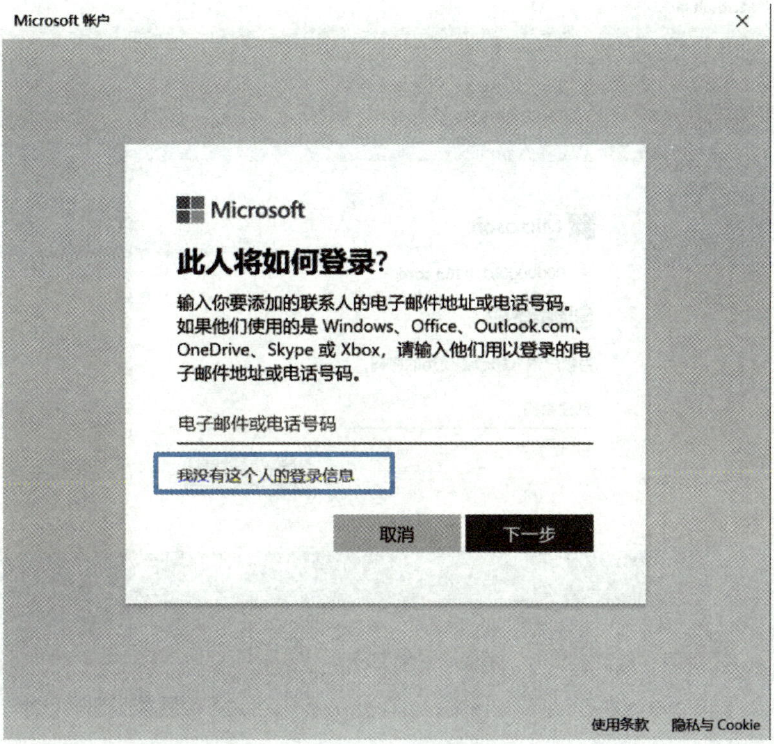

图 1－75 选择“我没有这个人的登录信息”

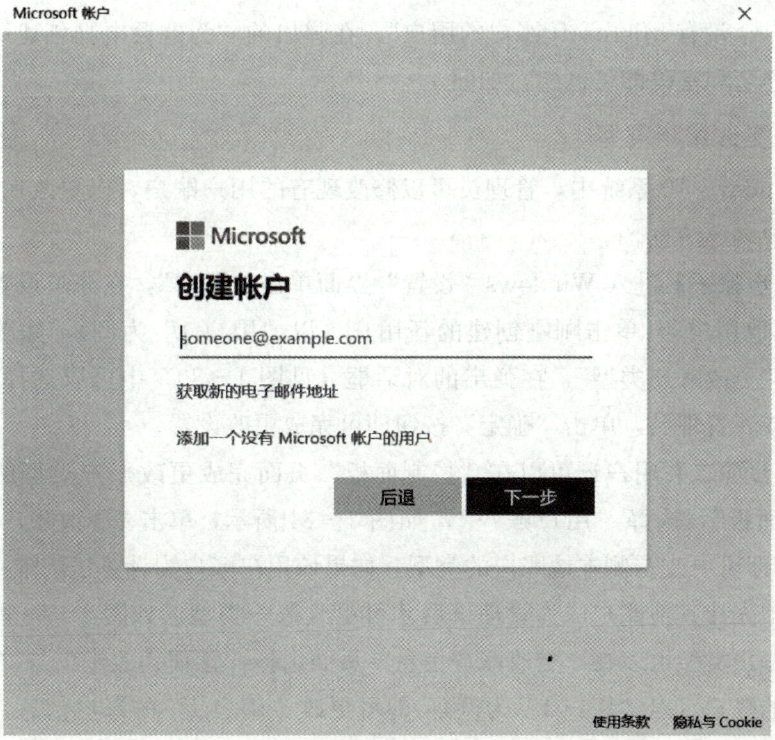

图 1－76 “创建账户”页面

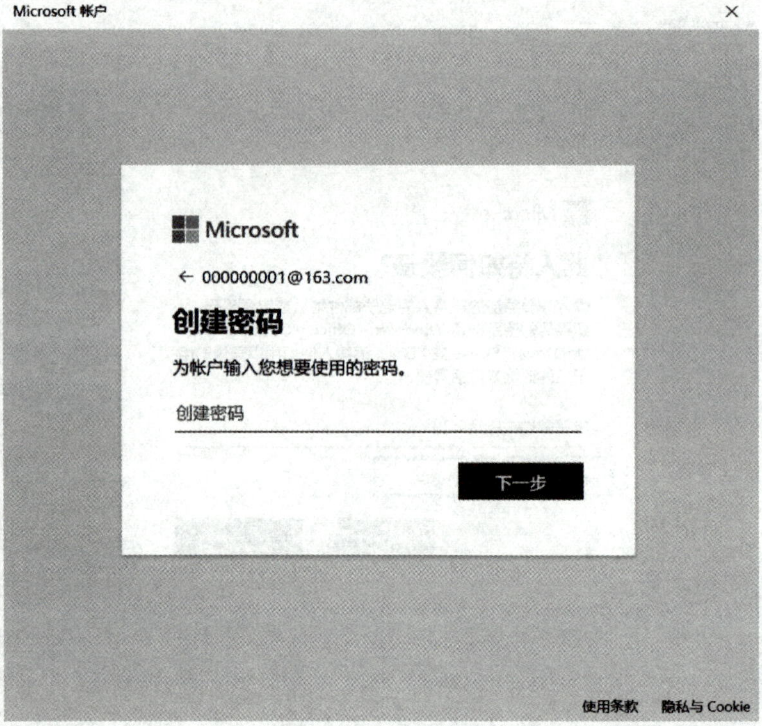

图 1－77　创建密码

【操作步骤三】 如果用户没有 Microsoft 账户，可以在“创建账户”页面选择“添加一个没有 Microsoft 账户的用户”，在弹出的“为这台电脑创建用户”页面中输入用户名和密码即可创建，如图 1－78 所示。

（二）更改账户类型

在 Windows 10 系统中，管理员可以修改现有的用户账户，以更改用户的权限、密码、用户名等信息。

【操作步骤一】 进入 Windows“设置”界面单击“账户”，在账户设置页面选择“家庭和其他用户”，单击刚刚创建的新用户（以“用户 1”为例），如图 1－79 所示，单击“更改账户类型”，在弹出的对话框（见图 1－80）中可以选择账户类型：标准用户或者管理员，单击“确定”按钮即可完成更改设置。

1－31 更改账户类型

【操作步骤二】 用户还可以在“控制面板”页面完成更改账户类型的设置。进入“控制面板”，选择“用户账户”，如图 1－81 所示，单击“更改账户类型”（见图 1－82）即可更改右侧本地账户的类型。如果该用户账户为计算机的唯一管理员账户，则必须先让其他账户成为管理员后才可更改账户类型，如图 1－83 所示。更改其他用户账户类型可以在“更改账户信息”页面选择“管理其他账户”，在新页面选择要更改的账户（以“用户 1”为例），即可更改“用户 1”的账户信息，包括账户类型，如图 1－84 所示。

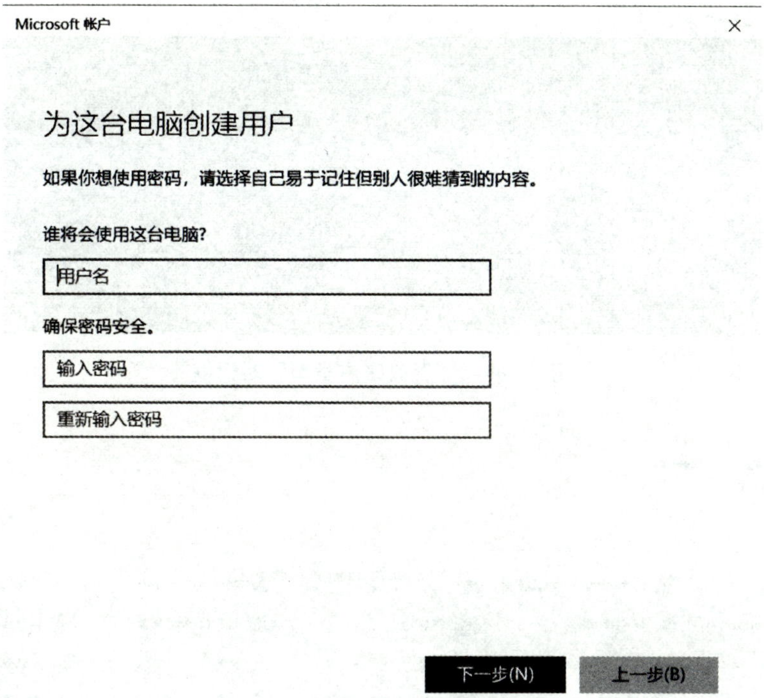

图 1-78 “为这台电脑创建用户”页面

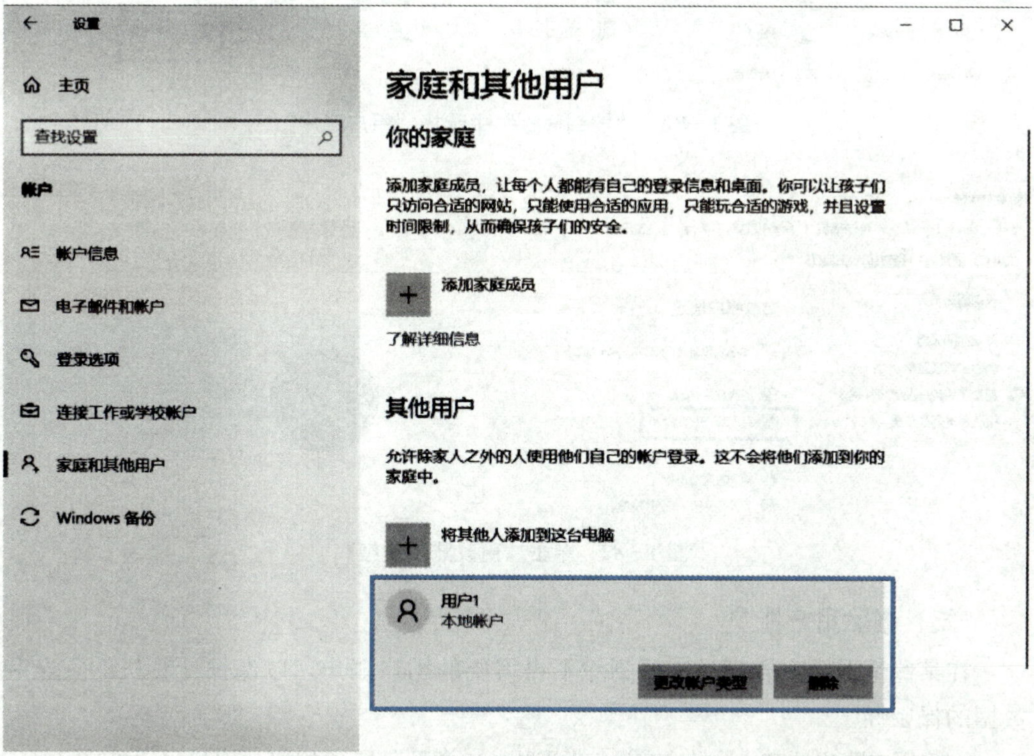

图 1-79 在 Windows“设置”中更改账户类型

图 1－80　“更改账户类型”对话框

图 1－81　“控制面板”中选择“用户账户”

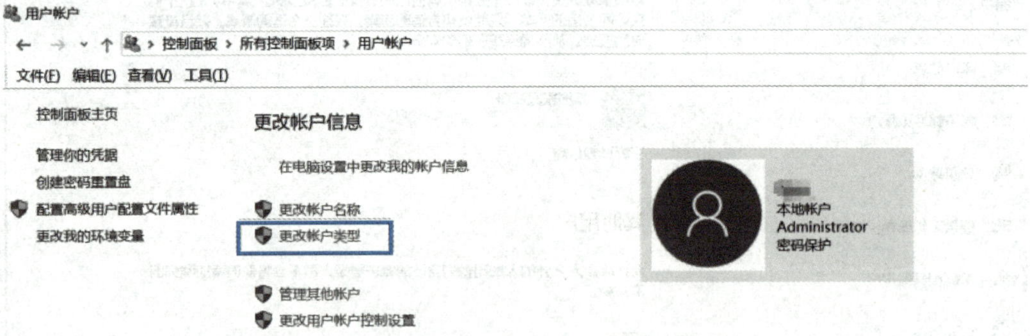

图 1－82　单击“更改账户类型”

（三）删除用户账户

在某些情况下，管理员需要删除不再需要的用户账户，以保护计算机的安全和数据的保密性。

删除用户账户的基本操作与前面“更改账户类型”所述相似，用户可以在图 1－79 所示页面中选择“删除”，在弹出的对话框中选择“删除账户和数据”即可删除，如

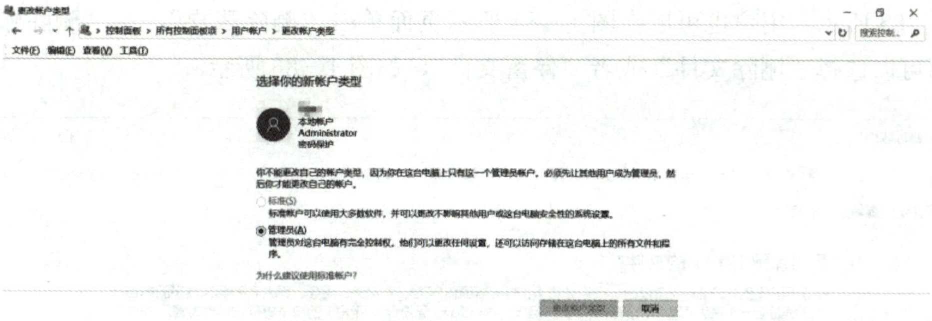

图 1-83　让其他账户成为管理员

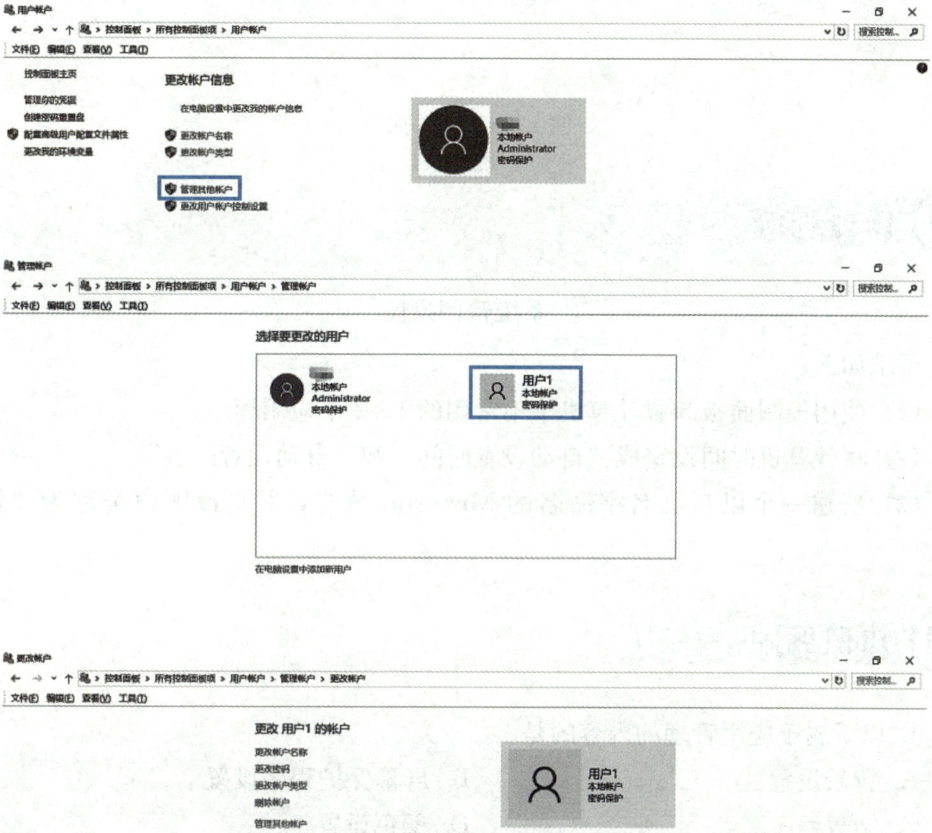

图 1-84　管理其他账户

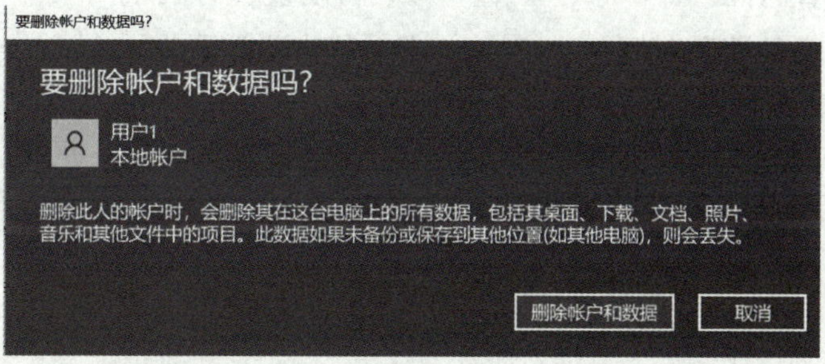

图 1-85　选择“删除账户和数据”

1-32 删除用户账户

图 1－85 所示。用户也可以在图 1－84 所示页面单击“删除账户”，在“删除账户”页面可以选择“删除文件”或者“保留文件”，如图 1－86 所示。

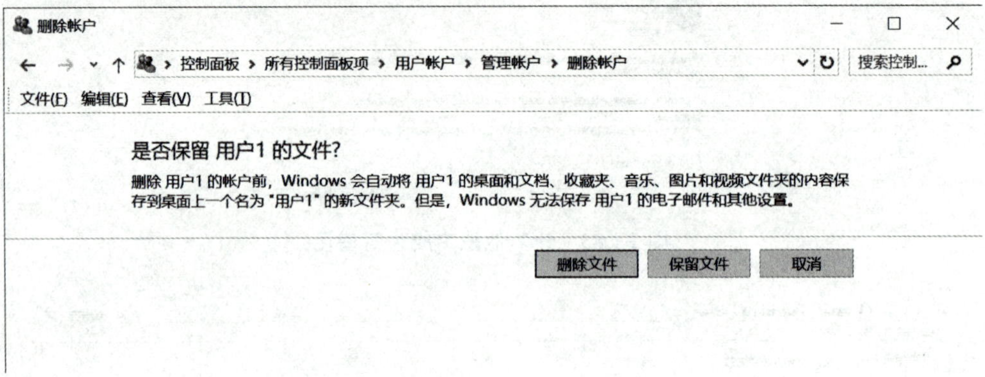

图 1－86　删除账户

任务训练

系统管理操作

要求如下：

（1）使用控制面板卸载计算机中不常用的 1～2 个应用程序。

（2）将计算机时间设定成“自动设置时间”和“自动设置时区”。

（3）新建一个以自己名字命名的 Microsoft 账户，并更改账户类型为“管理员”。

知识巩固

1. 以下属于应用管理的内容的是（　　）。

A. 背景设置　　B. 屏幕保护程序设置

C. 卸载程序　　D. 颜色设置

2. 下列不属于时间设置选项的是（　　）。

A. 自动设置时间　　B. 自动设置时区

C. 手动设置日期和时间　　D. 自动设置季节

3. 以下不属于系统语言设置一般模块的是（　　）。

A. 应用和网站　　B. 区域格式

C. 键盘　　D. 输入法

4. 下列关于语言设置正确的是（　　）。

A. 用户可以自己添加语言

B. 用户不可以随意添加语言

C. 添加语言时不需要安装

D. 系统可以同时设置多种语言

5. 以下属于账户类型的是（　　）。

A. 标准账户　　B. 自定义账户　　C. 管理账户　　D. 主要账户

6. 下列关于用户账户的说法正确的是（　　）。

A. 用户只能创建 Microsoft 账户

B. 用户可以在“控制面板”页面完成更改账户类型的设置

C. 用户只能在“Windows 设置”页面完成更改账户类型的设置

D. 在“删除账户”页面不可以选择“保留文件”

7. 如果用户想在不同的设备上访问自己的信息和数据，那么可以选择创建（　　）。

A. Microsoft 账户　　B. 本地账户

C. A、B 选项都可以　　D. A、B 选项都不可以

8. 当用户不再使用某程序时，可以选择（　　）。

A. 设置默认程序　　B. 更改程序名称

C. 卸载程序　　D. 安装程序

9. 下列关于时间和语言设置的说法正确的是（　　）。

A. 用户不可以更改默认系统时间

B. 用户每次开机都需要重新调整时间

C. 用户可以将系统时间调整为夏令时

D. 用户不可以更改时区

10. 如果用户想要还原系统默认的应用设置，单击（　　）设置页面底端的“重置”。

A. 时间和语言　　B. 默认应用

C. 系统　　D. 个性化

项目二 Word 2019 文字处理

Word 2019 是 Microsoft Office 2019 办公组件之一，是一款相当优秀的常用文字处理软件，具有丰富的文字处理功能，能够实现图、文、表混排，深受用户的欢迎。Word 2019 官方版为用户提供了出色的功能，其增强后的功能可创建专业水准的文档，可以让用户更加轻松地与他人协同工作并可在任何地点访问计算机中的文件，还能制作书籍、名片、杂志、报纸等。

学习目标

★知识目标：

1. 掌握文档的创建和保存。
2. 熟悉如何进行 Word 文档的基本编辑和格式化。
3. 掌握文档的页面设置、页眉页脚的设置。
4. 熟练应用 Word 文档中表格的创建和编辑。
5. 设置图文环绕，熟练运用排版设计。
6. 掌握长文档的编辑。
7. 掌握邮件合并。

★能力目标：

1. 会运用 Word 进行基本的文档操作。
2. 熟练应用文档中对象的插入与编辑，实现图文混排。
3. 能够灵活运用文本框的特性。
4. 可以完成论文、简历、表格、图文编辑等文字处理的操作。

★素养目标：

1. 感受 Word 软件的强大功能。
2. 培养用 Word 软件进行文字处理的兴趣。
3. 体会在 Word 中综合文字图片等的处理效果，培养良好的审美观。

任务一 工程方案处理

本任务主要介绍 Word 2019 的基础知识、文本的输入与基本编辑、新建和保存文档、移动和复制文本、查找与替换、字符格式设置、段落格式设置、边框与底纹等基本操作。

任务描述

本任务通过制作如图 2－1 所示的工程方案，掌握 Word 2019 的基础知识，即文本的输入与基本编辑、文档格式设置及版面设计等。

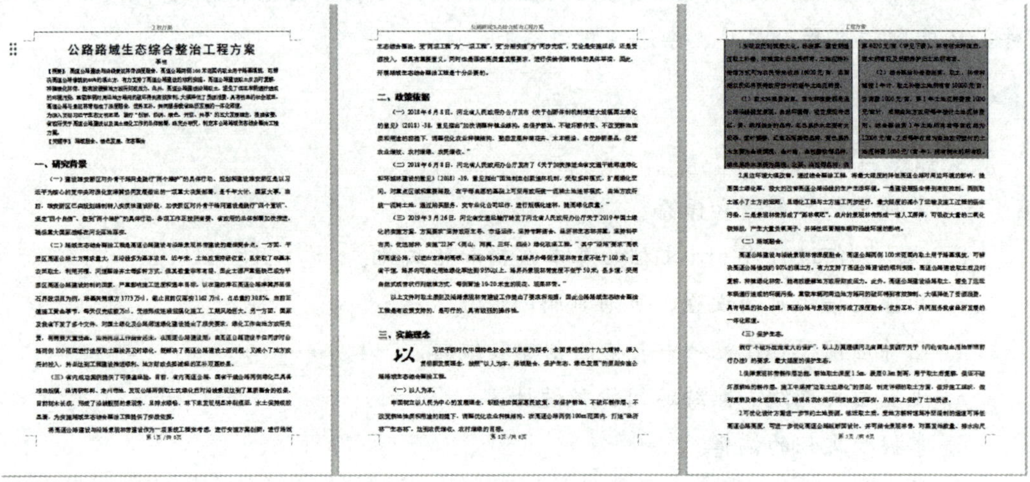
公路路域生态综合整治工程方案
一、研究背景
二、政策依据
三、实施理念

图 2－1　需制作的工程方案

任务实施

（1）新建文件，命名为“工程方案（作者：姓名）.docx”，保存到“桌面”→“学号姓名”文件夹中。

【操作步骤】 在 Word 应用程序中，打开“文件”菜单，选择“新建”，双击“空白文档”，新建一个空白文档。单击窗口左上角的“保存”按钮，在对话框中设置保存位置“桌面”→“学号姓名”、文件名“工程方案（作者：姓名）.docx”和保存类型，单击“保存”按钮。

（2）将新文件的页边距上下左右均设置为 2.5 厘米。

【操作步骤】 打开“布局”选项卡（见图 2－2），选择“页面设置”工具组→

"页边距"下拉列表中的"自定义页边距"，在打开的"页面设置"对话框中输入页边距"上 2.5 厘米；下 2.5 厘米；左 2.5 厘米；右 2.5 厘米"，如图 2-3 所示。

2-1 素材整理

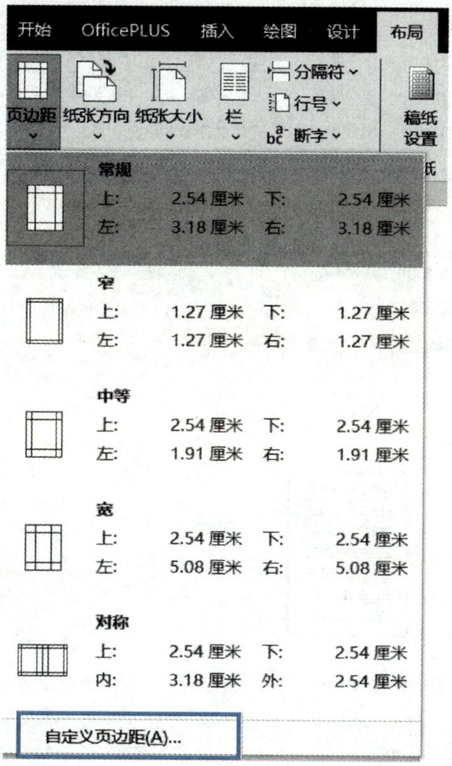

图 2-2 打开"布局"选项卡

（3）将"素材—公路路域生态综合整治工程方案.docx"中的素材文本复制到"工程方案（作者：姓名）.docx 中"，使用选择性粘贴，以"只保留文本"的形式粘贴到新文件中。

【操作步骤】打开"素材—公路路域生态综合整治工程方案.docx"文档，选中素材部分的所有内容，单击鼠标右键，在弹出的快捷列表中选择"复制"，在任务栏上单击"工程方案（作者：姓名）.docx"，切换到该文档，找到"剪贴板"工作组，如图 2-4 所示，单击"粘贴"按钮，在下拉列表中选择"只保留文本"。

（4）调整正文顺序，将文中"为深入贯彻习近平生态文明思想，践行'创新、协调、绿色、开放、共享'的五大发展理念，根据省委、省政府关于高速公路建设以及国土绿化工作的总体部署，经充分研究，制定本公路路域生态综合整治工程方案。"与"【关键字】路域融合、绿色发展、生态整治"的内容进行调换。

2-2 调整正文顺序

【操作步骤】选中正文"【关键字】路域融合、绿色发展、生态整治"的所有内容，将其拖动到"为深入贯彻习近平生态文明思想，践行'创新、协调、绿色、开放、共享'的五大发展理念，根据省委、省政府关于高速公路建设以及国土绿化工作的总体部署，经充分研究，制定本公路路域生态综合整治工程方案"后面。

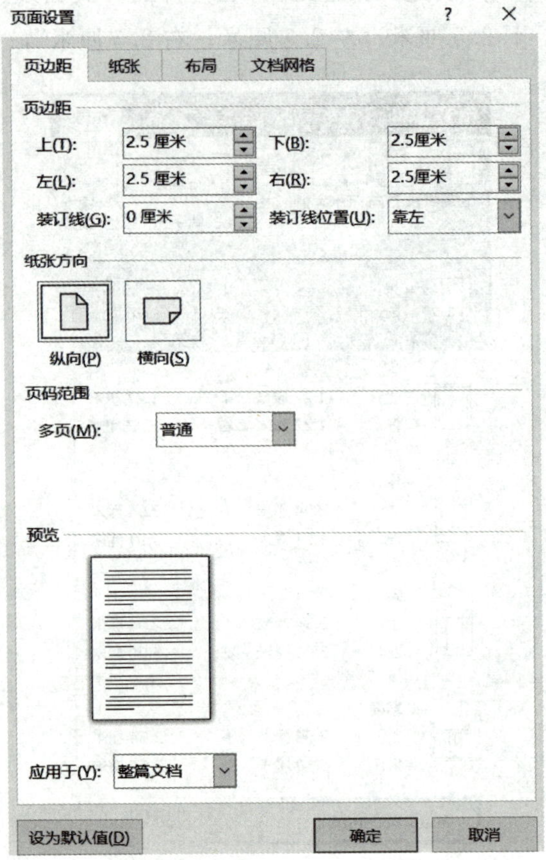

图 2-3 “页面设置”对话框

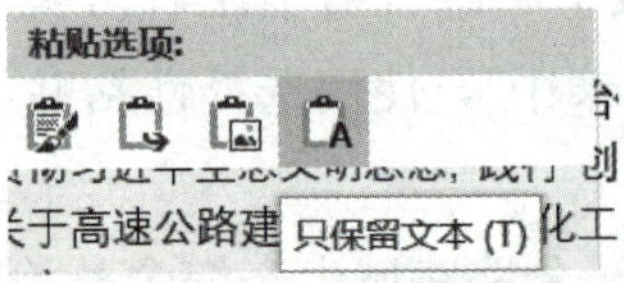

图 2-4 “剪贴板”工作组

(5) 将正文中的“m3”替换为红色加粗的“m^3”。

【操作步骤】 选择“编辑”→“替换”，在“查找和替换”对话框中的“查找内容”输入框中输入“m3”，在“替换为”输入框中输入“m^3”，如图 2-5 所示；单击左下角的“更多”→“格式”→“字体”；在“替换字体”对话框中，设置“字体颜色”为标准色中的红色，设置“字形”为“加粗”，如图 2-6 所示；依次单击“确定”→“全部替换”→“确定”按钮。

(6) 删除文中所有空行。

【操作步骤】 将文中的两个连续的段落标记符替换为一个段落标记符，可删除空行。打开“查找和替换”对话框，如图 2-7 所示，在“查找内容”下拉列表框中输入两个“特殊格式→段落标记”，在“替换为”下拉列表框中输入一个“特殊格式→段落

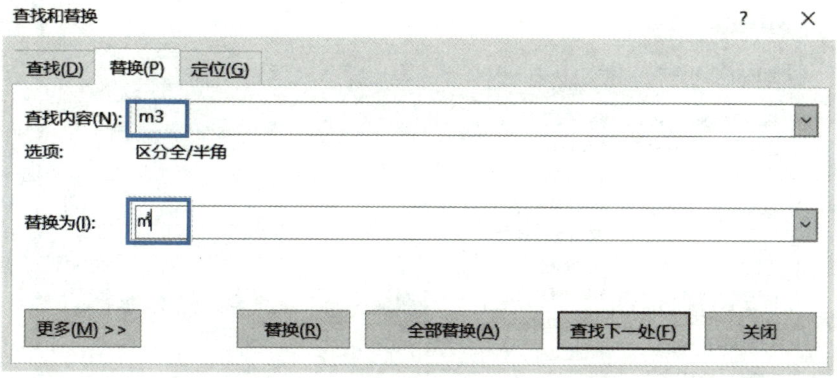

图 2-5 “查找和替换”对话框

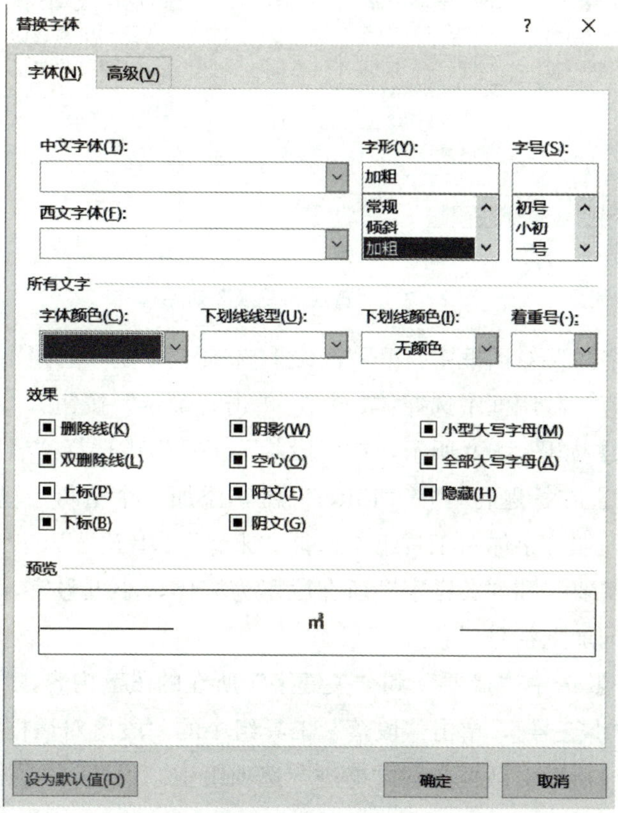

图 2-6 设置“字体颜色”和“字形”

标记”，最后单击“全部替换”按钮。

（7）将标题“公路路域生态综合整治工程方案”，设置为黑体，二号字，字符间距加宽，磅值为 1 磅，居中；在标题下方插入作者姓名及工作单位（如李明，某交通规划设计研究院），设置为“宋体，小五号字，居中”。

2-3 标题、摘要、关键字

【操作步骤一】 选中文章标题“公路路域生态综合整治工程方案”，在“字体”工具组中选择“黑体”“二号”，单击“字体”工具组右下角的“ ”。如图 2-8 所

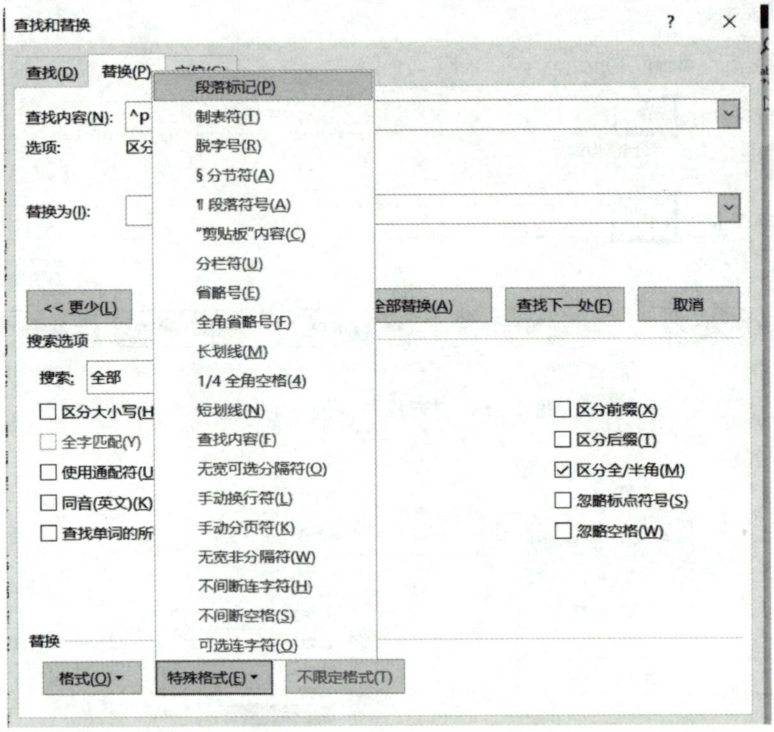

图 2-7 "查找和替换"对话框

示，在弹出的"字体"对话框中打开"高级"选项卡，在"间距"下拉列表中选择"加宽"，在"磅值"微调框中选择"1 磅"，单击"确定"按钮。

【操作步骤二】 如图 2-9 所示，在"段落"工具组中选择"居中"。

【操作步骤三】 在标题行后按"Enter"键，添加一个空行，输入作者姓名，选中所输入的内容，在"字体"工具组中选择"宋体""小五号"，设置为"居中"。

(8) 设置"摘要"和"关键字"所在段落为宋体，小五号字，左右各缩进 2 字符，并给这两个词加上括号。

【操作步骤一】 选中"摘要"和"关键字"所在的段落内容，在"字体"工具组中选择"宋体""小五号"，单击"段落"工具组中的"段落对话框"；如图 2-10 所示，在弹出的"段落"对话框中的"缩进"选项组中，设置"左侧：2 字符，右侧：2 字符"。

【操作步骤二】 依次将光标定位在"摘要"和"关键字"前，插入括号。

(9) 设置标题部分（包括结论标题）为黑体，小三号，加粗，段前间距设为 1 行。

2-4 正文小标题设置

【操作步骤】 选中"一、研究背景"，在"字体"工具组中选择"黑体""小三号""加粗"；单击"段落"工具组中的"段落对话框"，在弹出的"段落"对话框中设置"间距"为"段前：1 行"。双击"剪贴板"工具组中的"格式刷"，如图 2-11 所示，然后刷标题"二、政策依据""三、实施理念""四、实施方案""五、保障措

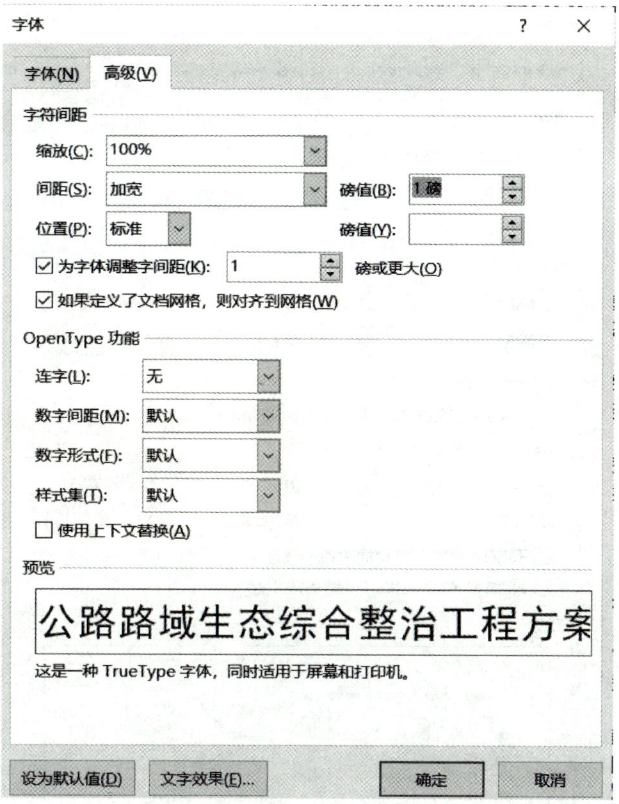

图 2-8　在“字体”对话框中设置“间距”和“磅值”

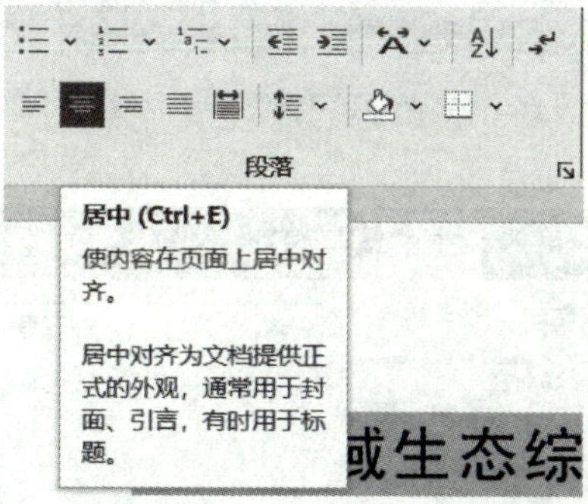

图 2-9　在“段落”工具组中选择“居中”

施”“六、需要支持的事项”“七、结论”，实现格式复制。

（10）设置正文：中文字体为宋体，西文字体为 Times New Roman，字号为五号，1.5 倍行距，首行缩进 2 字符。

【操作步骤】用“Ctrl”键将正文内容不连续选中，打开“字体”对话框，如图 2-12 所示。设置中文字体为“宋体”，西文字体为“Times New Roman”，字号为“五号”。再在打开的“段落”对话框中设置行距为“1.5 倍行距”，特殊格式为“首行缩进 2 字符”。

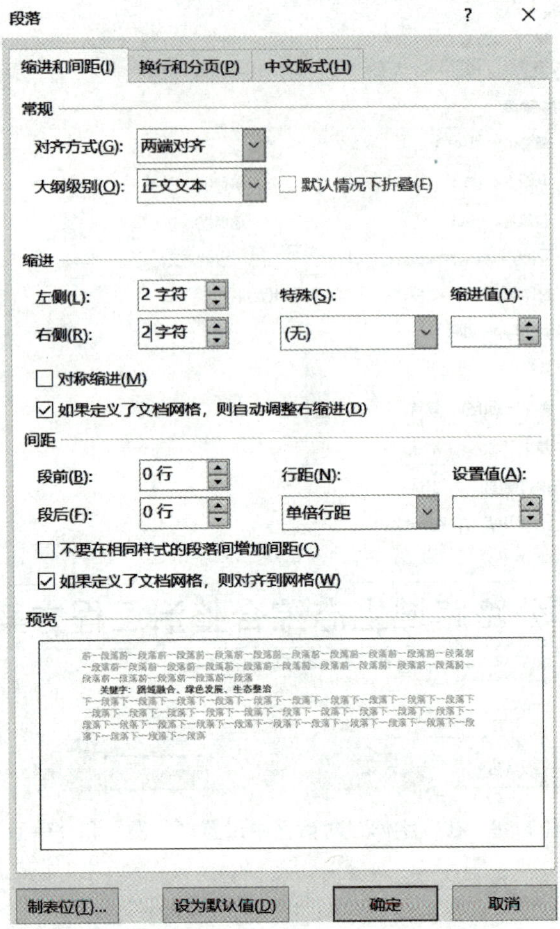

图 2-10 在“段落”对话框中设置“缩进”

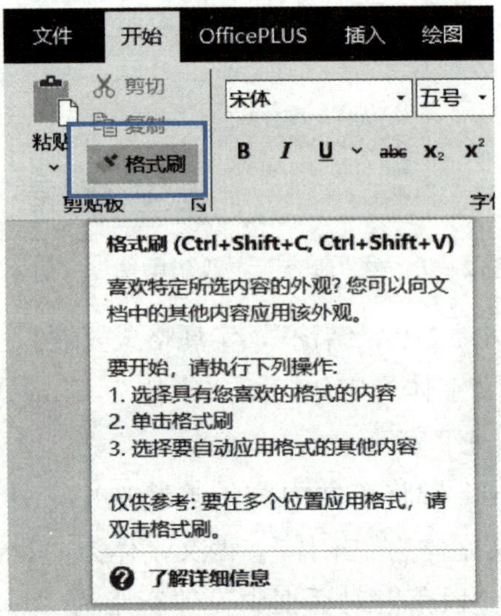

图 2-11 “格式刷”对话框

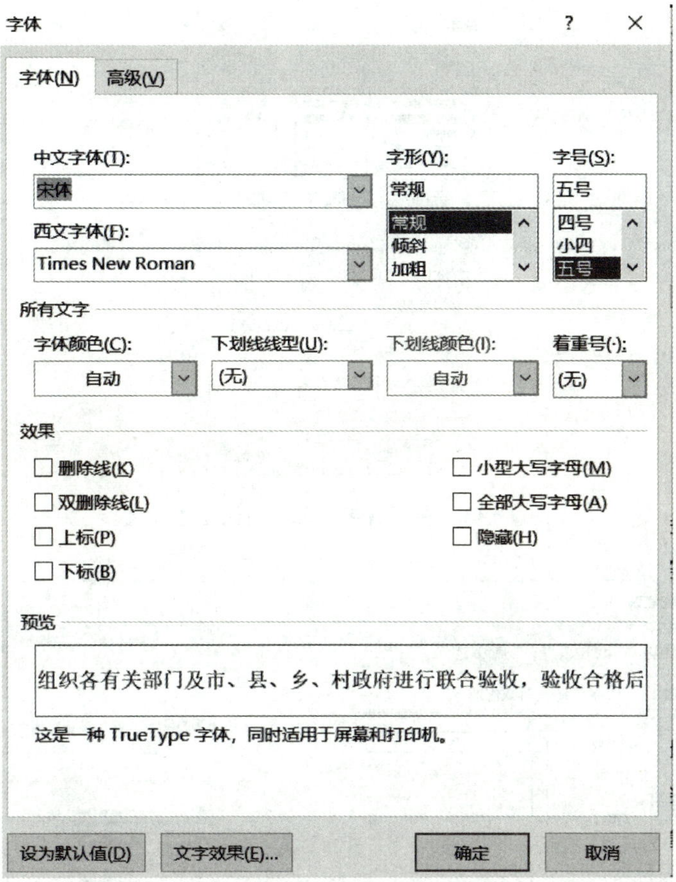

图 2-12　“字体”对话框

（11）设置正文第三节第一个字：位置为下沉，字体为华文新魏，下沉行数为2，距正文0.2厘米。

【操作步骤】选中第三节第一个字“以”，打开“插入”选项卡，选择“文本”工具组中“首字下沉”下拉列表中的“首字下沉”。如图2-13所示，在“首字下沉”对话框中，设置“位置：下沉”，“字体：华文新魏”，“下沉行数：2”，“距正文：0.2厘米”，单击“确定”按钮，设置首字下沉完成。

2-5 正文设置

（12）设置“1. 实现农民利益最大化。”所在段落内容的格式为分两栏，左右加段落边框，底纹填充颜色：橙色，个性色2。

【操作步骤一】选中“1. 实现农民利益最大化。”所在段落的所有内容，打开“布局”选项卡，选择“页面设置”工具组中的“分栏”下拉列表中的“两栏”。

【操作步骤二】打开“开始”选项卡，选择“段落”工具组中的“边框”下拉列表中的“边框和底纹”。如图2-14所示，在“边框和底纹”对话框中的“边框”选项卡中设置“样式：细线”，“应用于：段落”，在预览中单击左边线和右边线。

【操作步骤三】如图2-15所示，打开“底纹”选项卡，设置“填充：橙色，个性色2”，为所选段落设置底纹。

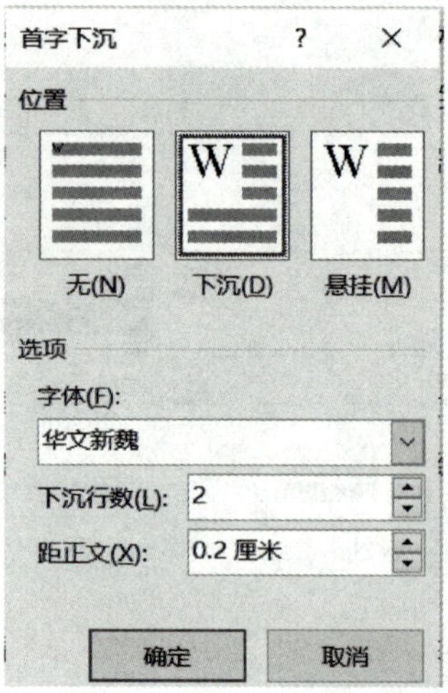

图 2-13　在“首字下沉”对话框中设置

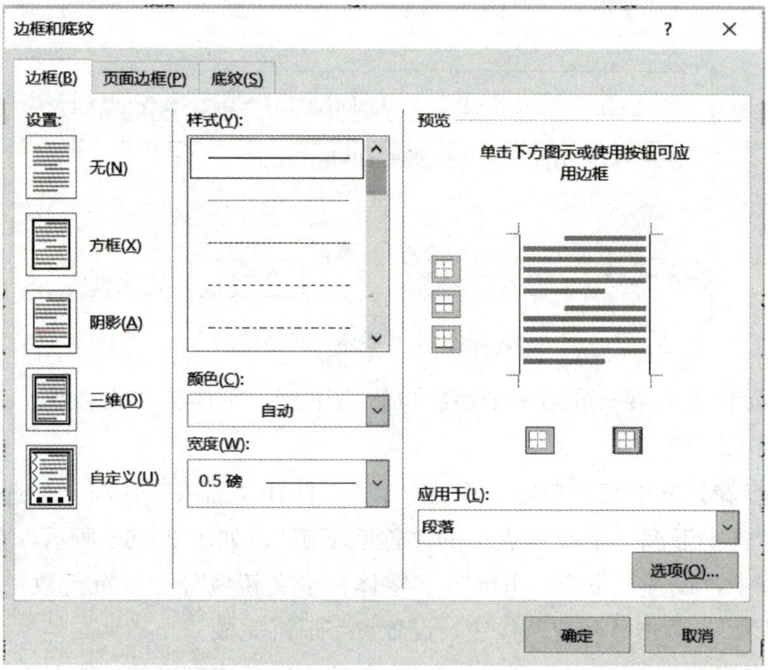

图 2-14　在“边框和底纹”对话框中设置

(13) 使用项目符号和编号功能为各项编号：“1、2、3…”。将第三节的“（三）保护生态”部分的内容进行编号。

【操作步骤】 选中需要编号的所有内容。如图 2-16 所示，在“段落”工具组中选择“☰▾”下拉列表中的“1. ____ 2. ____ 3. ____”。如图 2-17 所示，再打开“定义新编号格式”对话框，设置“编号格式：1.”，单击“确定”按钮，即可为需要编号的段落添加项目编号。

(14) 给“四、实施方案”中的“《河北省取土用地管理暂行办法》”加脚注，内

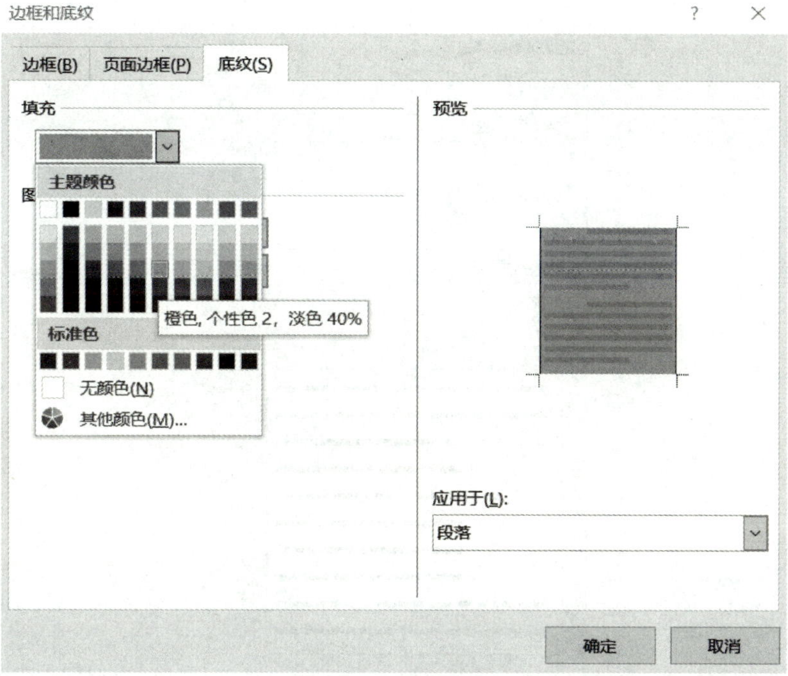

图 2-15　设置底纹

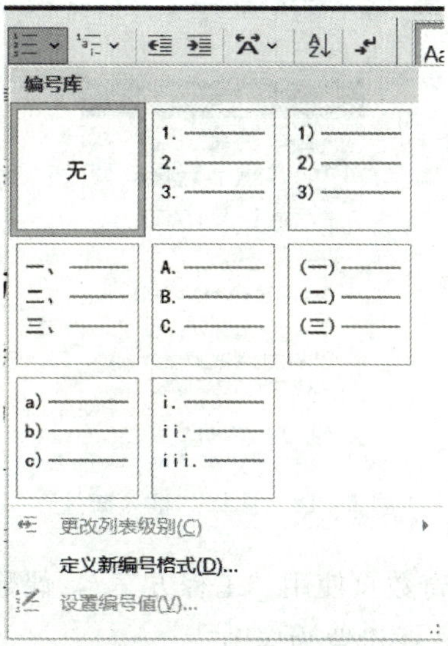

图 2-16　设置段落编号

容为“冀国土资发〔2021〕8 号《河北省取土用地管理暂行办法》于 2021 年 1 月 4 日厅务会审议通过，对本方案有借鉴作用”。

【操作步骤】选中“四、实施方案”中的“《河北省取土用地管理暂行办法》”，打开“引用”选项卡。如图 2-18 所示，选择“脚注”工具组中的“插入脚注”。在页面底端输入脚注内容“冀国土资发〔2021〕8 号《河北省取土用地管理暂行办法》于 2021 年 1 月 4 日厅务会审议通过，对本方案有借鉴作用”。

2-6 脚注及页码设置

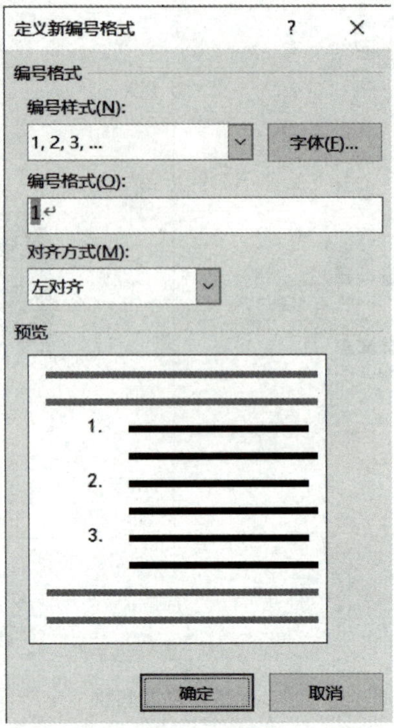

图 2-17　在“定义新编号格式”对话框中设置编号格式

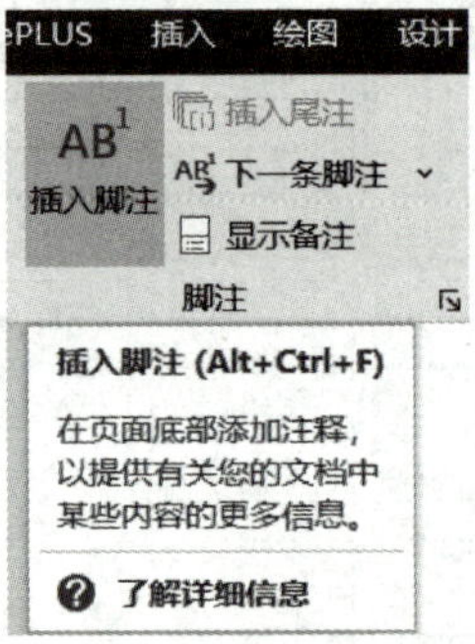

图 2-18　选择“插入脚注”

（15）设置页眉部分，奇数页使用“工程方案”，偶数页使用文章题目；页脚部分插入“第 X 页 共 Y 页”，并设置为居中。

【操作步骤】打开“插入”选项卡，选择“页眉和页脚”工具组（见图 2-19）中“页眉”下拉列表中的“空白页眉”，如图 2-20 所示。在“页眉和页脚工具”→“设计”→“选项”工具组中，选中“奇偶页不同”复选框，如图 2-21 所示，奇数页页眉输入“工程方案”，偶数页页眉输入“公路路域生态综合整治工程方案”；选择“页眉和页脚”工具组中“页码”下拉列表中的“页面底端”→“加粗显示的数字 2”，如图 2-22 所示；在“X/Y”两边分别写入“第”“页”“共”“页”，将页脚设置为“第 X 页 共 Y 页”，并设置为居中。

图 2－19　“页眉和页脚”工具组

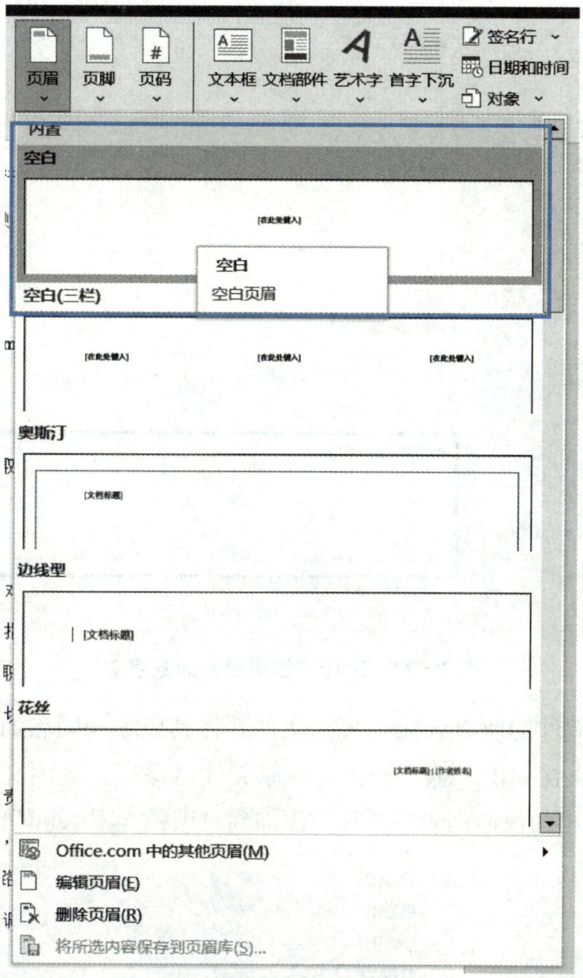

图 2－20　选择“空白页眉”

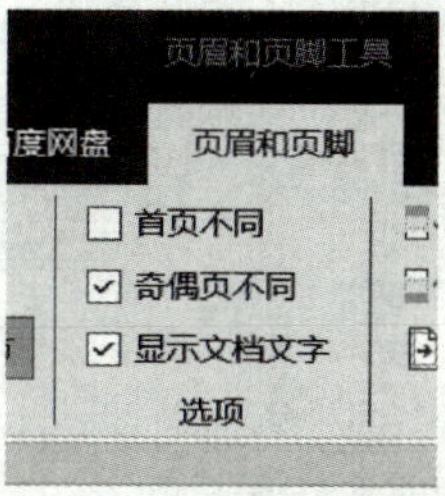

图 2－21　选中“奇偶页不同”复选框

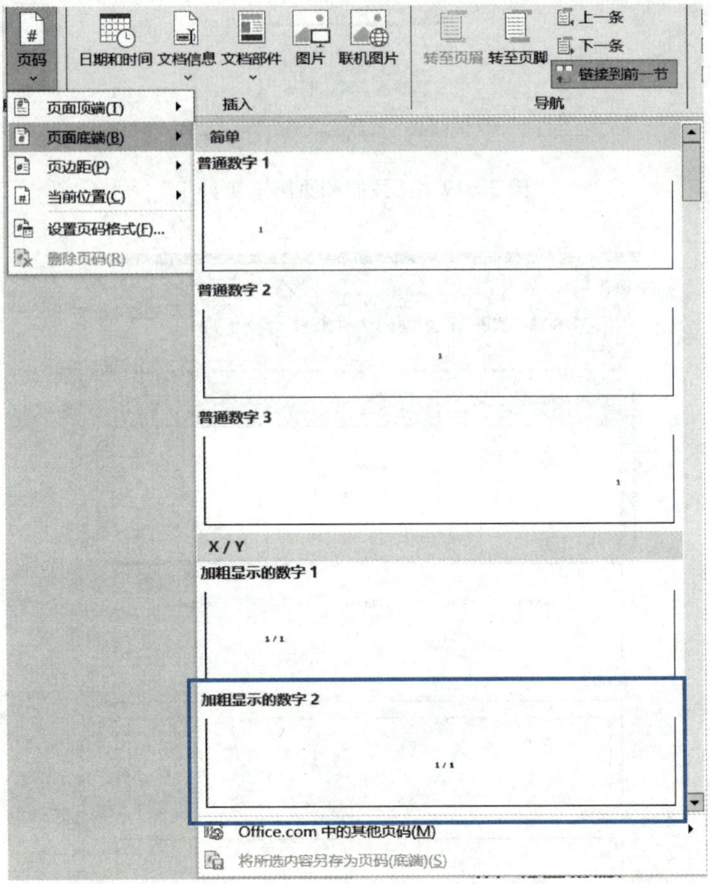

图 2-22　选择“加粗显示的数字 2”

（16）保存该文件的所有设置，关闭文件并将其压缩为同名的 . rar 文件。

【操作步骤】 直接单击“💾”按钮，按原文件名保存。关闭文件后，在文件上单击鼠标右键，在弹出的快捷列表中选择“添加到‘工程方案 . zip’”，如图 2-23 所示。

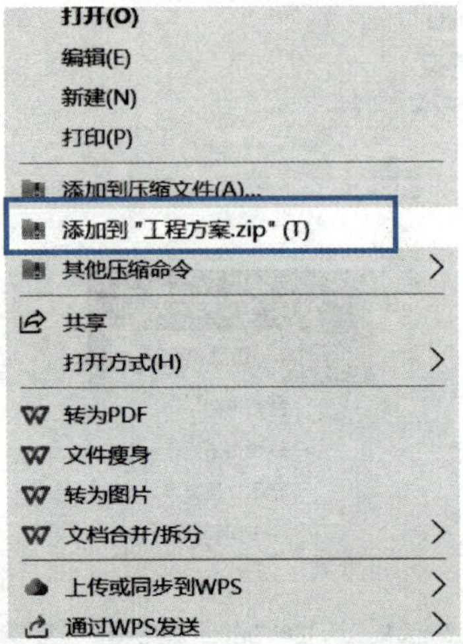

图 2-23　选择“添加到‘工程方案 . zip’”

任务训练

制作公司简介

完成如图 2－24 所示的公司简介。

××设计公司简介

××设计公司成立于2002年，2016 年正式挂牌新三板，证券代码 83596X；现有员工700余人。企业以[redacted]等多位河北建筑大师、行业领军人才花××及多位行业专家领衔。

> ××设计公司提供基于项目全生命周期的一体化全过程服务，其中包括投资咨询、全过程顾问咨询、一体化工程设计、管理及总承包服务和项目运营等。公司具有建筑行业（建筑工程）甲级、风景园林工程设计专项甲级、城乡规划编制甲级、房屋建筑工程监理甲级、市政行业乙级不分专业资质、建筑行业工程设计（人防工程）乙级、电力行业工程设计送电、变电工程丙级、固体废物处理处置工程乙级资质、农林行业工程设计农业综合开发生态工程乙级、工程咨询单位甲级资信证书 建筑和市政公用工程、中价协工程造价咨询企业信用证明 AAA、河北省工程造价资信企业信用等级 AAA、压力管道设计资质 GB1/GB2/GC2。

一、企业文化介绍

1. 企业文化：以共生、共享、共创、共赢的生态发展理念造福员工，成就客户。
2. 核心价值观：同心同力，共创共享。
3. 企业司训：品德、品质、品位、品牌。
4. 企业愿景：设计创美生活。
5. 经营理念：以客户为中心，以奋斗者为本。

二、人才理念

1. 知识工作者和企业家是××设计公司为社会创造价值的主体。
2. 放眼未来，科技智慧生态文化的统筹发展，更依赖优质人才的创新创造和协同共生。
3. ××设计公司倡导奋斗者文化，始终坚持以客户为中心的指导思想，尊重人才个性，包容人才的多样性和差异化，激发人才的善意和创造性，寻求生命的意义和事业的成就感。

三、薪酬福利

- ✧ 领先型薪酬策略，有竞争力的薪酬福利；
- ✧ 五险一金，法定假日，带薪年假；
- ✧ 员工体检、节日福利、生日福利、团建基金、运动基金、免费观影；
- ✧ 通信补贴、午餐补贴、免费加班餐、员工宿舍；
- ✧ 详细的职业规划及各种培训学习机会。

××设计公司通过职业生涯管理了解员工发展愿望、动机与职业兴趣，在组织设计中结合员工特点，充分实现人岗匹配，实现有效规划人力资源、提升组织能力和满足公司战略发展需要，最终实现员工职业发展与公司经营发展双赢。

图 2－24 需制作的公司简介

要求如下：

(1) 新建 Word 文档，命名为“××设计公司简介 .docx”，保存到“桌面”→“学号姓名”文件夹中。

(2) 将素材文本复制到新文件中，使用选择性粘贴，以“只保留文本”的形式粘贴到新文件。

(3) 将标题“××设计公司简介”，设置为：隶书、二号、加粗。

(4) 将文章的正文部分，设置为：宋体、小四号。

(5) 将第一段中的“2016 年正式挂牌新三板”，设置为：缩放 150%，加宽 2 磅，上升 1 磅。

(6) 将正文第二段中的“建筑行业（建筑工程）甲级”，设置为：华文彩云，五号，蓝色。

(7) 将标题“××设计公司简介”，设置为：居中对齐，段后间距 1 行。

(8) 将正文第一段，设置为：分散对齐。

(9) 将正文第二段，设置为：左右缩进 1 字符，悬挂缩进 2 字符，行间距为固定值 18 磅。

(10) 将小标题“一、企业文化介绍　二……”，设置为：段前段后均为 0.5 行，首行缩进 2 字符。

(11) 使用格式刷，将正文第二段“建筑行业（建筑工程）甲级”的格式应用到“房屋建筑工程监理甲级”“建筑行业工程设计（人防工程）乙级”上。

(12) 将正文第一段文字“孔××、郭××、潘××”的文字设置阴影边框，并添加绿色底纹。

(13) 为正文第二段，设置段落边框：方框、双实线、蓝色、0.5 磅，底纹设置为：样式 20%、黄色。

(14) 为文中“三、薪酬福利”部分的内容，添加你喜欢的项目符号。

(15) 最后以原文件名保存文件。

知识巩固

1. 选定整个文档可以用快捷键（　　）。

A. Ctrl+A　　B. Shift+A

C. Alt+A　　D. Ctrl+Shift+A

2. 利用（　　）功能可以对文档进行快速格式复制。

A. 自动换行　　B. 格式刷

C. 自动更正　　D. 自动图文集

3. 在 Word 的（　　）视图方式下，可以显示分页效果。

A. 普通　　B. 大纲

C. 页面　　　　　　　　　　　D. Web 版式视图

4. 在 Word 文档中，希望每一页都固定出现的内容，应该将其放在（　　）中。

A. 页眉页脚　　B. 文本框　　C. 图文框　　D. 剪贴板

5. 在 Word 中，格式刷可以用来复制（　　）。

A. 字符的字体、字号和颜色　　B. 段落的缩进与对齐方式

C. 段前段后距离与行间距　　D. 以上格式都可以

6. 在 Word 的编辑状态中，对已经输入的文档进行分栏操作，需要使用的菜单是（　　）。

A. 编辑　　B. 视图　　C. 格式　　D. 工具

7. 在文档中使用（　　）有助于加强文档作者与审阅者之间的沟通。

A. 标题　　　　　　　　B. 页码

C. 页眉与页脚　　　　　D. 批注

8. 在"替换"对话框中，如果在"查找"输入框中输入文本后，不在"替换为"输入框中输入任何内容，则在单击"全部替换"按钮后，（　　）。

A. 对查找到的内容不做任何改动

B. 将查找到的内容全部删去

C. 将查找到的内容全部替换为空格

D. 出现错误

9. 在 Word 编辑状态下，给当前打开的文档加上页码，应使用（　　）。

A. 编辑　　B. 插入　　C. 格式　　D. 工具

10. 在 Word 的编辑状态中，对已经输入的文档设置首字下沉，需要使用（　　）。

A. 编辑　　B. 视图　　C. 格式　　D. 工具

任务二 制作路面结构方案表和建设项目费用表

Word 2019 具有创建表格的功能，可以创建、编辑、美化复杂的表格，也可以对表格内的数据进行排序、计算等操作，还可以将表格转换为各类统计图表。

任务描述

本任务通过制作路面结构方案表（见图 2－25）和建设项目费用表（见图 2－26），掌握使用 Word 2019 创建表格、编辑表格、美化表格以及对表格内数据进行统计的方法。

路面结构方案表

部位	主线	厚度	收费广场	厚度
		行车道及硬路肩		行车道及硬路肩
面层	改性沥青混凝土上面层	4	水泥混凝土	30
	中粒式沥青混凝土中面层	6	沥青混凝土夹层	4
	粗粒式沥青混凝土下面层	8		
基层	水泥稳定级配碎石	18	贫混凝土	18
	水泥稳定级配碎石	18	水泥稳定级配碎石	16
底基层	低剂量水稳碎石	18	低剂量水稳碎石	16
全厚		72	全厚	84

图 2－25 路面结构方案表

建设项目费用表

方案 分项	推荐方案（单位：万元）			平均值
	投资估算	财务费用	经济费用	
第一部分 建安工程费	5,896.96	5,896.96	5,590.25	¥5,794.7
第二部分 设备购置费	617.22	617.22	617.22	¥ 617.2
第三部分 其他基建费	2,044.35	2,044.35	1,890.70	¥1,993.1
预留费用	770.27	770.27	770.27	¥ 770.3
合计	¥9,328.800	¥9,328.800	¥8,868.440	

图 2－26 建设项目费用表

任务实施

一、制作路面结构方案表

（1）新建 Word 文档命名为“路面结构方案表 .docx”，保存到“桌面”→“学号姓名”文件夹中。

【操作步骤】 在 Word 应用程序中打开“文件”菜单，选择“新建”，双击“空白文档”，新建一个空白文档。单击窗口左上角的“保存”按钮，在对话框中设置保存位置为“桌面”→“学号姓名”、文件名“路面结构方案表 .docx”和保存类型，单击“保存”按钮。

（2）插入表格。在文件的第一行输入图表标题“路面结构方案表”，设置为黑体、五号、加粗。在该文档的第二行开始位置中插入一个 13 行 5 列的表格。

2-7 插入表格及设置

【操作步骤一】 在文档的第一行位置输入标题“路面结构方案表”，选中“路面结构方案表”这七个字，打开“开始”选项卡，将字体设置为黑体，字号设置为五号，单击“加粗”按钮。

【操作步骤二】 标题设置结束后，按“Enter”键。打开“插入”选项卡，选择“表格”→“插入表格”，在“插入表格”对话框中设置列数为 5 列，行数为 13 行，如图 2-27 所示。

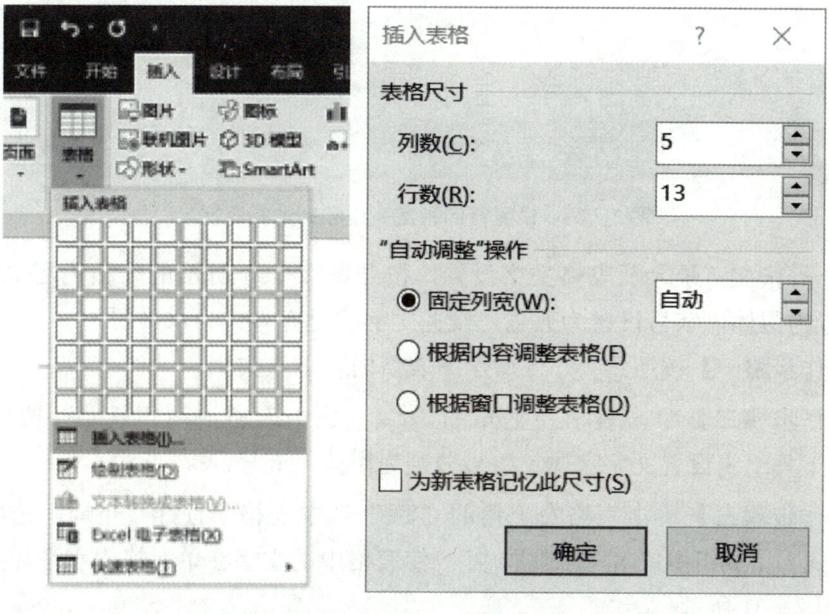

图 2-27　插入一个 13 行 5 列的表格

（3）设置表格高度、宽度及单元格合并。新插入的表格行高设置为指定高度 0.6 厘米，列宽设置为指定宽度 3 厘米。按照图 2-25 所示的表格形式合并单元格。

【操作步骤一】 打开“布局”选项卡，单击“单元格大小”选项内的“ ”。打开“表格属性”对话框，将行的指定高度设置为 0.6 厘米，列的指定宽度设置为 3 厘米，如图 2-28 所示。

【操作步骤二】 按照图 2-25 所示的表格形式合并单元格有两种方法。

方法一：选中待合并的单元格，打开“布局”选项卡，单击“合并单元格”，如图 2-29 所示，完成合并单元格。

方法二：直接打开“布局”选项卡，选择“绘图”工具组中的“橡皮擦”，如图 2－30 所示，在对应单元格的边线上擦除，以实现单元格的合并。擦除完毕，再次单击“橡皮擦”，结束擦除。

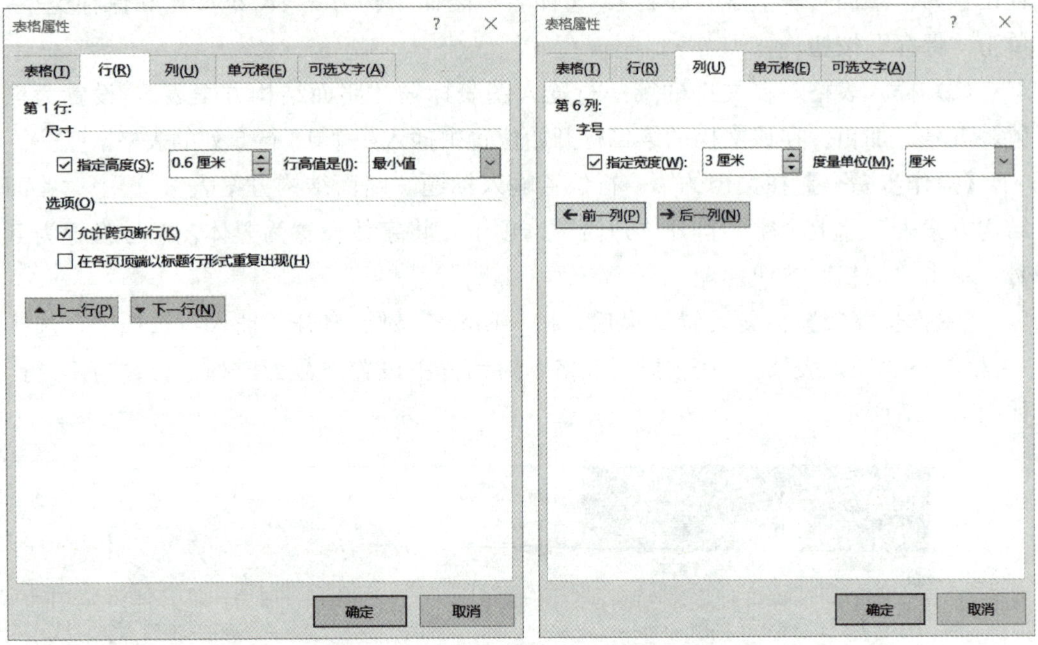

图 2－28　设置行的指定高度和列的指定宽度

（4）表格文字录入及表格文字设置。按照图 2－25 所示的表格内容录入文字，字体设置为黑体，字号设置为五号，设置文字的对齐方式为水平居中。

2－8 表格文字及边框设置

【操作步骤一】 按照图 2－25 所示的表格内容录入文字。

【操作步骤二】 单击表格左上角的“⊞”选中表格，在“开始”选项卡中的“字体”工具组内设置文字字体、字号分别为黑体、五号。

【操作步骤三】 单击表格左上角的“⊞”选中表格，打开“布局”选项卡，在“对齐方式”工具组中单击“水平居中”，使表格中的文字在单元格内水平和垂直都居中，如图 2－31 所示。

（5）设置表格边框。将表格的左右两侧的边框去掉，上下边框设置为上粗下细的实线样式，宽度为 1.5 磅。表格内的内框线设置为实线，宽度设置为 1 磅。将第一行的下框和最后一行的上框设置为双线，宽度设置为 0.5 磅。

【操作步骤一】 选中表格，打开“设计”选项卡，单击“边框”工具组的“边框”下面向下的小三角，选择“左框线”，如图 2－32 所示，左边框取消；以同样的方式选择“右框线”，右边框取消。

【操作步骤二】 选中表格，在“设计”选项卡中的“边框”工具组中，样式选择“实线”，宽度选择“1.0 磅”，如图 2－33 所示，再单击“边框”下面向下的小三角，选择“内部框线”。

【操作步骤三】选中表格，在“设计”选项卡中的“边框”工具组中，样式选择“实线”，宽度选择“1.5 磅”，如图 2 - 34 所示，再单击“边框”下面向下的小三角，选择“下框线”和“上框线”。

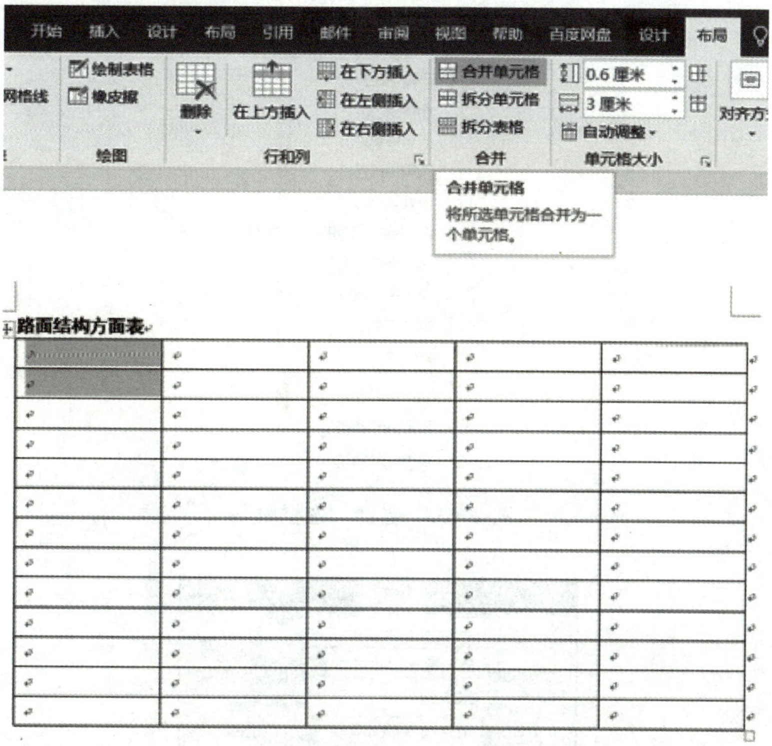

图 2 - 29　完成合并单元格

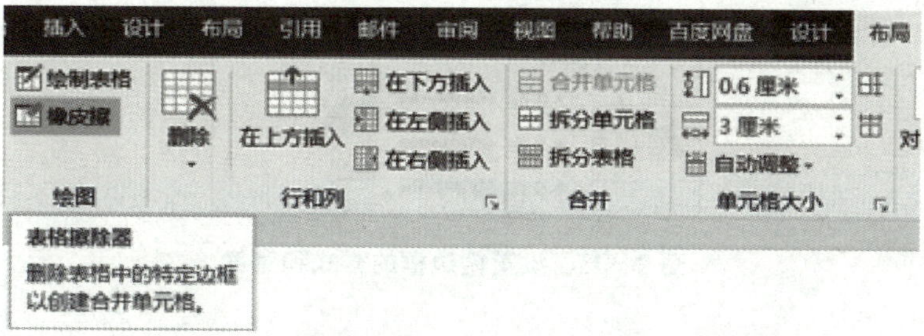

图 2 - 30　选择“绘图”工具组中的“橡皮擦”

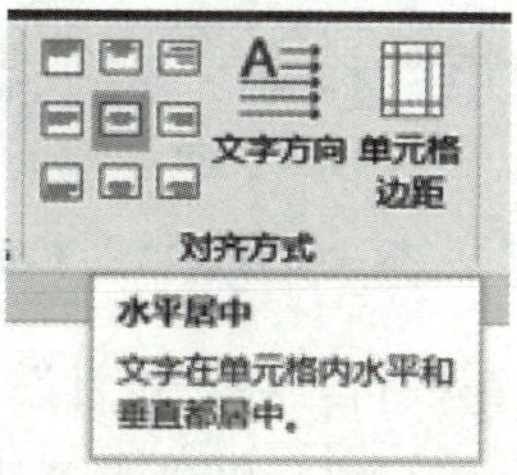

图 2 - 31　设置对齐方式为水平居中

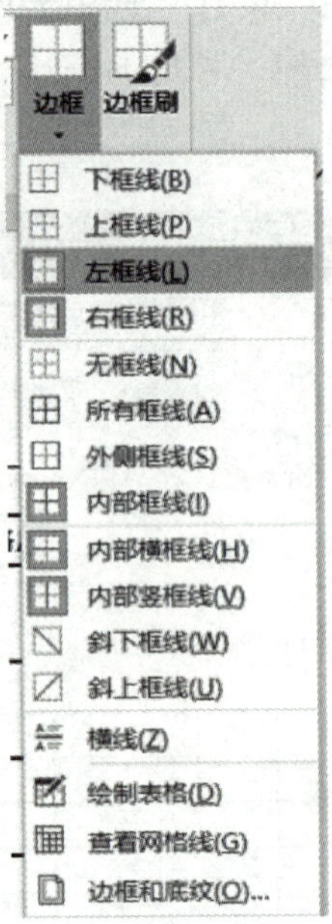

图 2-32　选择“左框线”

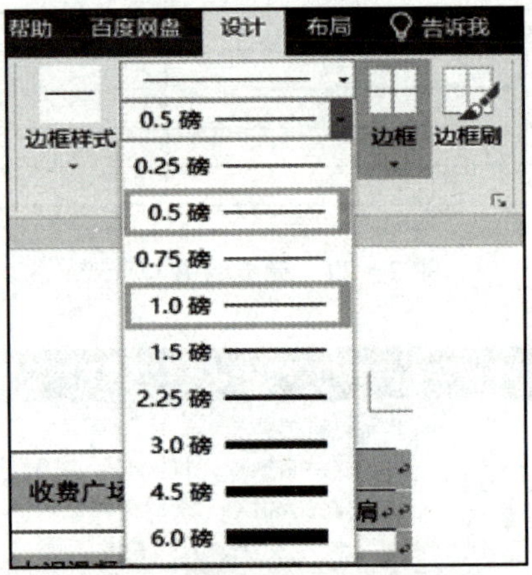

图 2-33　设置内边框的样式和宽度

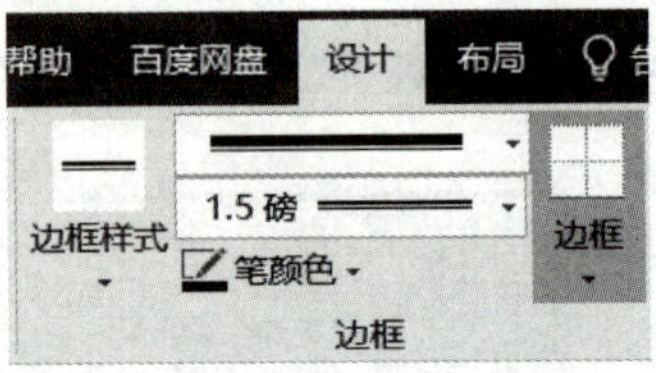

图 2-34　设置表格上下框线

【操作步骤四】选中表格的第一行，在“设计”选项卡中的“边框”工具组中，样式选择“双线”，宽度选择“0.5 磅”，再单击“边框”下面向下的小三角，选择“下框线”。选中最后一行，再单击“边框”下面向下的小三角，选择“上框线”。

（6）设置表格底纹。将表格首尾两行设置为：蓝色，个性 1，淡色 60%的底纹，将左侧中间列设置自定义颜色：红色 235，绿色 235，蓝色 221。

2-9 表格底纹设置

【操作步骤一】选中表格的首行，按住“Ctrl”键，再选中尾行。在“设计”选项卡中的“表格样式”工具组内，单击“底纹”下面向下的小三角，单击“蓝色，个性 1，淡色 60%”的底纹主题颜色，如图 2-35 所示。

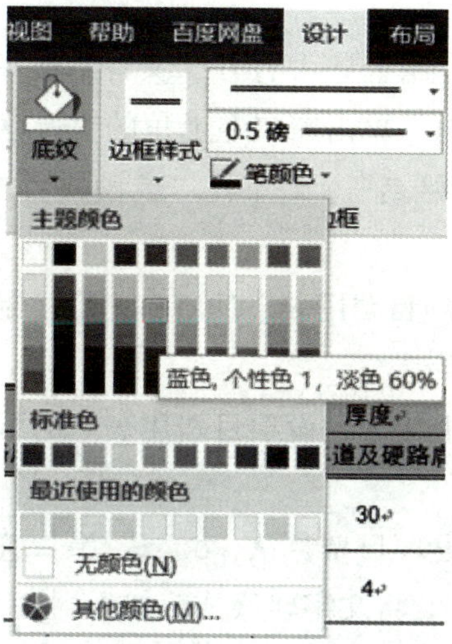

图 2-35 设置表格首尾两行的底纹

【操作步骤二】选中左侧需要设置底纹的部分，在“设计”选项卡中的“表格样式”工具组中，单击“底纹”下面向下的小三角，选择“其他颜色”，打开“颜色”对话框，单击“自定义”，在红色处输入“235”，绿色处输入“235”，蓝色处输入“221”，如图 2-36 所示。

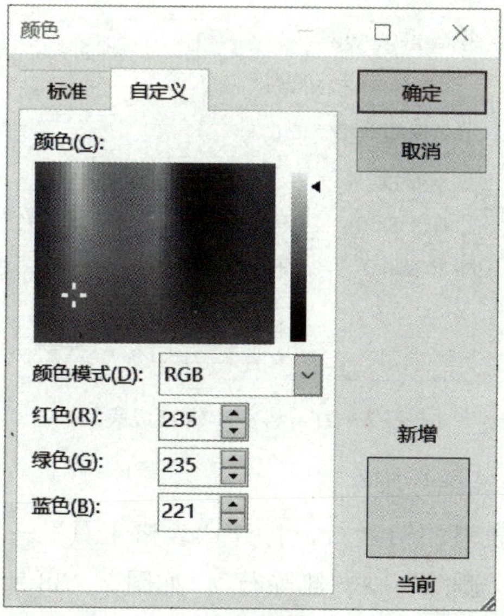

图 2-36 自定义设置底纹颜色

(7) 按原文件名保存。

【操作步骤】 直接单击“保存”按钮，按原文件名保存。

二、制作建设项目费用表

(1) 新建 Word 文档，命名为“建设项目费用表 .docx”，保存到“桌面”→“学号姓名”文件夹中。

【操作步骤】 在 Word 应用程序中打开“文件”菜单，选择“新建”，双击“空白文档”，新建一个空白文档。单击窗口左上角的“保存”按钮，在对话框中设置保存位置为“桌面”→“学号姓名”、文件名“建设项目费用表 .docx”和保存类型，单击“保存”按钮。

(2) 将素材中的“建设项目费用表”的所有内容复制到“建设项目费用表 .docx”中；将第二行至第八行转换为表格。

【操作步骤一】 将素材中的“建设项目费用表”的所有内容复制到“建设项目费用表 .docx”中。

【操作步骤二】 在“建设项目费用表 .docx”中，选中第二行至第八行的内容，选择“插入”→“表格”→“将文字转换成表格”，将所选内容转换为一个 8 行 4 列的表格，如图 2 - 37 所示。

2 - 10 文字转表格

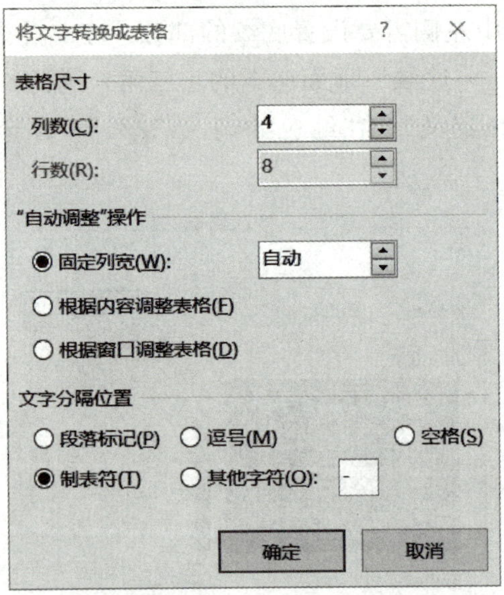

图 2 - 37　将文字转换成表格

(3) 删除无费用核算部分所在行。

【操作步骤】 选中表格的第六行，打开“表格工具”→“布局”选项卡，选择“行和列”工具组中的“删除”→“删除行”，如图 2 - 38 所示，将表中无费用核算部分所在行删除。

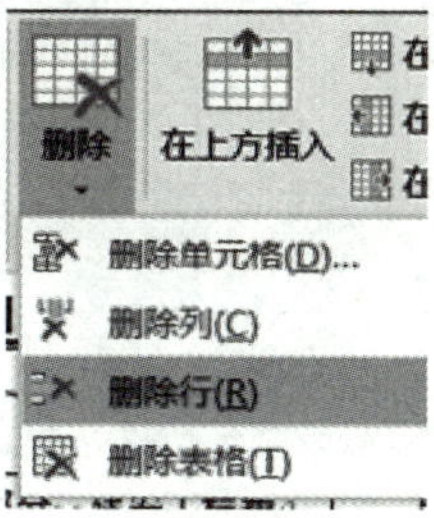

图 2-38 选择"删除"→"删除行"

（4）按照图 2-26 所示的表格形式合并单元格，并为表头增加一个斜线表头，并添加文字"方案"，将其对齐方式设置为右对齐。

【操作步骤一】打开"表格工具"→"布局"选项卡，选择"绘图"工具组中的"橡皮擦"，按照图 2-26 所示的表格形式合并单元格。

【操作步骤二】将光标定位到"分项"二字前面，按"Enter"键，打开"表格工具"→"布局"选项卡，选择"绘图"工具组中的"绘制表格"，如图 2-39 所示，绘制斜线表头，绘制完毕后，再次单击"绘制表格"。

2-11 斜线表头及表格求和

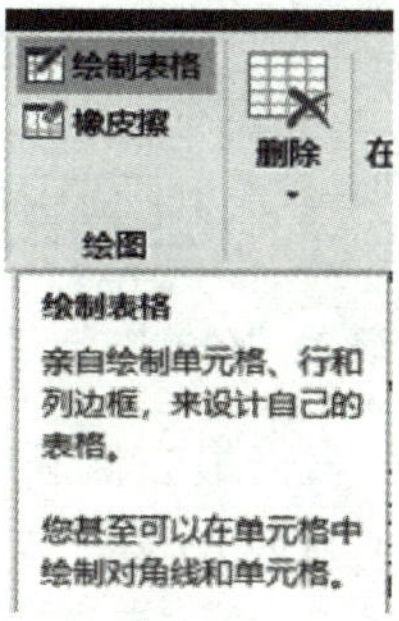

图 2-39 选择"绘制表格"

【操作步骤三】在表头的第一行输入"方案"二字，选中"方案"二字，打开"开始"选项卡，在"段落"工具组中选择"右对齐"。

（5）统计出"投资估算""财务费用""经济费用"三项的总费用，结果设置为人民币符号，保留三位小数。

【操作步骤】将光标定位到"第二列"最后一个单元格中；打开"布局"选项卡，选择"数据"工具组中的"公式"，如图 2-40 所示；在弹出的"公式"对话框中，设置"公式"为"=SUM（ABOVE)"，"编号格式"选择第三种，并在"￥#，##0.00"的后面再加上一个 0，即"￥#，##0.000"，就可以设置成保留三位小数的格式，如图 2-41 所示。其余各项的求和计算方法同上。

（6）在表格最右侧新增一列，填入文字"平均值"，合并该列的前两行的单元格，并计算第一部分、第二部分、第三部分和预留费用的平均值（合计分项的平均值不需要计算），结果设置为人民币符号，保留一位小数。

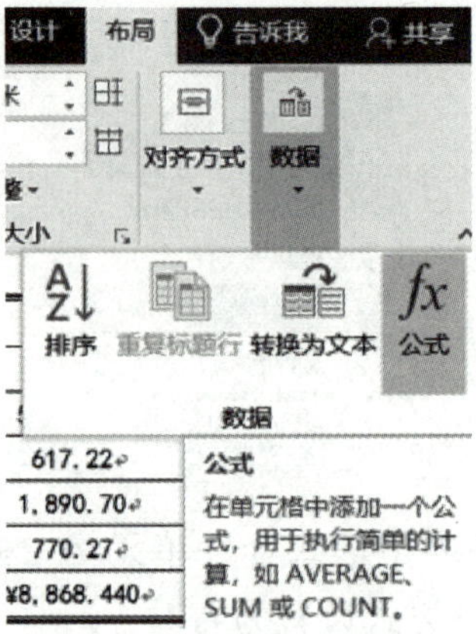

图 2-40　选择“数据”工具组中的“公式”

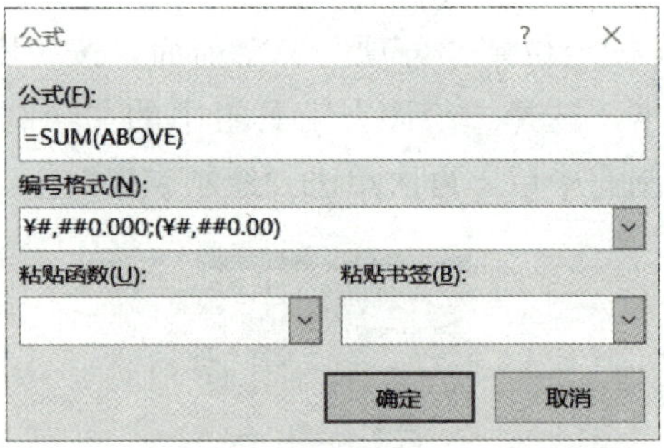

图 2-41　设置“公式”与“编号格式”

【操作步骤一】按照图 2-26 在表格最右侧新增一列。选中表格最后一列，打开“布局”选项卡，选择“行和列”工具组中的“在右侧插入”，如图 2-42 所示，在表格最右侧新增一列。

2-12 表格设置及求平均值计算

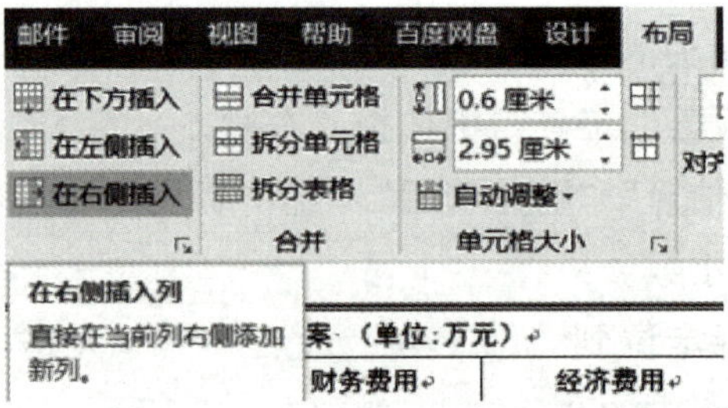

图 2-42　选择“在右侧插入”

【操作步骤二】选中新插入列的前两行的单元格，单击鼠标右键，在弹出的快捷列表中选择“合并单元格”，填入文字“平均值”。

【操作步骤三】将光标移动至该列的第三行单元格中，在“数据”工具组中选择“公式”，在弹出的“公式”对话框中，删除“公式”文本框中的“SUM（ABOVE)”函数，保留“=”，在“粘贴函数”下拉列表中选择“AVERAGE”函数，在“公式”文本框中的括号中输入“left”，在“编号格式”下拉列表中选择“￥#，

＃＃0.00”，删除小数点后面一个 0，设置保留一位小数，如图 2－43 所示，其他分项的平均值计算方法同上。

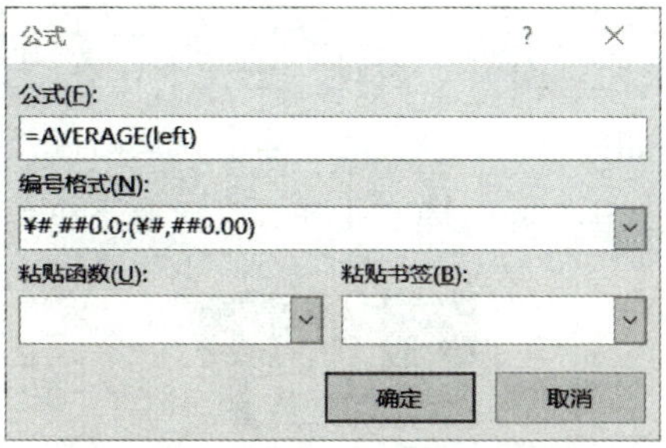

图 2－43　设置平均值公式

（7）将斜线表头外的其他单元格内的字体、字号分别设置为黑体、五号，对齐方式为水平居中。

【操作步骤】利用“Ctrl”键选中表格内除斜线表头外的其他单元格内的文字，打开“开始”选项卡，在“字体”工具组中将字体、字号分别设置为黑体、五号；继续打开“布局”选项卡，在“对齐方式”工具组中单击“水平居中”。

（8）将第一列的列宽设置为 5 厘米，去掉左右两侧的边框，并将上下框线设置为如图 2－26 所示的样式，宽度设置为 1.5 磅。

【操作步骤一】选中第一列，单击鼠标右键，在弹出的快捷列表中选择“表格属性”，在弹出的“表格属性”对话框里选择“列”，指定宽度设置为“5 厘米”，单击“确定”按钮，如图 2－44 所示。

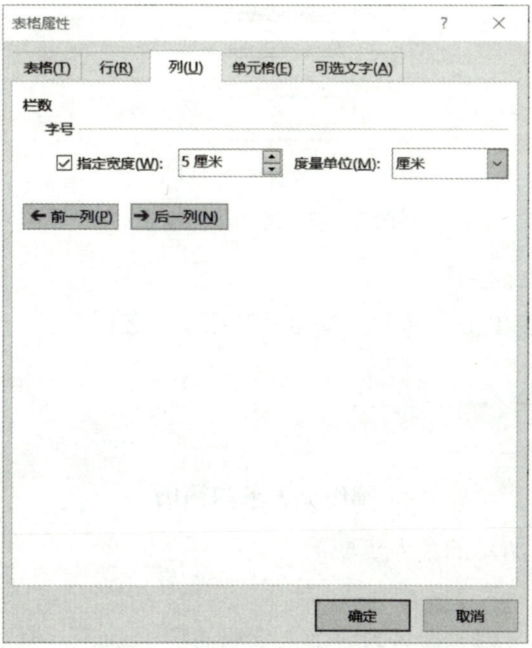

图 2－44　设置列的指定宽度

【操作步骤二】 选中表格，打开“设计”选项卡，在“边框”工具组中单击“边框”下面向下的小三角，选择“左框线”，再选择“右框线”，左右两侧框线就去掉了。

【操作步骤三】 选中表格，打开“设计”选项卡，在“边框”工具组中，边框样式选择样式的第十一种，如图 2－45 所示，宽度选择 1.5 磅；单击“边框”下面向下的小三角，选择“下框线”，再选择“上框线”，上下框线设置完毕。

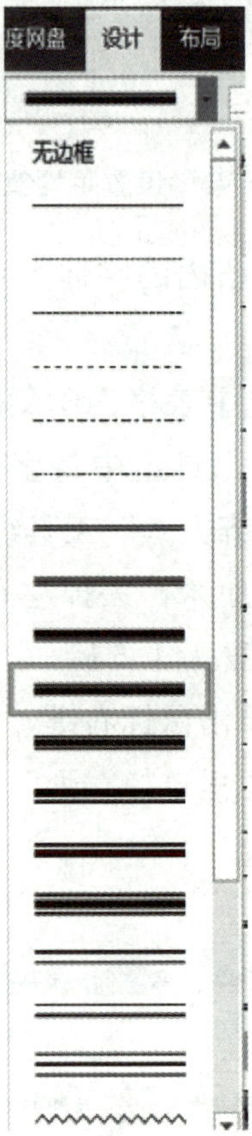

图 2－45　选择边框样式

(9) 按原文件名保存。

【操作步骤】 直接单击“保存”按钮，按原文件名保存。

任务训练

制作个人求职简历

完成如图 2－46 所示的个人求职简历。

要求如下：

(1) 新建 Word 文档，命名为“个人求职简历 .docx”，保存到“桌面”→“学号姓名”文件夹中。

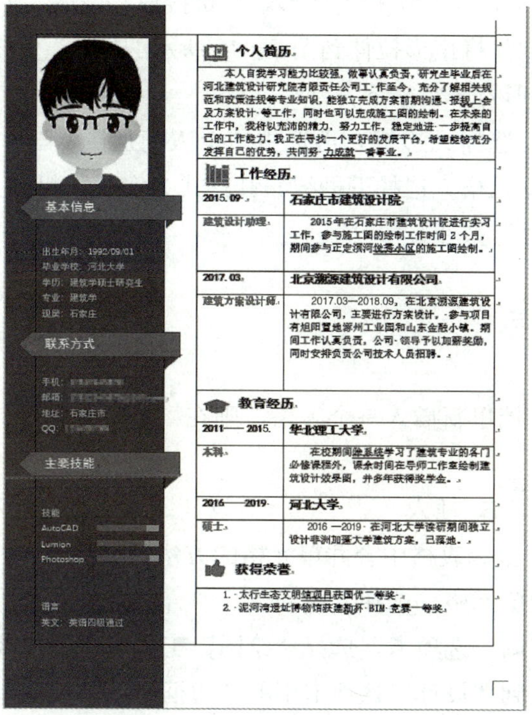

图 2-46 需制作的个人求职简历

（2）设置页边距：上、下、左、右均为 1.27 厘米，纸张大小：A4。

（3）插入表格：列数 3，行数 14。

（4）设置列宽：第一列的列宽为 6.5 厘米，第二列的列宽为 3.5 厘米，第三列的列宽为 7.5 厘米。

（5）按照图 2-46 的样式进行单元格的合并。

（6）输入图 2-46 中的内容，其中四个标题：“个人简历”“工作经历”“教育经历”“获得荣誉”前面插入对应的图标，图标边框和填充颜色为：蓝色，个性色 1；并设置格式：黑体、三号、加粗；工作经历的时间及单位名称和教育经历的时间及学校名称格式为黑体、四号、加粗；“建筑设计助理、建筑方案设计师、本科、硕士”几个字的格式为：等线（中文正文）、小四、加粗、浅蓝色；其余文字格式为宋体、小四号；对齐方式均为：靠上两端对齐。

（7）插入简历照片，图片设置为高 6.2 厘米，宽 4.5 厘米。

（8）照片下面空出 4 行的距离，输入出生年月等基本信息内容，再空出 4 行输入手机等联系方式内容，继续空出 4 行输入主要技能内容，文字格式设置为：等线（中文正文）、五号、白色。

（9）打开“插入”选项卡，在“插图”工具组的“形状”中找到：箭头、五边形和直角三角形，拼出对应的图形并在图形内输入对应的文字，文字格式设置为：黑体、四号、白色。根据图 2-46 进行调整，放到对应位置。打开“插入”选项卡，在“插图”工具组的“形状”中找到矩形，并拼接成“主要技能”部分的形状。

（10）添加矩形，并将矩形拉伸到图 2-46 所示的样式，填充颜色为：黑色，文字 1，淡色 35%，矩形衬于文字下方。

（11）选中表格，选择无边框，再选中“个人简历”“工作经历”“教育经历”“获得荣誉”这四个单元格，选择下框线，其样式为实线，粗细为 1.5 磅。

（12）单击“保存”按钮。

知识巩固

1. 要在 Word 文档里新插入一个表格，则在（　　）选项卡中找到“表格”工具组。

A. 开始　　B. 插入　　C. 设计　　D. 布局

2. 在 Word 文档里，表格中合并单元格的方法有（　　）。

①选中待合并的单元格，选择“布局”→“合并”

②直接打开“布局”选项卡，选择“绘图”工具组中的“橡皮擦”

③选中表格，找到“设计”选项卡中的“边框”工具组

A. ①②　　B. ①③　　C. ②③　　D. ①②③

3. 在 Word 文档里插入的表格行高和列宽的设置是在（　　）工具组中。

A. 单元格大小　　B. 合并　　C. 行和列　　D. 绘图

4. 在 Word 文档里插入的表格内文字设置为水平居中，是在（　　）工具组中。

A. 排列　　B. 段落　　C. 对齐方式　　D. 绘图

5. 在 Word 文档里插入的表格的框线设置是在（　　）工具组中。

A. 边框　　B. 段落　　C. 对齐方式　　D. 绘图

6. 在 Word 文档里插入的表格同样可以进行数值的计算，计算公式是在（　　）选项卡中。

A. 设计　　B. 段落　　C. 视图　　D. 布局

任务三　制作设计院宣传小报

任务描述

本任务通过制作如图 2－47 所示的宣传小报，掌握分栏、首字下沉的设置；学会在文档中插入图片、艺术字、文本框及自选图形，并对插入的对象进行编辑及格式设置。设计之后的宣传小报具有直观性、艺术性，也具有更强的吸引力。

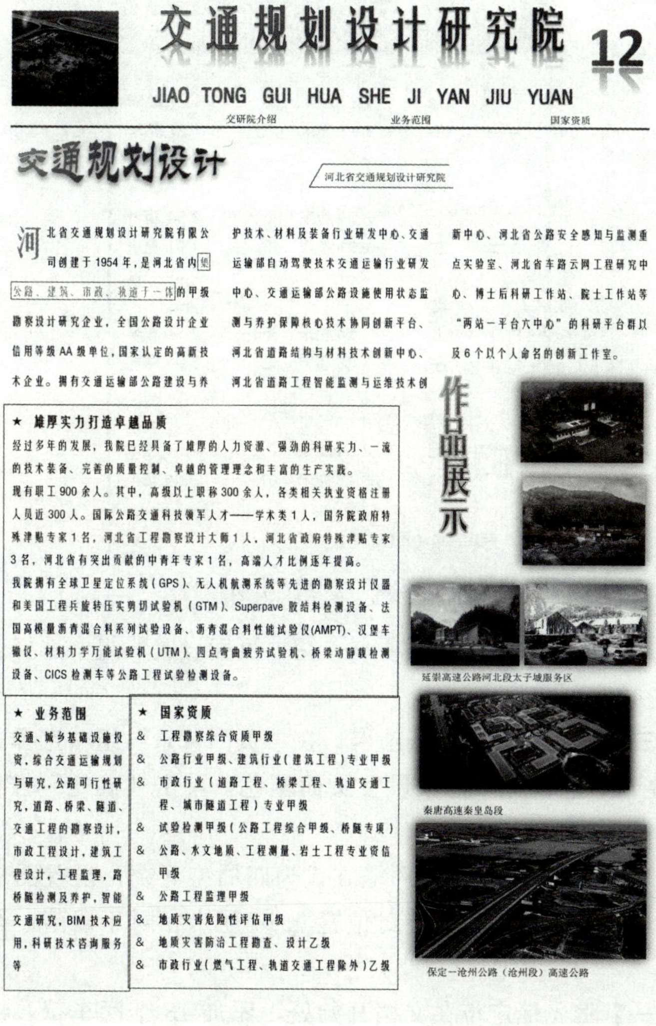
交通规划设计研究院 12
JIAO TONG GUI HUA SHE JI YAN JIU YUAN
交研院介绍　业务范围　国家资质

交通规划设计

河北省交通规划设计研究院

河北省交通规划设计研究院有限公司创建于 1954 年，是河北省内集公路、建筑、市政、轨道于一体的甲级勘察设计研究企业，全国公路设计企业信用等级 AA 级单位，国家认定的高新技术企业。拥有交通运输部公路建设与养护技术、材料及装备行业研发中心、交通运输部自动驾驶技术交通运输行业研发中心、交通运输部公路设施使用状态监测与养护保障核心技术协同创新平台、河北省道路结构与材料技术创新中心、河北省道路工程智能监测与运维技术创新中心、河北省公路安全感知与监测重点实验室、河北省车路云网工程研究中心、博士后科研工作站、院士工作站等“两站一平台六中心”的科研平台群以及 6 个以个人命名的创新工作室。

★ 雄厚实力打造卓越品质

经过多年的发展，我院已经具备了雄厚的人力资源、强劲的科研实力、一流的技术装备、完善的质量控制、卓越的管理理念和丰富的生产实践。

现有职工 900 余人。其中，高级以上职称 300 余人，各类相关执业资格注册人员近 300 人。国际公路交通科技领军人才——学术类 1 人，国务院政府特殊津贴专家 1 名，河北省工程勘察设计大师 1 人，河北省政府特殊津贴专家 3 名，河北省有突出贡献的中青年专家 1 名，高端人才比例逐年提高。

我院拥有全球卫星定位系统（GPS）、无人机航测系统等先进的勘察设计仪器和美国工程兵旋转压实剪切试验机（GTM）、Superpave 胶结料检测设备、法国高模量沥青混合料系列试验设备、沥青混合料性能试验仪(AMPT)、汉堡车辙仪、材料力学万能试验机（UTM）、四点弯曲疲劳试验机、桥梁动静载检测设备、CICS 检测车等公路工程试验检测设备。

★ 业务范围

交通、城乡基础设施投资，综合交通运输规划与研究，公路可行性研究，道路、桥梁、隧道、交通工程的勘察设计，市政工程设计，建筑工程设计，工程监理，路桥隧检测及养护，智能交通研究，BIM 技术应用，科研技术咨询服务等

★ 国家资质

& 工程勘察综合资质甲级
& 公路行业甲级、建筑行业（建筑工程）专业甲级
& 市政行业（道路工程、桥梁工程、轨道交通工程、城市隧道工程）专业甲级
& 试验检测甲级（公路工程综合甲级、桥隧专项）
& 公路、水文地质、工程测量、岩土工程专业资信甲级
& 公路工程监理甲级
& 地质灾害危险性评估甲级
& 地质灾害防治工程勘查、设计乙级
& 市政行业（燃气工程、轨道交通工程除外）乙级

作品展示

延崇高速公路河北段太子城服务区

秦唐高速秦皇岛段

保定—沧州公路（沧州段）高速公路

图 2－47　宣传小报

任务实施

（1）打开新建 Word 文档，对整个文档进行页面设置。

【操作步骤一】 打开“页面”选项卡，在“页面设置”组中选择“页边距”→“常规”，如图 2-48 所示。

2-13 页面设置及插入图标

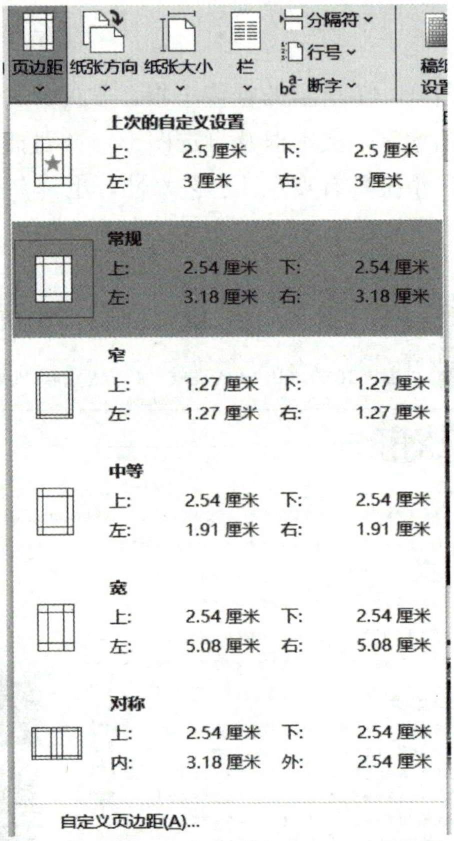

图 2-48　设置“页边距”

【操作步骤二】 打开“页面”选项卡，在“页面设置”组中选择“纸张大小”→“A3”，如图 2-49 所示。

【操作步骤三】 打开“设计”选项卡，在“页面背景”组中选择“页面颜色”→“其他颜色”，在“颜色”对话框中设置页面颜色，单击“确定”按钮，如图 2-50 所示。

（2）插入“图标”图片，设置环绕方式为四周型环绕；设置图片位置为水平绝对位置 0.16 厘米相对于栏；垂直绝对位置 0.14 厘米相对于段落；设置图片大小为原来的 32%。

【操作步骤一】 将光标定位在文档开始处，添加 13 个回车符。将光标定位在第二个回车符前，打开“插入”选项卡选择“插图”组中的“图片”，在“插入图片”

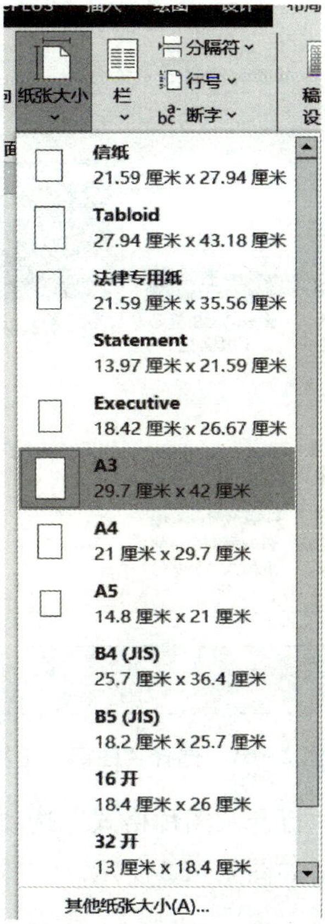

图 2-49 设置“纸张大小”

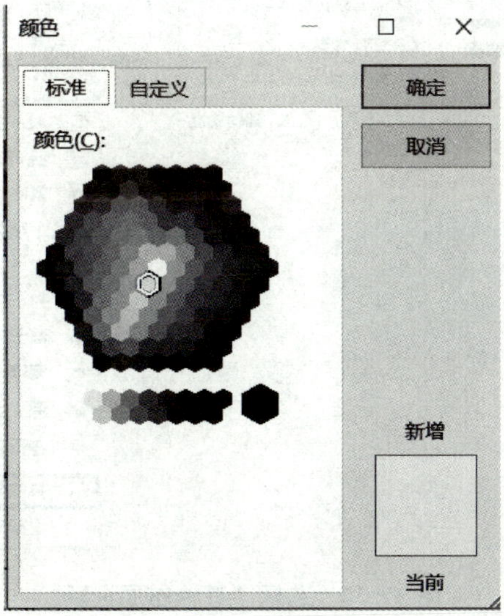

图 2-50 设置页面颜色

对话框中选择素材库中的“图标”图片，如图 2-51 所示，单击“插入”按钮，将图片插入文档中。

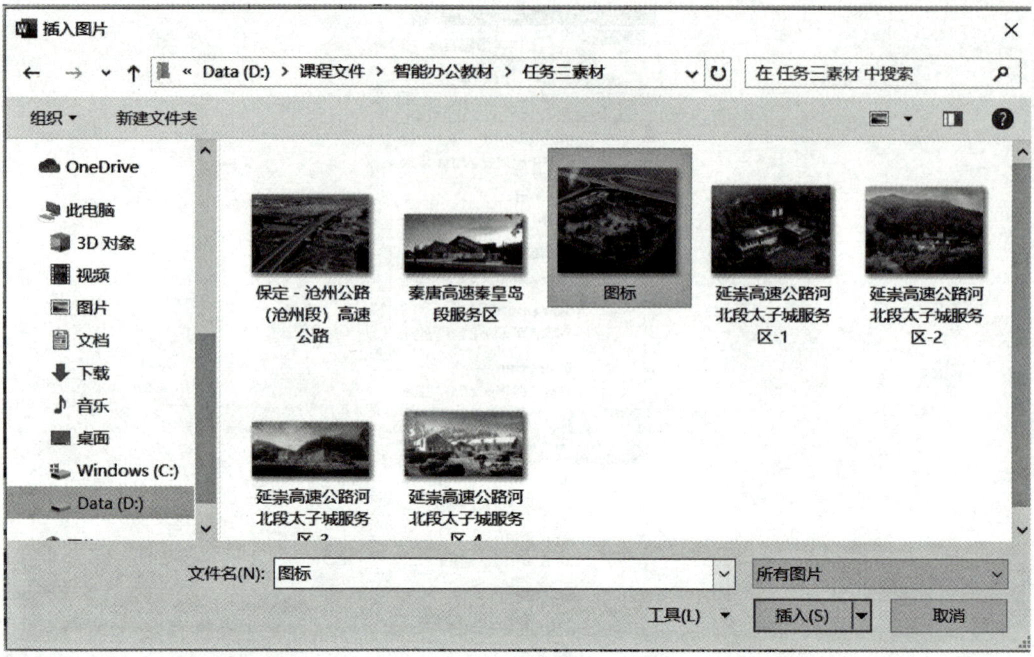

图 2-51　选择“图标”图片

【操作步骤二】选中图片，打开“图片格式”选项卡，选择“排列”组中的“环绕文字”→“其他布局选项”，如图 2-52 所示。

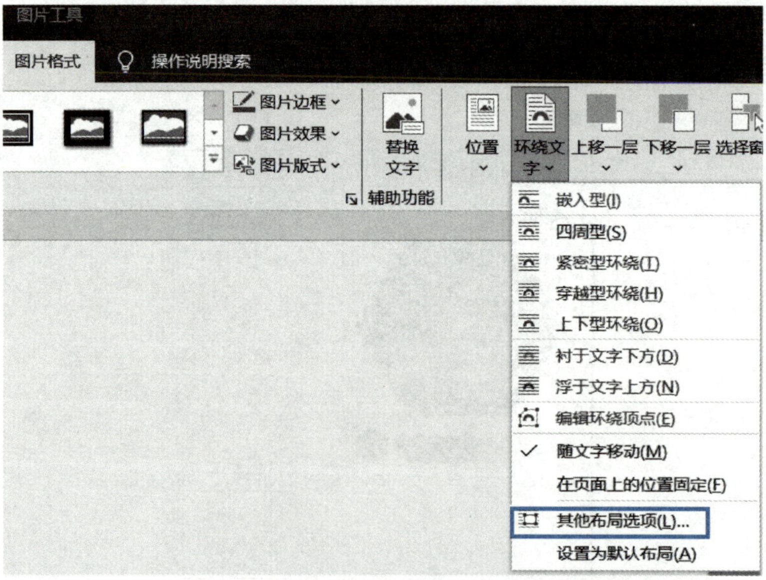

图 2-52　选择“其他布局选项”

【操作步骤三】在弹出的“布局”对话框的“大小”选项卡中，将高度绝对值设置为“3.53 厘米”，将宽度绝对值设置为“3.91 厘米”，如图 2-53 所示；在“文字环绕”选项卡中，将“环绕方式”设置为“四周型”，“环绕文字”设置为“两边”，如

图 2－54 所示；在“位置”选项卡中将水平绝对位置设置为“0.16 厘米”，右侧相对于栏；将垂直绝对位置设置为“0.14 厘米”，下侧相对于段落，如图 2－55 所示。

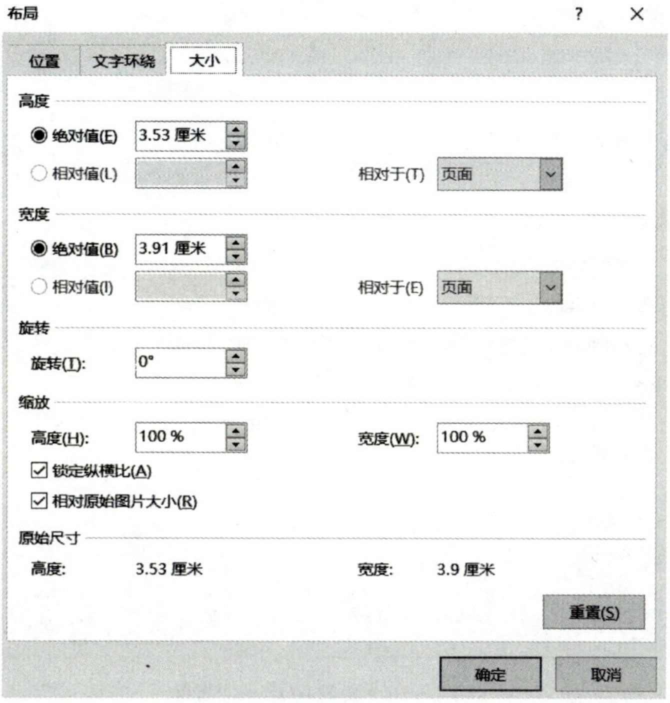

图 2－53 设置图片“大小”

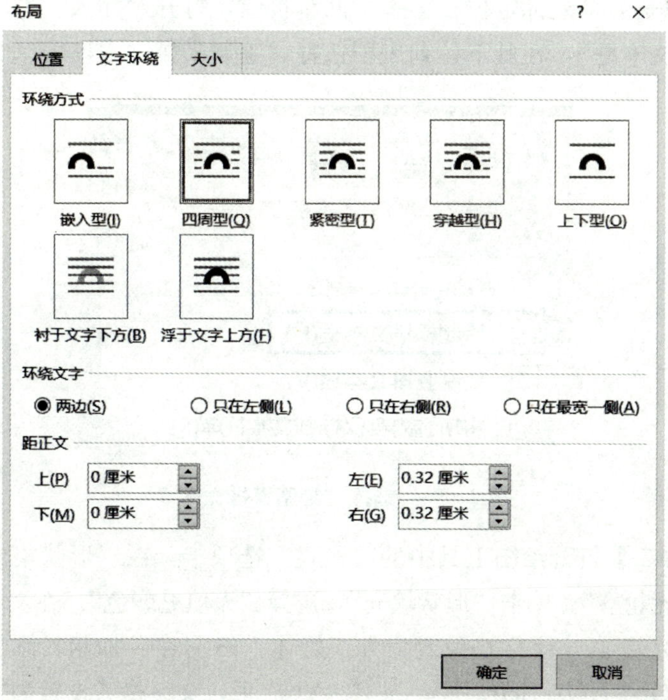

图 2－54 设置“文字环绕”方式

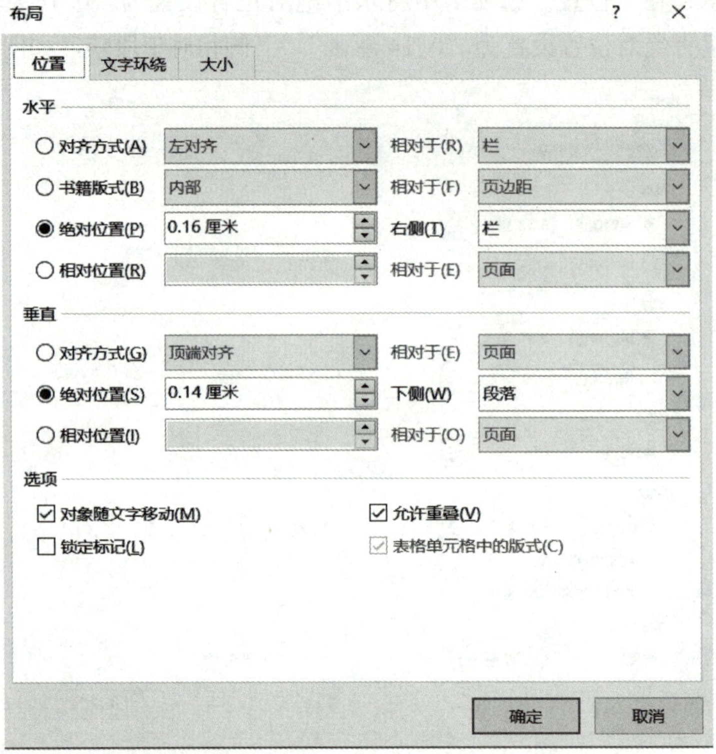

图 2-55 设置图片“位置”

（3）设置“交通规划设计研究院”栏目的格式。

2-14 标题栏目格式

【操作步骤一】将光标定位在第一个回车符前，打开“插入”选项卡，单击“文本”组中的“文本框”，在其下拉列表中选择“绘制横排文本框”，如图 2-56 所示。

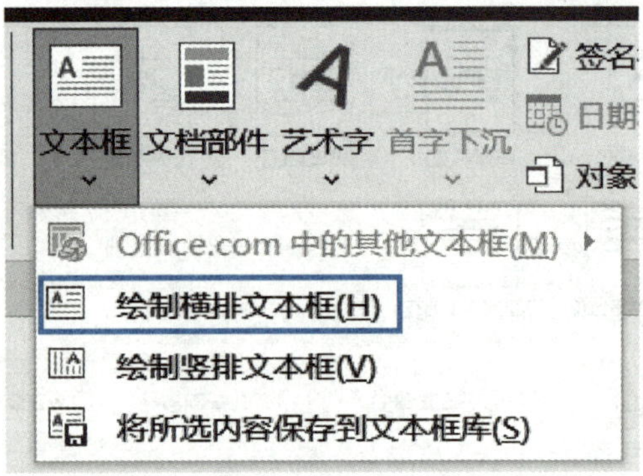

图 2-56 选择“绘制横排文本框”

【操作步骤二】打开绘图工具中的“格式”选项卡，在“形状格式”中选择“形状轮廓”→“无轮廓”；单击“形状填充”，选择“无填充颜色”。在文本框内输入“交通规划设计研究院”，文字格式设置为方正姚体、48 号字、加粗。添加回车符，输入“JIAO TONG GUI HUA SHE JI YAN JIU YUAN”，文字格式设置为方正姚体、20 号字、加粗，在拼音之间添加空格，使拼音与汉字相对应，如图 2-57 所示。

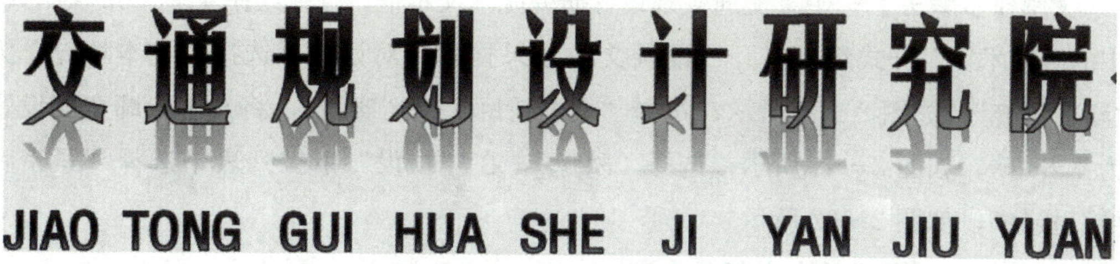

图 2-57 使拼音与汉字相对应

【操作步骤三】在绘图工具中，单击“形状格式”中的“大小”，将文本框高度设置为“4.66 厘米”，宽度设置为“15.95 厘米”，如图 2-58 所示。

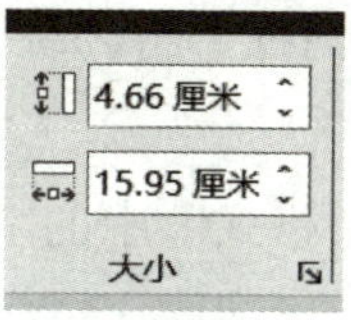

图 2-58 设置文本框大小

【操作步骤四】单击“布局”对话框中的“位置”，将文本框位置设为水平绝对位置“4.91 厘米”，右侧相对于栏；垂直绝对位置“—0.43 厘米”，下侧相对于段落，如图 2-59 所示。

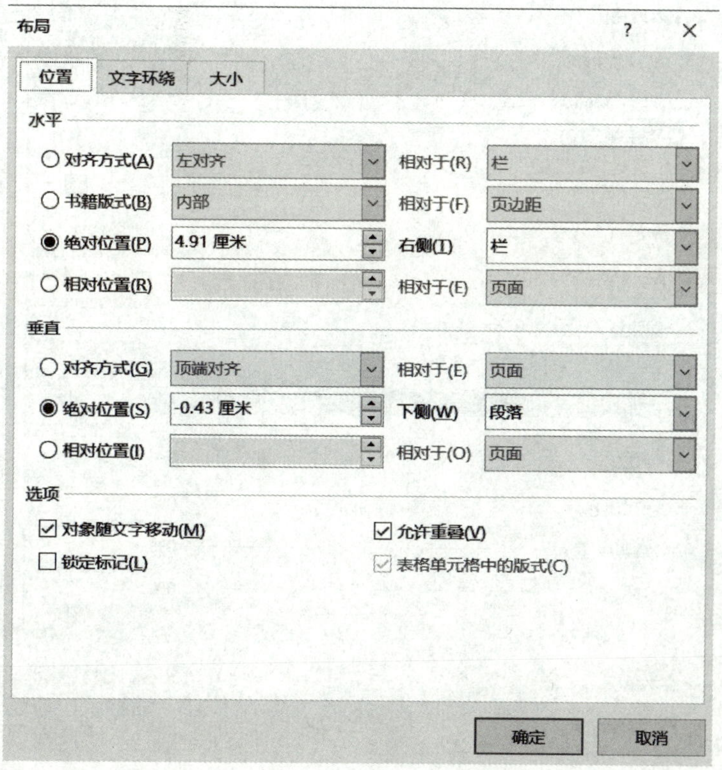

图 2-59 设置文本框位置

【操作步骤五】 选中“交通规划设计研究院”文本框，选择绘图工具“形状格式”中的“艺术字”样式组，打开“设置文本效果格式”对话框，选择“文本填充”为“渐变填充”，如图 2-60 所示；选择“文本轮廓”为“实线”，将文本轮廓宽度设置为 0.83 磅，如图 2-61 所示；选择“映像”，在“预设”下拉列表中选择“紧密映像：接触”，如图 2-62 所示。

（4）设置标题栏的右半部分内容。

2-15 标题栏及表格设置

【操作步骤一】 打开“插入”选项卡，在文本组中选择简单文本框，选择“格式”中的 Calibri（西文正文）、60 号字、加粗，输入“12”。

【操作步骤二】 单击“格式”→“排列”组→“位置”，在其下拉列表中选择“其他布局选项”，打开“布局”对话框，将环绕方式改为“浮于文字上方”，大小改为高 2.99 厘米，宽 2.92 厘米。

【操作步骤三】 选择绘图工具“格式”中的“艺术字样式”组，文本填充设置为渐变填充；“映像”下面的透明度、大小均设置为“50%”，距离设置为“0.4 磅”，模糊为“1 磅”，如图 2-63 所示。

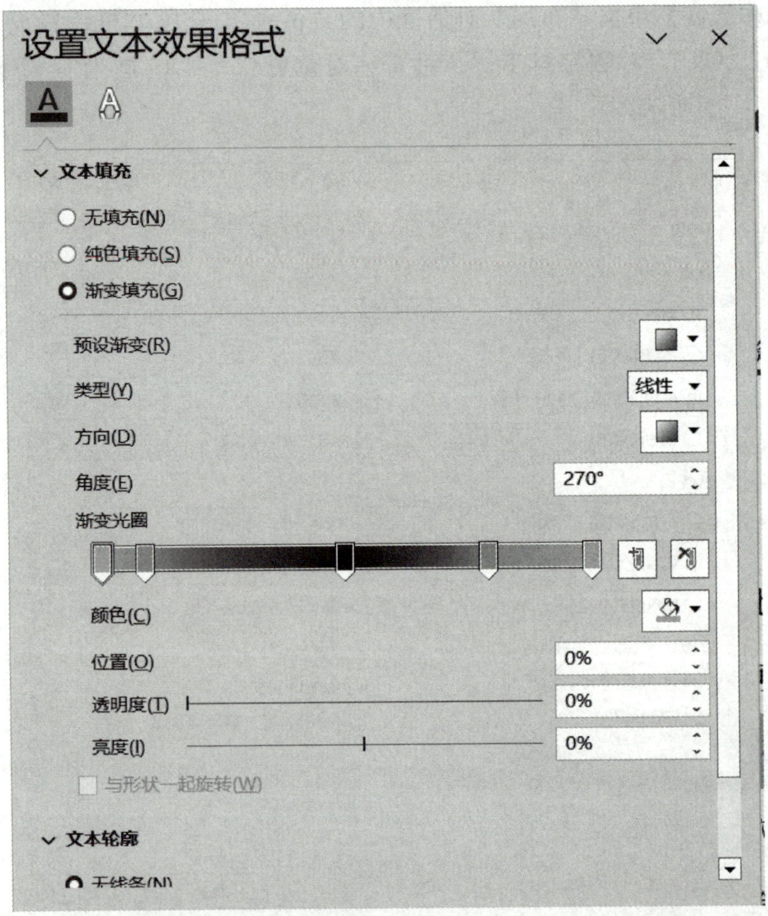

图 2-60　设置文本填充

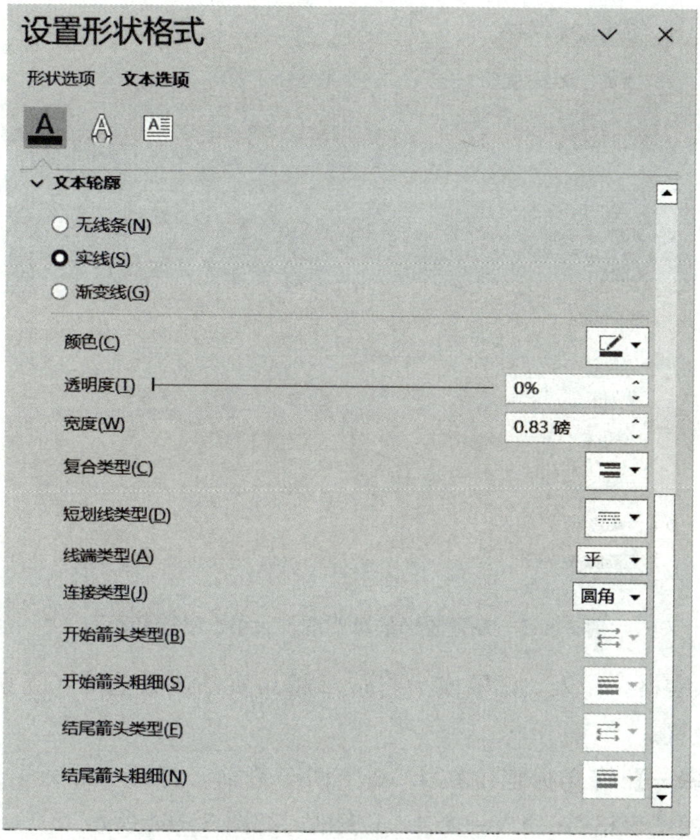

图 2-61　设置文本轮廓

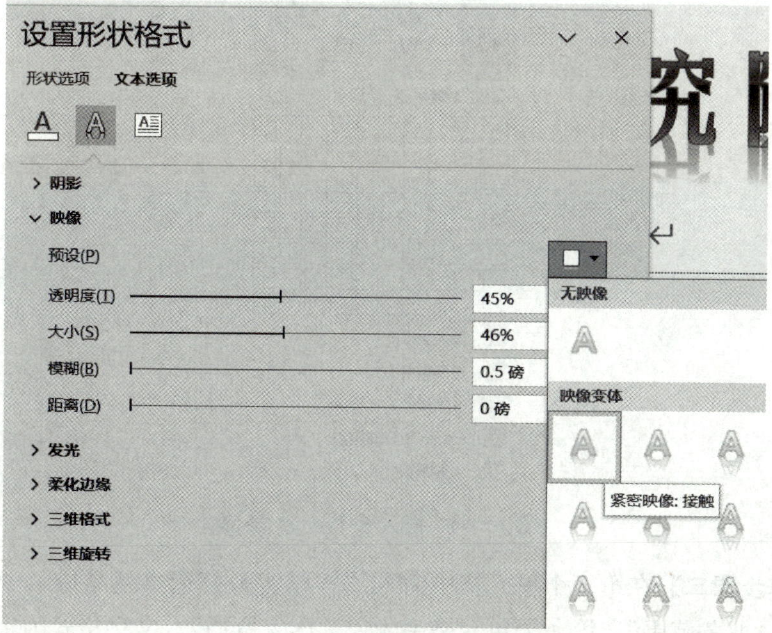

图 2-62　选择“紧密映像：接触”

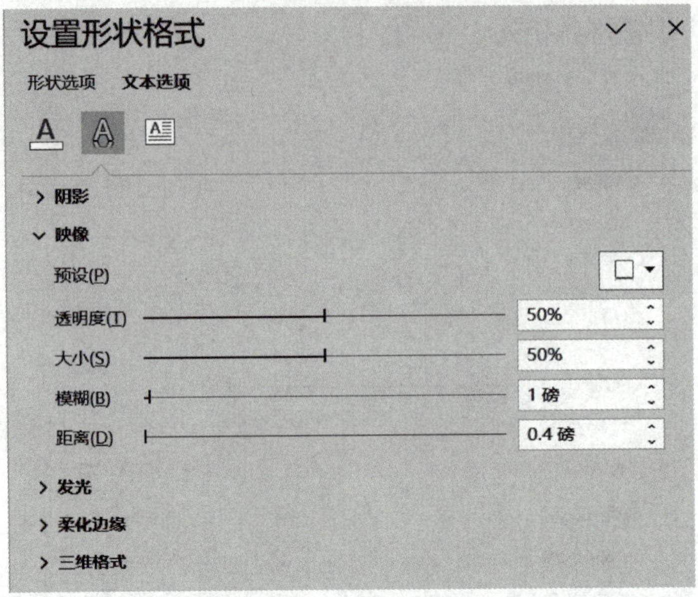

图 2-63　设置映像的透明度、大小、模糊和距离

（5）插入表格，输入“雄厚实力打造卓越品质，业务范围，国家资质”字样，并进行相应设置。

【操作步骤一】将光标定位在第 10 个回车符前，打开“插入”选项卡，单击“表格”组中的“表格”，插入一个 4×1 表格，如图 2-64 所示。

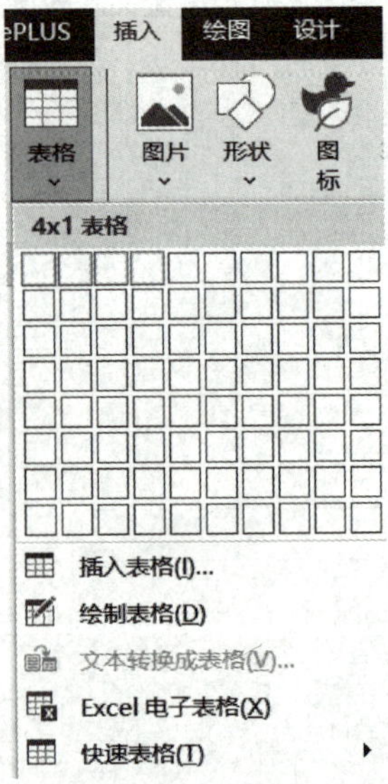

图 2-64　插入一个 4×1 表格

【操作步骤二】在第 2 个单元格中输入“雄厚实力打造卓越品质”，第 3 个单元格中输入“业务范围”，第 4 个单元格中输入“国家资质”。文字格式为宋体、五号、居中，如图 2-65 所示。

↵	雄厚实力打造卓越品质↵	业务范围↵	国家资质↵

图 2－65 输入文字后的样图

【操作步骤三】单击插入的表格，此时显示“表格工具”选项卡，切换到该选项卡，单击“表设计”中绘图边框组中的下拉按钮，选择“边框和底纹”。在“边框和底纹”对话框中，将边框设置为“自定义”，样式为直线，颜色为“蓝色，个性 1”，宽度为“2.25 磅”，在“预览”栏中，单击下框线，应用于“表格”，如图 2－66 所示。

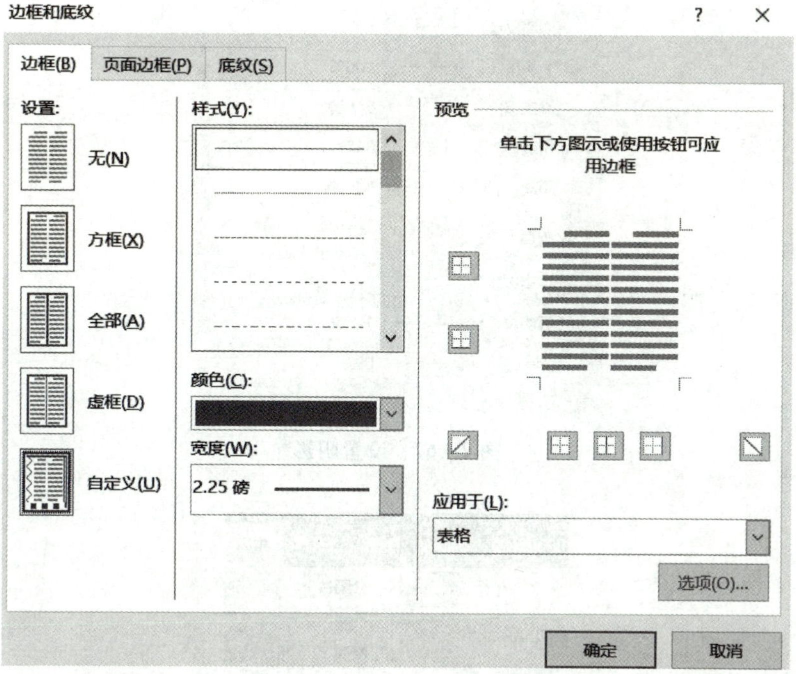

图 2－66 设置“边框和底纹”

(6) 插入文本框，输入“交通规划设计”“河北省交通规划设计研究院”，分别进行相应设置。

【操作步骤一】将光标定位在第 10 个回车符前，插入文本框。输入“交通规划设计”，设置文字格式为华文隶书、一号字。文本框格式：环绕方式为“浮于文字上方”，无边框，无填充颜色，高度为“1.9 厘米”，宽度为“8.1 厘米”。

【操作步骤二】选择“格式”中的“艺术字样式”组，打开“设置形状格式”对话框。阴影透明度设置为“70%”，大小为“100%”，模糊为“6.3 磅”，角度为“84°”，距离为“3.2 磅”，如图 2－67 所示。

2－16 艺术字设置

【操作步骤三】将光标定位在第 12 个回车符前，输入“河北省交通规划设计研究院”，文字格式为宋体、五号、居中。用插入“直线”的方式画出对应的图形。

(7) 将正文第一段进行分栏。

【操作步骤】选中正文第一段，打开“布局”选项卡，单击“页面设置”组中的“栏”下面的下拉按钮，选择“三栏”，如图 2－68 所示，将段落分为三栏。

2－17 分栏首段设置

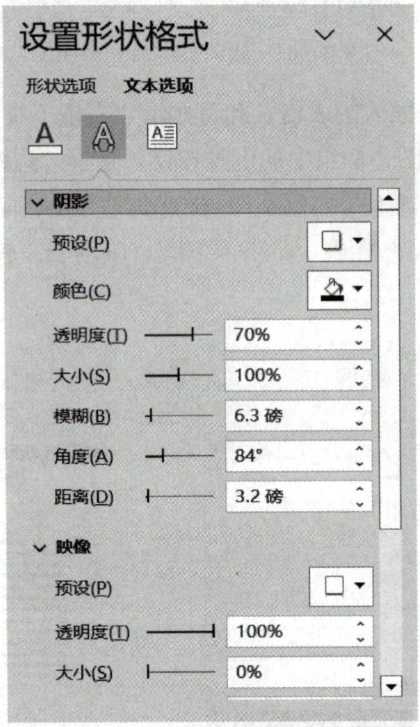

图 2-67　设置阴影

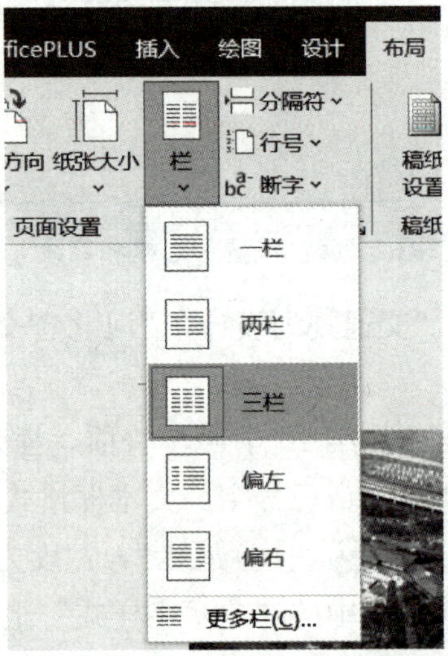

图 2-68　选择“三栏”

(8) 正文第一段首字下沉，下沉行数为“2”，文字格式设为华文隶书、45 号、绿色。将正文第一段中的“集公路、建筑、市政、轨道于一体”设置为绿色，并加上方框，方框样式为“直线”，颜色为“自动”，宽度为“0.5 磅”。

【操作步骤一】 选中正文第一段首字“河”，打开“插入”选项卡，单击“文本”组中的“首字下沉”，下沉行数设为“2”，如图 2-69 所示。将文字格式设为华文隶书书、45 号、绿色。

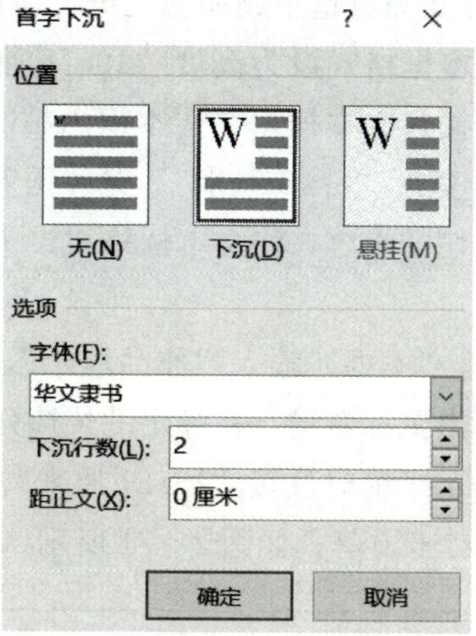

图 2－69　设置“首字下沉”

【操作步骤二】选中正文第一段中的“集公路、建筑、市政、轨道于一体”，将其设为绿色，打开“布局”选项卡，单击“页面背景”组中的“页面边框”，在弹出的“边框和底纹”对话框中打开“边框”选项卡，设置“方框”，样式为“直线”，颜色为“自动”，宽度为“0.5 磅”，应用于“文字”，单击“确定”按钮如图 2－70 所示。

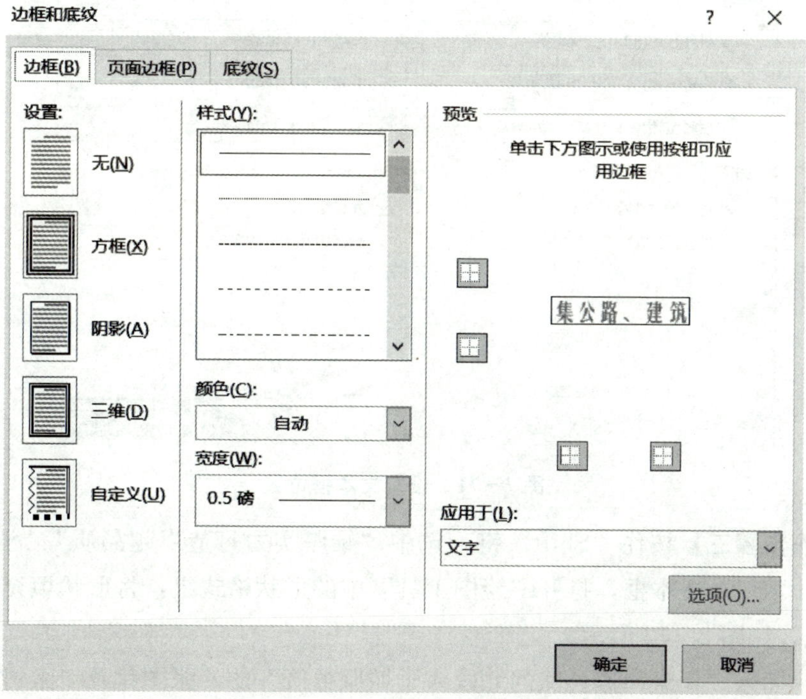

图 2－70　设置“边框和底纹”对话框

2-18 三个文本框的录入

(9) 对照制作要求，对正文内容进行相应设置。

【操作步骤一】 对“雄厚实力打造卓越品质”进行剪切，插入文本框，在文本框内粘贴所剪切的内容，将文本框格式设为高度“10.78 厘米”，宽度“14.45 厘米”。对“业务范围”进行剪切，插入文本框，在文本框内粘贴所剪切的内容，将文本框格式设为高度“8.3 厘米”，宽度“6.45 厘米”。对“国家资质”进行剪切，插入文本框，在文本框内粘贴所剪切的内容，将文本框格式设为高度“10.86 厘米”，宽度“9.85 厘米”。

2-19 修改文本格式

【操作步骤二】 插入竖排文本框，输入“作品展示”，文字格式为方正姚体、初号、加粗。选中文本框，单击鼠标右键，在弹出的快捷列表中选择“文字方向”，将文字方向改为垂直。位置：水平绝对位置“15.21 厘米”，右侧相对于栏；垂直绝对位置“0.09 厘米”，下侧相对于段落，如图 2-71 所示。

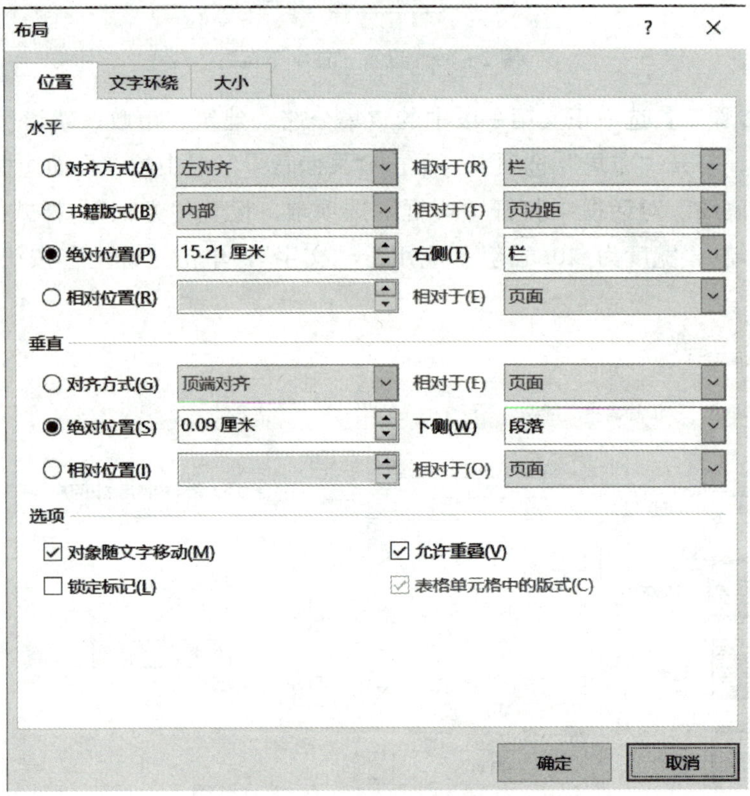

图 2-71　设置文本框位置

【操作步骤三】 按住“Shift”键，选中“雄厚实力打造卓越品质”“业务范围”“国家资质”三个文本框，打开“绘图工具”中的形状格式组，将形状填充成“无填充”颜色，如图 2-72 所示。

(10) 插入“延崇高速公路河北段太子城服务区”的 4 张图片及“秦唐高速秦皇岛段”图片、“保定—沧州公路（沧州段）高速公路”图片，按要求进行设置。

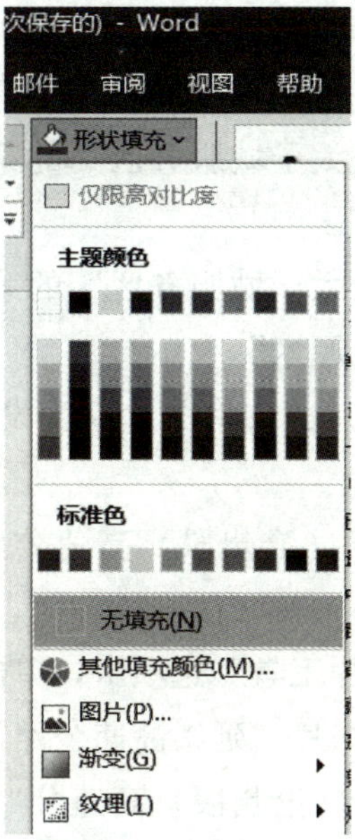

图 2-72 设置形状填充

【操作步骤一】插入“延崇高速公路河北段太子城服务区”的第 1 张图片，缩放比例取消锁定横纵比，将图片高度设置为“3 厘米”，宽度设置为“4.5 厘米”。位置：水平绝对位置“19.2 厘米”，右侧相对于栏；垂直绝对位置“0.53 厘米”，下侧相对于段落，如图 2-73 所示。

2-20 插入图片

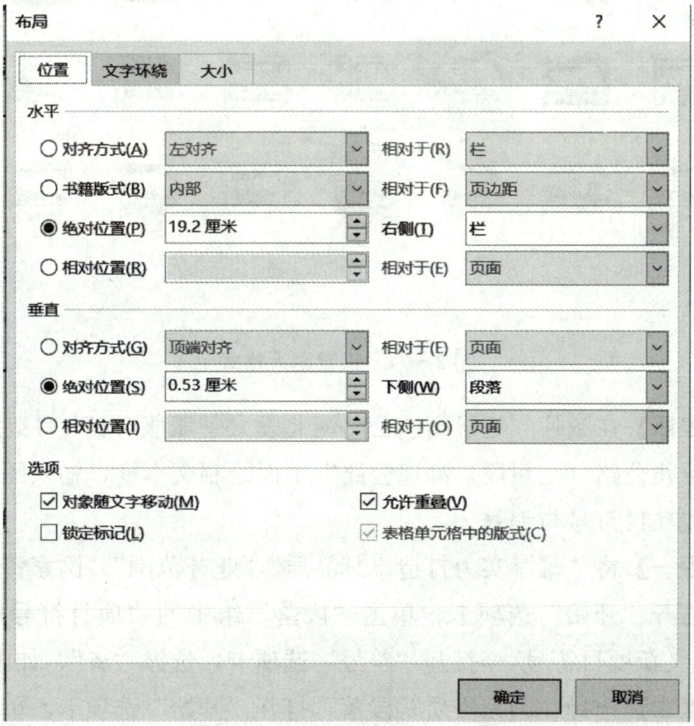

图 2-73 设置图片位置

【操作步骤二】插入“延崇高速公路河北段太子城服务区”的第 2 张图片，将图片高度设置为“3.25 厘米”，宽度设置为“4.5 厘米”。

插入“延崇高速公路河北段太子城服务区”的第 3 张图片，将图片高度设置为“3 厘米”，宽度设置为“4 厘米”。

插入“延崇高速公路河北段太子城服务区”的第 4 张图片，将图片高度设置为“3.01 厘米”，宽度设置为“4.5 厘米”。

插入图片“秦唐高速秦皇岛段”，将图片高度设置为“4.2 厘米”，宽度设置为“8.5 厘米”。

插入图片“保定—沧州公路（沧州段）高速公路”，将图片高度设置为“5 厘米”，宽度设置为“8.5 厘米”。

【操作步骤三】切换到“图片工具”选项卡，单击“图片格式”组中的“居中矩形阴影”，如图 2-74 所示，将图片“延崇高速公路河北段太子城服务区”“秦唐高速秦皇岛段”“保定—沧州公路（沧州段）高速公路”中的阴影改为“居中矩形阴影”。

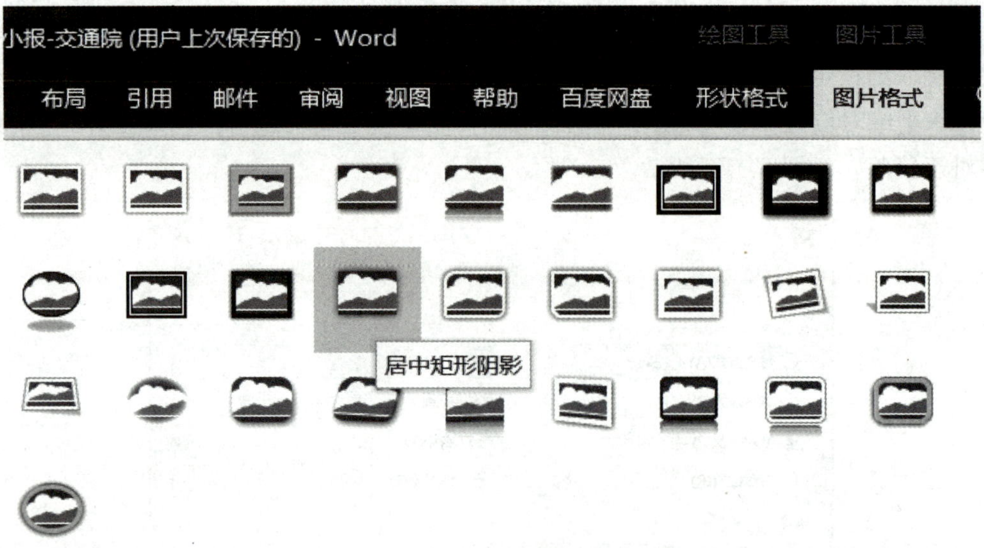

图 2-74　设置图片格式

【操作步骤四】在图片“延崇高速公路河北段太子城服务区”“秦唐高速秦皇岛段”“保定—沧州公路（沧州段）高速公路”下面绘制文本框，输入图片名称。

2-21 设置图片名称

（11）设置项目符号与编号。

【操作步骤一】将“雄厚实力打造卓越品质”“业务范围”“国家资质”前的序号改为“★”。打开“开始”选项卡，单击“段落”组中的“项目符号库”的下拉按钮，选择“定义新项目符号”，打开“符号”选项卡，选择“★”，如图 2-75 所示。

2-22 设置编号符号

【操作步骤二】选择“国家资质”段落，打开“开始”选项卡，单击“段落”组中的“项目符号库”的下拉按钮，添加项目符号，如图 2-76 所示。

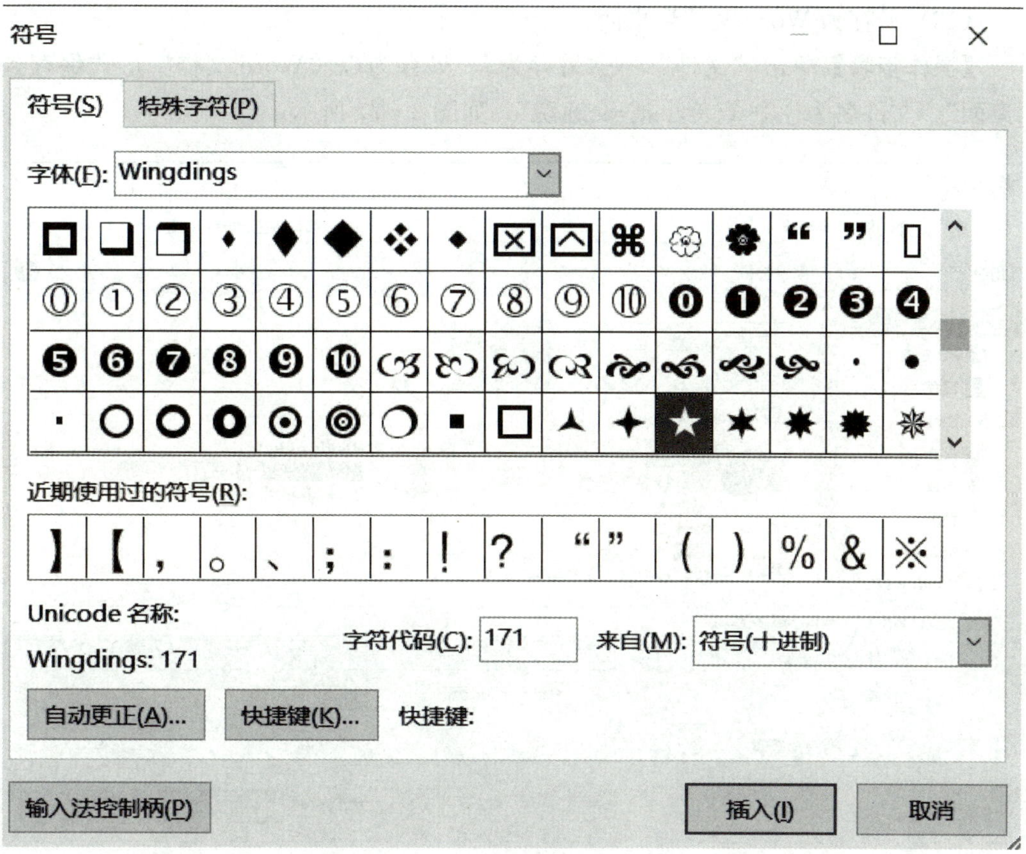

图 2-75 设置“符号”

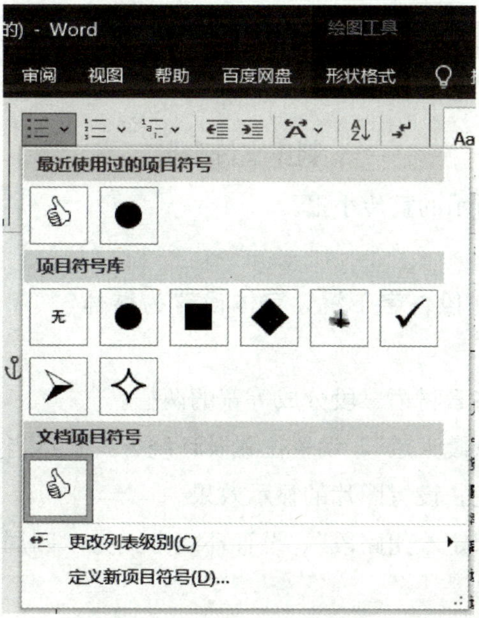

图 2-76 添加项目符号

（12）另存为 Word 文档到桌面。

【操作步骤】 单击“文件”→“另存为”，另存为以“Word 文档”形式保存到“桌面”，文件名为“3-宣传小报-交通院”，如图 2-77 所示。

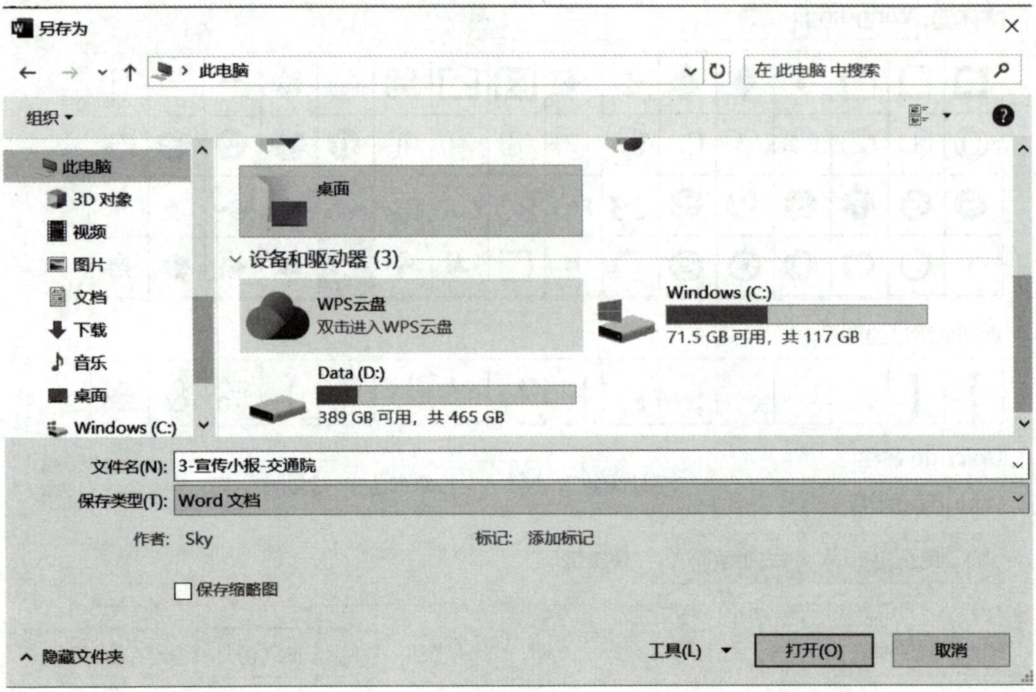

图 2-77　另存为 Word 文档到桌面

任务训练

制作宣传小报

完成如图 2-78 所示的宣传小报。

要求如下：

（1）设置素材第一段首字下沉，字体设置为楷体，下沉行数为 2 行，距正文 0.2 厘米。

（2）设置分栏，将素材第二段分成等宽的两栏。

（3）插入图片“京畿大道”，设置位置及环绕方式；适当剪裁图片并设置图片的样式为棱台亚光、白色；设置图片的显示效果。

（4）插入图片“保定沧州路段”，设置环绕方式为“四周型”，缩放 30%，样式设置为旋转、白色。

（5）插入图片“承赤高速公路”，设置图片的环绕方式为“四周型”，缩放 40%，外观样式为“裁剪对角线，白色”。

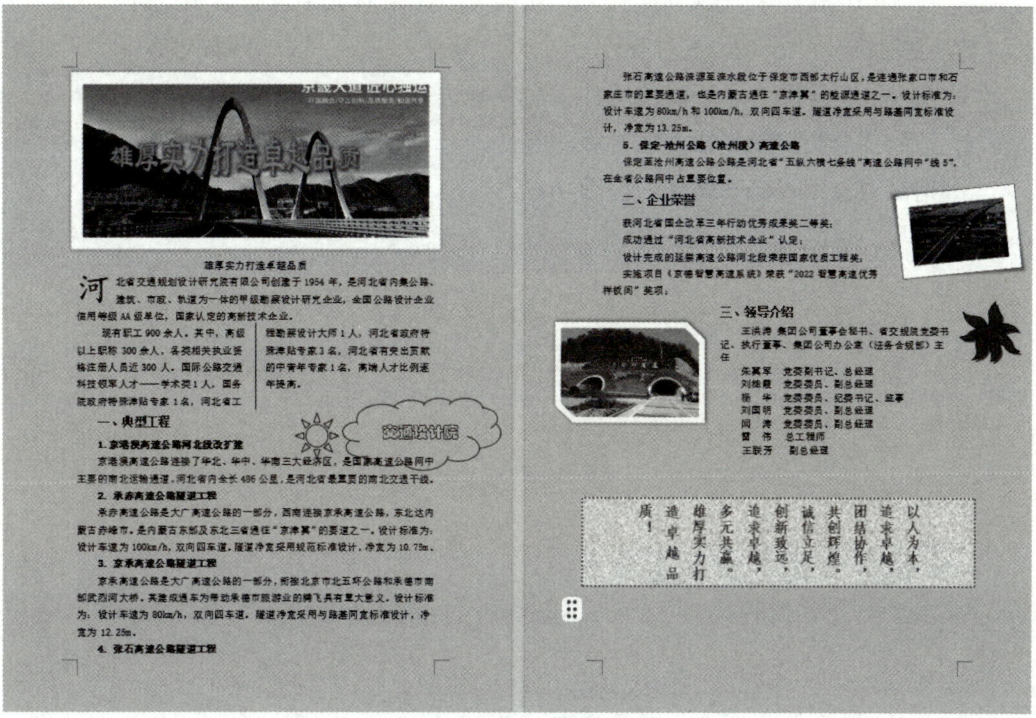

图 2-78　需制作的宣传小报

（6）插入剪贴画“植物”，设置环绕方式为“四周型”，缩放 50%，设置位置及对齐方式。

（7）插入艺术字样式，输入“雄厚实力打造卓越品质”，设置为隶书、28 磅、加粗；填充艺术字颜色，设置转换，在列表中选择“弯曲”中的“停止”文本效果；设置阴影效果，选择“右下斜偏移”。

（8）插入竖排文本框，设置文本框的填充效果为“新闻纸”，设置轮廓线条为绿色、2.25 磅、圆点；输入文字内容，设置文字格式为仿宋、小二号字、加粗、蓝色；设置文本框格式为左对齐，内部间距为上下 0.2 厘米，左右 0.5 厘米。

（9）绘制云形和太阳形，设置填充效果为“无填充”，线条为“实线”，线条颜色为“蓝色”，线型宽度为 1 磅。输入“交通设计院”，设置文字格式为华文彩云、小二号、紫色。

（10）设置背景颜色为橄榄色，文字颜色为 3，淡色 60%。

知识巩固

1. 在 Word 软件中，以下（　　）功能可以用来对文字进行加粗处理。

A. 斜体　　　B. 下画线　　　C. 加粗　　　D. 删除线

2. 在 Word 软件中，以下（　　）功能可以用来对文字进行居中处理。

A. 左对齐　　B. 右对齐　　C. 居中　　D. 两端对齐

3. 在 Word 软件中，可以使用什么命令来进行页面设置？

4. 请简要介绍 Word 软件的排版功能。

5. 请简要介绍 Word 软件的插图功能。

任务四　制作项目建议书

项目建议书

任务描述

本任务通过制作一份项目建议书，掌握页边距、标题、样式的设置；学会在文档中插入封面、空白页、页眉页脚、分页及目录的方法，并对插入的对象进行编辑及格式设置。设计后的项目建议书具有直观性、艺术性，也具有更强的吸引力，如图 2-79 所示。

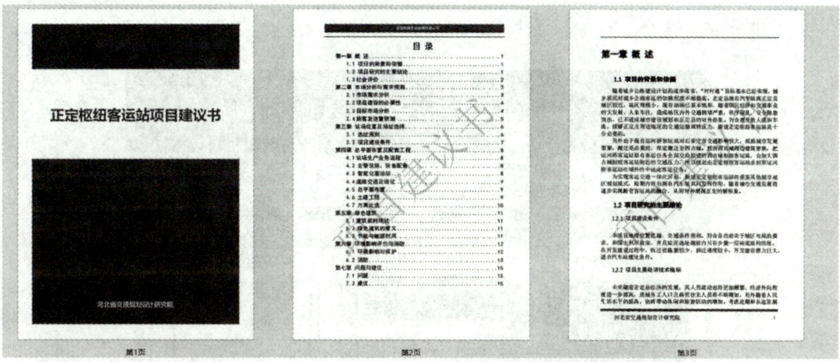

图 2-79　需制作的项目建议书

任务实施

（1）新建文件，命名为“项目建议书”，保存到“桌面”的“学号姓名”文件夹中。将“项目建议书—要求与素材”中的素材文本复制到新文件“项目建议书”中。

【操作步骤一】打开 Word，新建空白文档，如图 2-80 所示，将名称设置为“项目建议书”。

【操作步骤二】打开“项目建议书—要求与素材”，将其中的素材文本选中复制到新建的文件“项目建议书”中，粘贴时使用“只保留文本”。

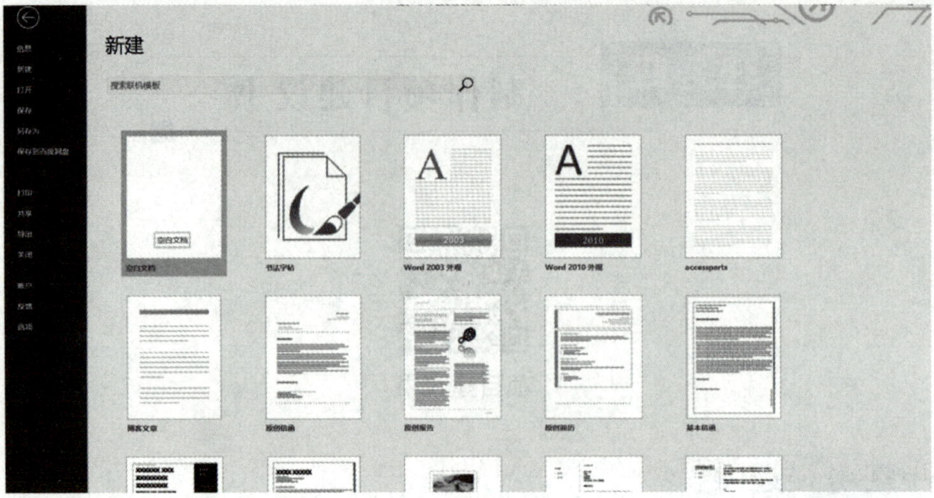

图 2-80　新建空白文档

2-23 插入封面及页边距设置

（2）插入“镶边”封面，文档标题输入“正定枢纽客运站项目建议书”，并将文字格式设置为：微软雅黑、小初、加粗。底部公司名称位置输入“河北省交通规划设计研究院”，文字格式设置为：微软雅黑、三号，将“作者”“公司地址”字段删除。

【操作步骤一】打开“插入”选项卡，单击“页面”组中的“封面”下拉按钮，选择“镶边”样式，如图 2-81 所示。

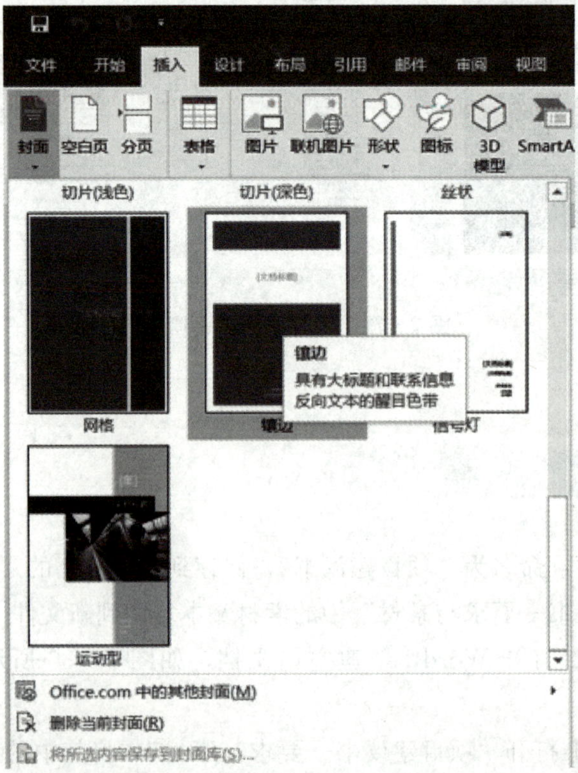

图 2-81　插入“镶边”封面

【操作步骤二】 在插入封面的文档标题位置输入“正定枢纽客运站项目建议书”，并将文字格式设置为：微软雅黑、小初、加粗。底部公司名称位置输入“河北省交通规划设计研究院”，文字格式设置为：微软雅黑、三号，将“作者”“公司地址”字段删除。封面样图如图 2－82 所示。

图 2－82 封面样图

（3）设置页边距，上边距为 2.8 厘米，下边距为 2.2 厘米，左边距为 2.3 厘米，右边距为 2.3 厘米，左侧装订线为 0.5 厘米，纸张方向为“纵向”。版式设置：页眉距纸张上边 2 厘米，页脚距纸张下边 1.75 厘米。

【操作步骤一】 打开“布局”选项卡，如图 2－83 所示，单击“页面设置”组中的“更多”按钮。

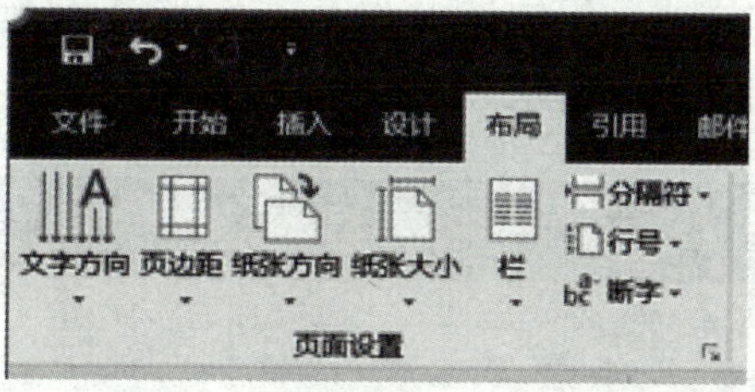

图 2－83 打开“布局”选项卡

【操作步骤二】 在“页面设置”对话框中设置页边距，上边距为 2.8 厘米，下边距为 2.2 厘米，左边距为 2.3 厘米，右边距为 2.3 厘米，装订线为 0.5 厘米，装订线位置靠左，纸张方向选择“纵向”，单击“确定”按钮，如图 2－84 所示。

【操作步骤三】 在“页面设置”对话框中打开“版式”选项卡，设置页眉页脚，页眉距纸张上边 2 厘米，页脚距纸张下边 1.75 厘米，如图 2－85 所示。

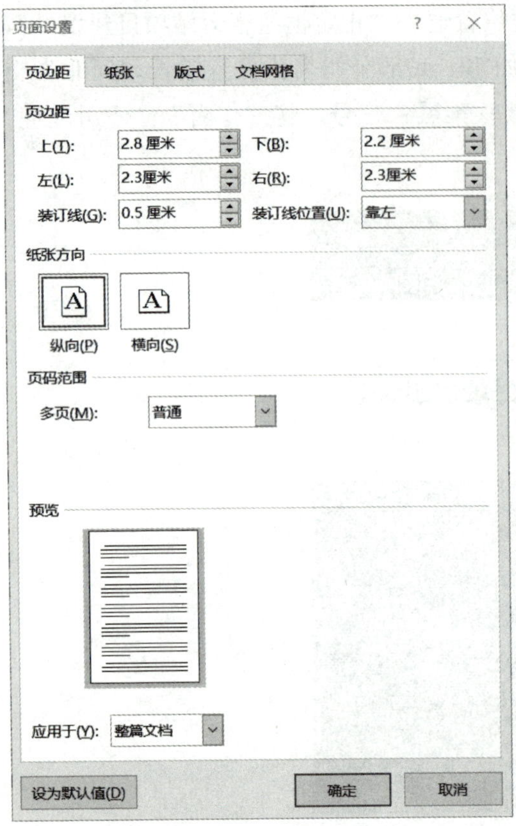

图 2－84　设置页边距

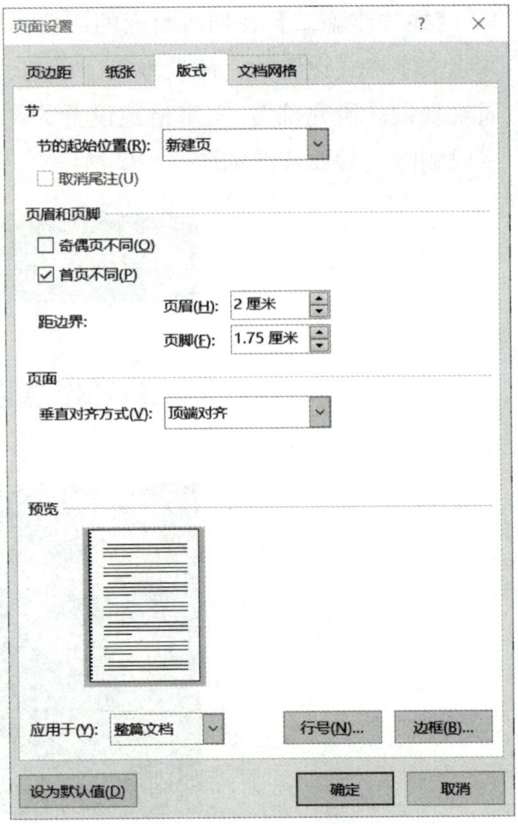

图 2－85　设置页眉页脚

（4）修改正文样式为宋体、小四号，段落为首行缩进 2 字符。修改“标题 1”样式为黑体、二号，段落为无特殊格式，段前段后间距为 1 行，行距 1.5 倍；修改“标题 2”样式为黑体、三号，段落为首行缩进 2 字符，段前段后间距为 10 磅，行距为“固定值 28 磅”。

2－24 修改样式及应用

【操作步骤一】找到“开始”选项卡中的“样式”组。

【操作步骤二】在“样式”组中选中“正文”，单击鼠标右键，在弹出的快捷列表中选择“修改”，如图 2－86 所示。

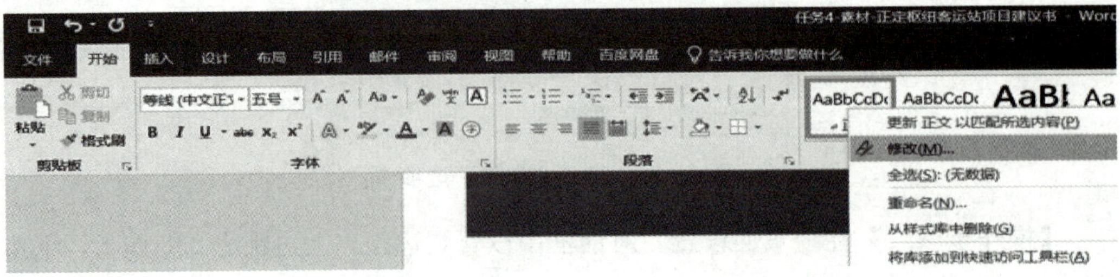

图 2－86　选择“修改”

【操作步骤三】打开“修改样式”对话框，设置格式“宋体、小四”，如图 2－87 所示。单击“格式”按钮，在“段落”对话框中设置首行缩进 2 字符。在此对话框中，把“缩进”下面“如果定义了文档网络，则自动调整右缩进（D）”复选框前的勾去掉，把“间距”下面“如果定义了网络文档，则对齐到网格（W）”复选框前的勾去掉，单击“确定”按钮，“正文”样式修改完成，如图 2-88 所示。

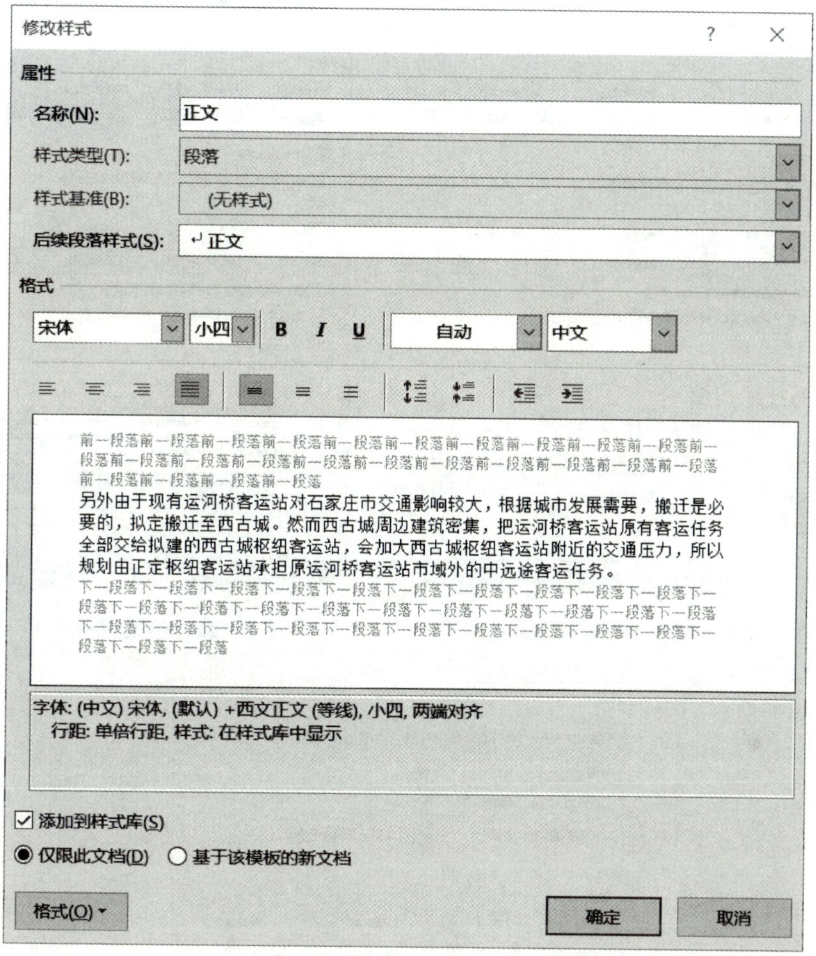

图 2-87 “修改样式”对话框

【操作步骤四】修改“标题 1”样式。先按前面所述方法设置文字格式为黑体、二号，然后单击“格式”按钮，打开“段落”对话框，特殊格式设置为“(无)”，段前、段后间距均为“1 行”，行距为 1.5 倍，如图 2-89 所示。

【操作步骤五】修改“标题 2”样式。先设置文字格式为黑体、三号，然后打开“段落”对话框，设置间距，段前、段后间距均为“10 磅”，行距“固定值”为“28 磅”，如图 2-90 所示。

（5）新建并设置“我的标题 3”样式，样式基准选择“正文”，文字格式设置为：黑体、四号，大纲级别：3 级，段前、段后：自动，行距：1.5 倍。

【操作步骤一】选择“开始”选项卡中的“样式”组下拉列表，如图 2-91 所示，单击“新建样式”按钮，命名为“我的标题 3”。

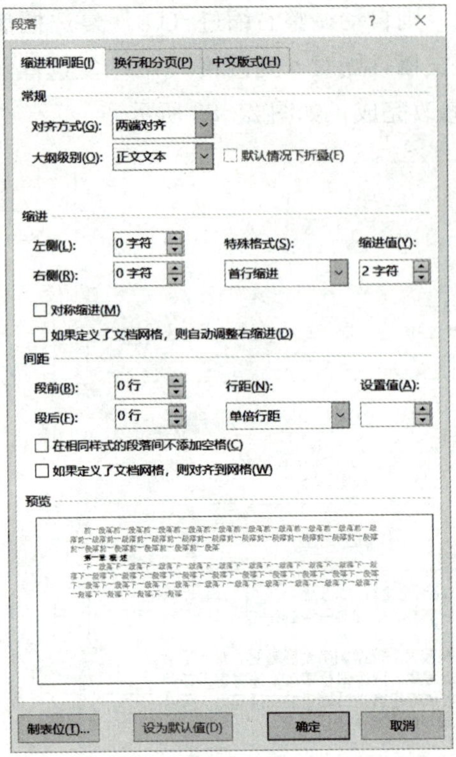

图 2-88　设置“段落”对话框

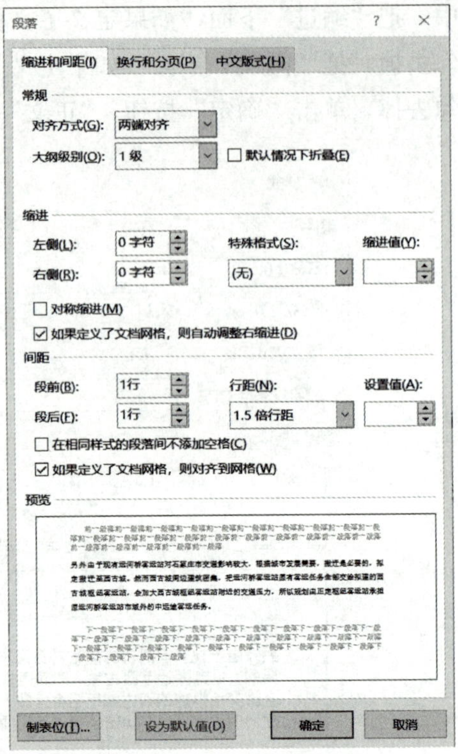

图 2-89　修改“标题 1”样式

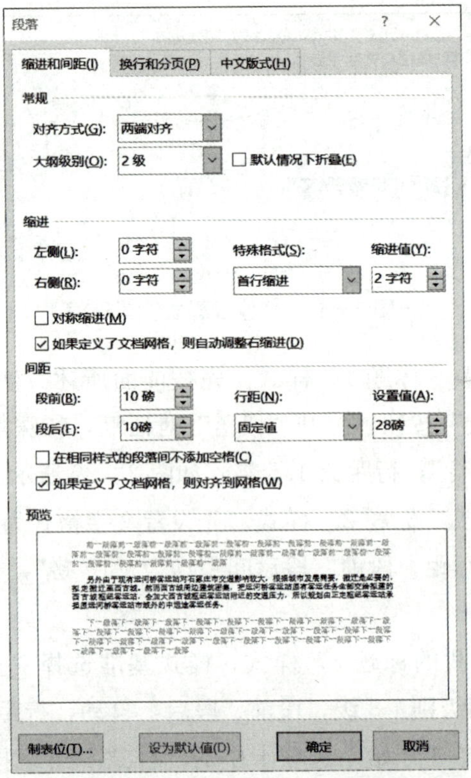

图 2-90　修改“标题 2”样式

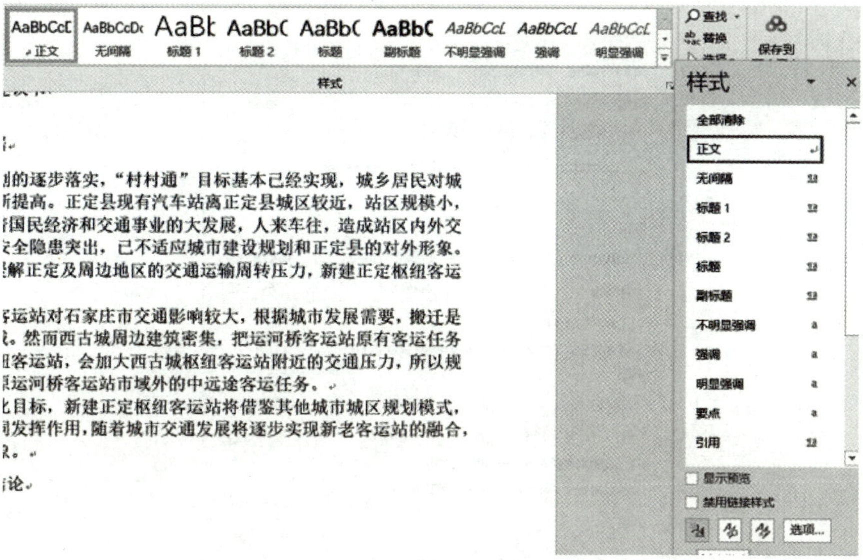

图 2-91 “样式”组下拉列表

【操作步骤二】打开“根据格式化创建新样式”对话框，样式类型选择“段落”，样式基准选择“正文”，后续段落样式选择“我的标题 3”，格式设置为“黑体、四号”，如图 2-92 所示。在“段落”对话框中设置段落格式，大纲级别为“3 级”，段前、段后均为“自动”，行距为“1.5 倍行距”，如图 2-93 所示。

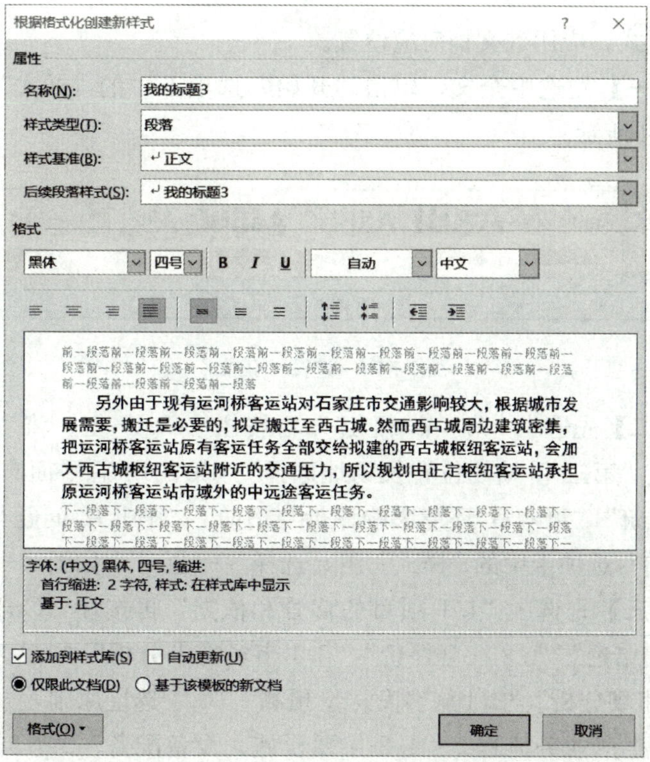

图 2-92 设置“我的标题 3”的样式

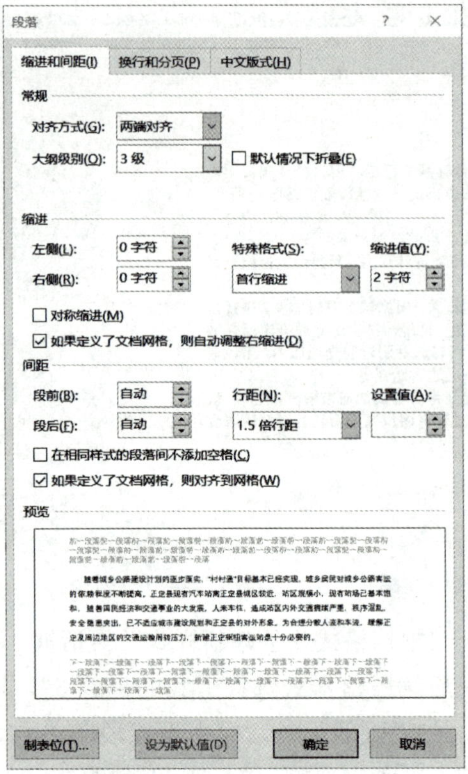

图 2－93　设置“我的标题 3”的段落格式

（6）使用样式，应用到文档对应位置。

【操作步骤一】先选中全文，单击“开始”选项卡中的“样式”组，选择“正文”，如图 2－94 所示。

图 2－94　选择“正文”

【操作步骤二】先选中“第一章 概 述”再按住“Ctrl”键，将“第二章 市场分析与需求预测”“第三章 站场位置及场址选择”“第四章 总平面布置及配套工程”“第五章 绿色建筑”“第六章 环境影响评价与消防”“第七章 问题与建议”依次选中，单击“开始”选项卡中的“样式”组，选择“标题 1”，如图 2－95 所示。

【操作步骤三】先选中“1.1 项目的背景和依据”再按住“Ctrl”键，将“1.2 项目研究的主要结论”“1.3 社会评价”“2.1 市场需求分析”“2.2 项目建设的必要性”“2.3 目标市场分析”“2.4 旅客发送量预测”“3.1 选址原则”“3.2 项目建设条件”“4.1 站场生产业务流程”“4.2 主要设施、设备配备”“4.3 智能化客运站”“4.4 道路交通及绿化”“4.5 总平面布置”“4.6 土建工程”“4.7 方案比选”“5.1 建

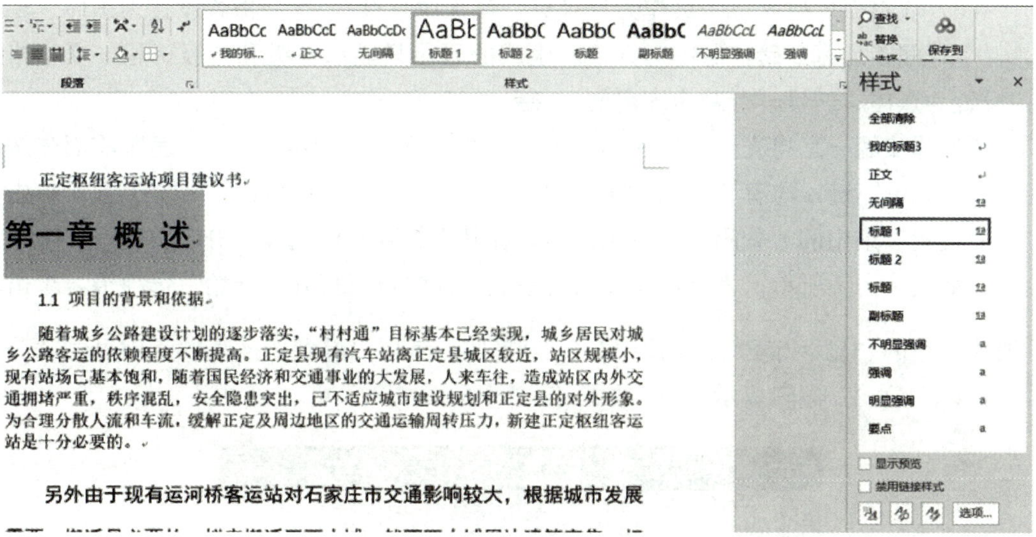

图 2-95　选择"标题 1"

筑能耗现状""5.2 绿色建筑的意义""5.3 节能与能源利用""6.1 环境影响与保护""6.2 消防""7.1 问题""7.2 建议"依次选中，单击"开始"选项卡中的"样式"组，选择"标题 2"。

【操作步骤四】先选中"1.1 项目的背景和依据"再按住"Ctrl"键，将"1.2.1 项目建设条件""1.2.2 项目主要经济技术指标"等三级标题依次选中，单击"开始"选项卡中"样式"组的下拉列表，选择"我的标题 3"。

（7）使用分页符将整个文档分成 7 个小部分（7 个一级标题），每一个小部分文档均另起一页。

【操作步骤】在第二章至第七章的前面插入分页符，因为第一章前面要插入目录，后续要插入分节符，因此暂时不需要插入分页符。将光标定位在一级标题前，打开"插入"选项卡单击"页面"组中的"分页"，插入分页符，如图 2-96 所示。使用分页符将整个文档分成 7 个小部分（7 个一级标题），每一个小部分文档均另起一页。

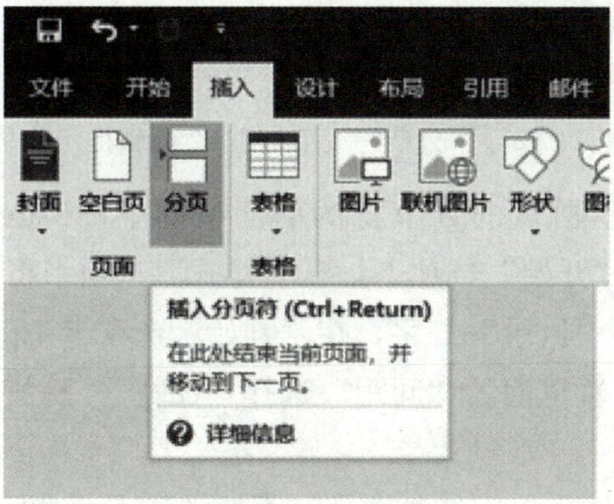

图 2-96　插入分页符

2-25 文章分页及生成目录

（8）在封面后插入下一页作为目录页，输入“目录”，文字格式设置为黑体、二号，字符间距加宽 5 磅，居中对齐，新生成的目录只显示一级和二级标题，文字格式设置为黑体、四号，行距为固定值 20 磅。

【操作步骤一】将光标定位在第二页文档最前面，在“第一章 概 述”前面先按一下“Enter”键，光标定位在“第一章 概 述”前，打开“布局”选项卡，单击“页面设置”组中的“分隔符”下拉按钮，在其下拉列表中选择“分节符”→“下一页”，如图 2-97 所示；将空白页作为目录页，此时可以打开“开始”选项卡，单击“段落”里的“显示/隐藏编辑按钮”（“”），就可以看到新插入的空白页的“分节符（下一页）”编辑提示信息，如图 2-98 所示。

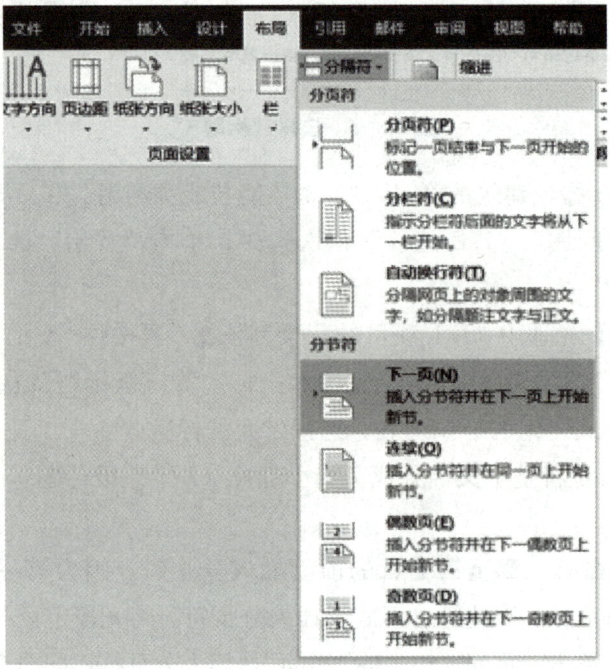

图 2-97　选择“分节符”→“下一页”

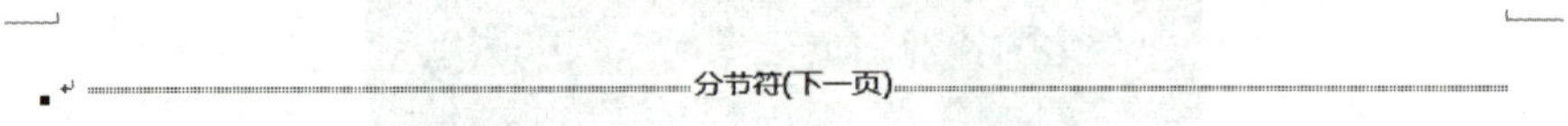

图 2-98　“分节符（下一页）”编辑提示信息

【操作步骤二】在空白页的分节符的前面按两下“Enter”键，在第一行输入“目录”二字，并打开“开始”选项卡，在“样式”选项中将“目录”二字的样式改成“正文”样式。选中“目录”二字，在“开始”选项卡中的“字体”处选择黑体、二号，在字体的高级设置里面的“间距”选择“加宽”，磅值为 5 磅，之后单击“段落”里面的“居中”。

【操作步骤三】插入目录。在“目录”下按“Enter”键，生成新的一行，打开“引用”选项卡，单击“目录”组中的“自定义目录”，如图 2-99 所示。

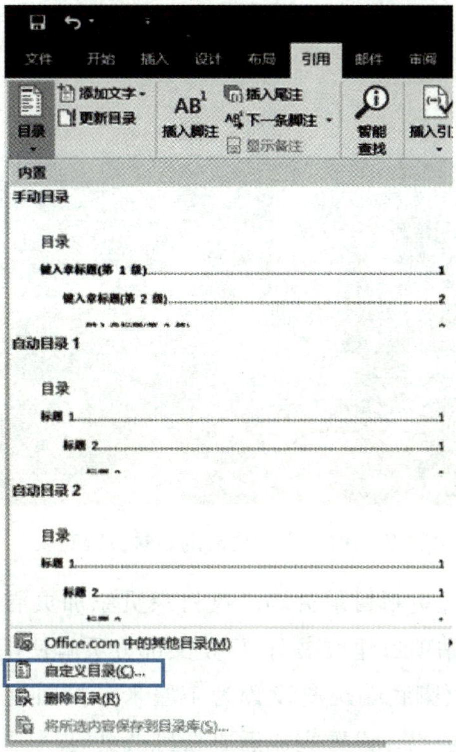

图 2-99 插入目录

【操作步骤四】在弹出的“目录”对话框中，将“显示级别”改为“2”，如图 2-100 所示，单击“确定”按钮，目录自动生成。全部选中自动生成的目录，在“开始”选项卡中，将文字格式设置为黑体、四号，在“段落”中将“行距”设置为固定值 20 磅。

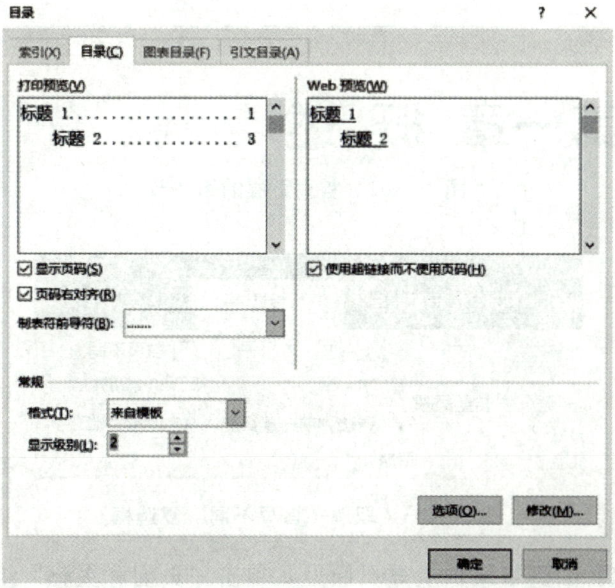

图 2-100 修改目录“显示级别”

这时候，自动生成的目录页码有误，如图 2-101 所示，待添加页眉页脚之后再进行目录页码的更新。

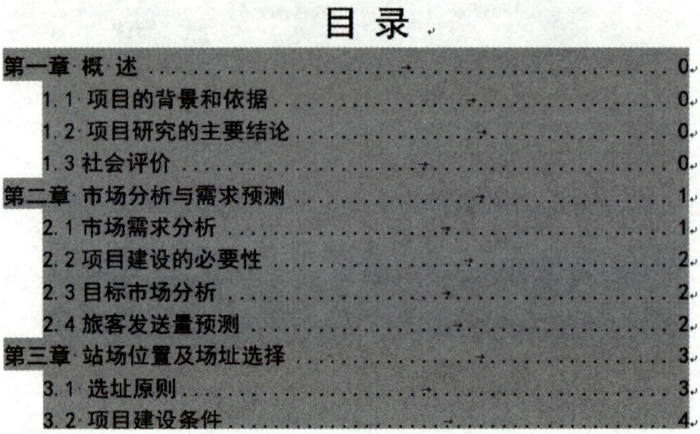

目录

图 2-101 自动生成的目录页码有误

2-26 添加页眉页脚及水印

(9) 添加页眉页脚并更新目录页码。仅目录页添加页眉使用“镶边”样式，输入内容“正定枢纽客运站项目建议书”；仅正文部分页脚使用“怀旧”样式，页码格式：起始页为 1，并将页脚底端距离设置为 1 厘米。封面页不添加页眉页脚，目录页添加页眉，正文添加页码。设置完成后更新目录页码。

【操作步骤一】 将光标定位在目录页上方页眉处，双击，会提示“页眉—第 1 节—”，“第一章 概 述”处于首页页眉的第 2 节，如图 2-102 所示。此时将光标定位在第 2 节的页眉处（“第一章 概 述”的上方），将“设计”选项卡下“选项”组中的“首页不同”复选框取消，如图 2-103 所示，再单击“设计”选项卡下“导航”组中的“链接到前一条页眉”。

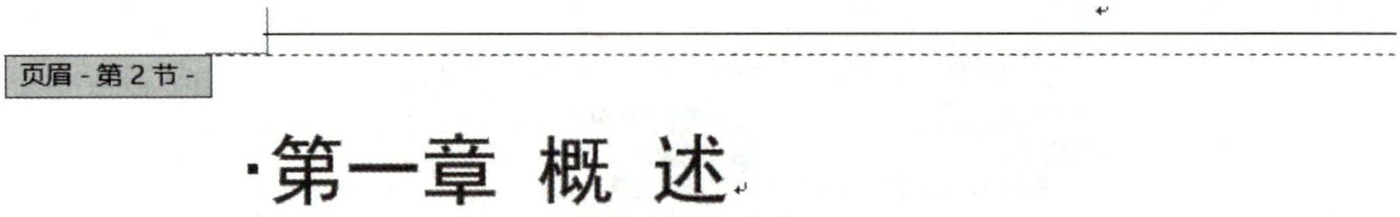

图 2-102 首页页眉的第 2 节

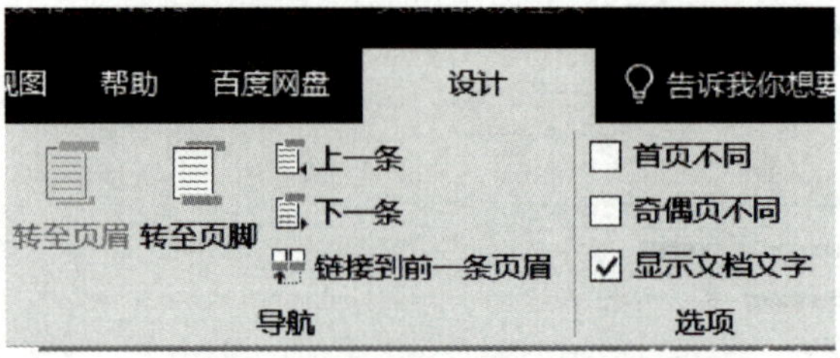

图 2-103 取消“首页不同”复选框

【操作步骤二】 回到目录页上方页眉处，单击“页眉和页脚”组中的“页眉”下拉按钮，选择“镶边”样式，如图 2－104 所示，在页眉标题框自动会显示“正定枢纽客运站项目建议书”。

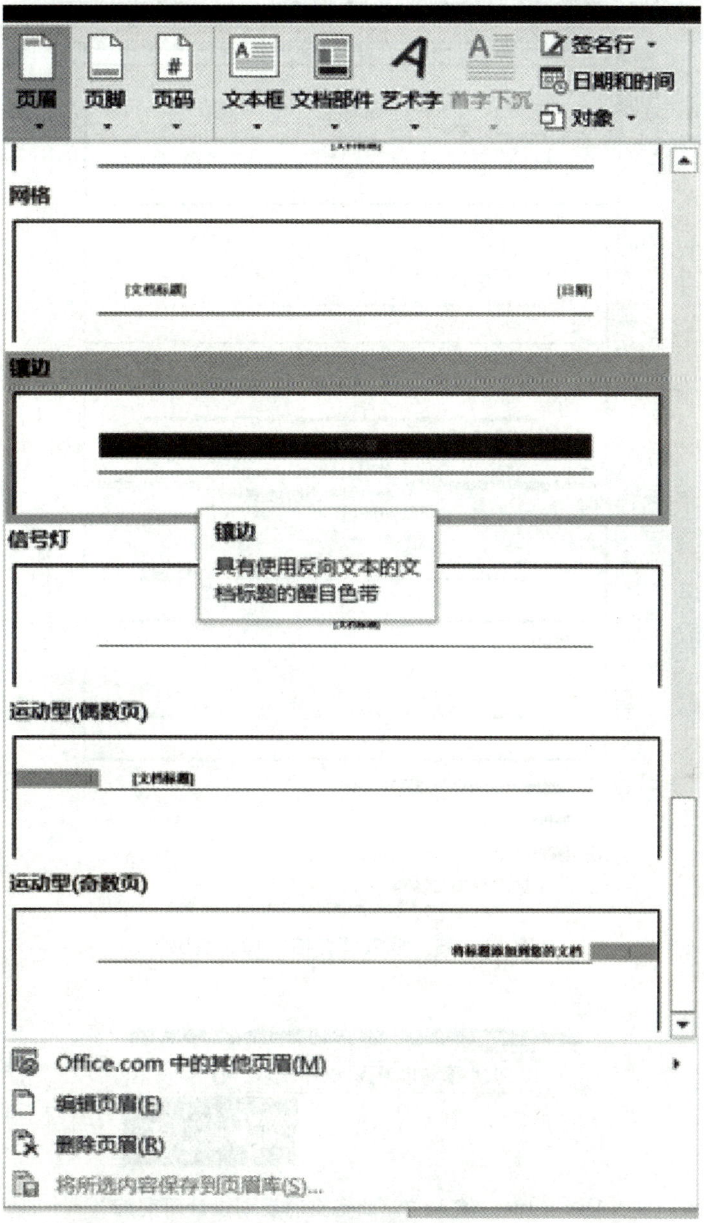

图 2－104　选择“镶边”样式

【操作步骤三】在“第一章 概 述”页的下方，找到页脚第 2 节（“第一章 概述”的底部)，将光标定位在页脚处，再单击“设计”选项卡下“导航”组中的“链接到前一条页眉”，在出现的对话框中选择“否”。在该页页脚处，单击“页眉和页脚”组中的“页脚”，选择“怀旧”样式，如图 2－105 所示，并在作者处输入内容“河北省交通规划设计研究院”，如图 2－106 所示。

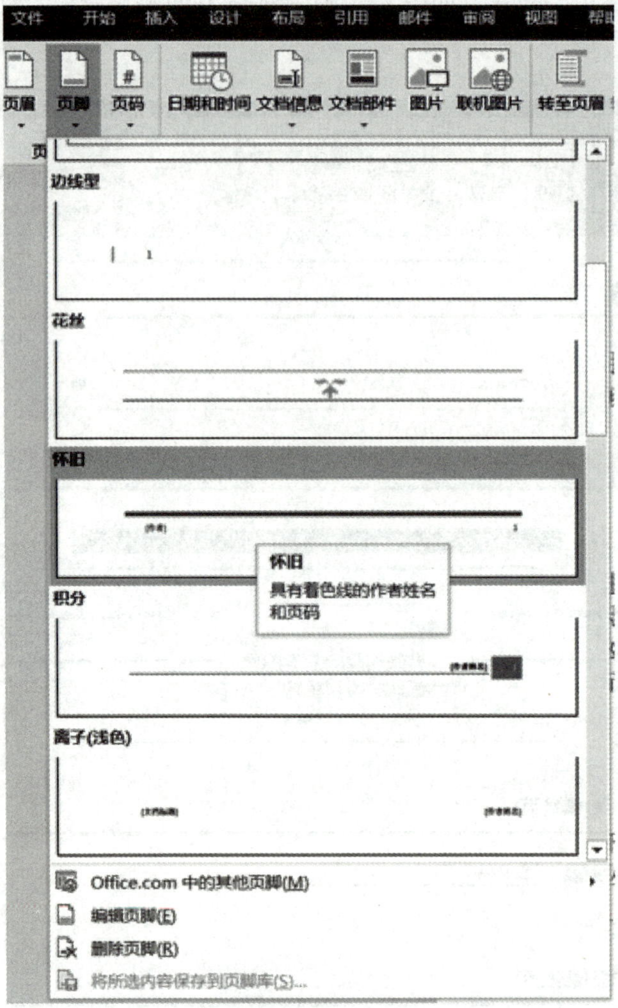

图 2-105　插入“怀旧”样式页脚

图 2-106　输入“河北省交通规划设计研究院”

【操作步骤四】 设置页码格式：起始页为 1，并将页脚底端距离设置为 1 厘米。打开“设计”选项卡，单击“页眉和页脚”组中的“页码”，如图 2-107 所示，选择“设置页码格式”，弹出“页码格式”对话框，将“起始页码（A）”改成“1”，单击“确定”按钮，完成页码的设置，如图 2-108 所示。

【操作步骤五】 在“页眉和页脚”组的“位置”中，将页脚底端距离设置为 1 厘米，如图 2-109 所示。

图 2-107　单击“页眉和页脚”组中的“页码”

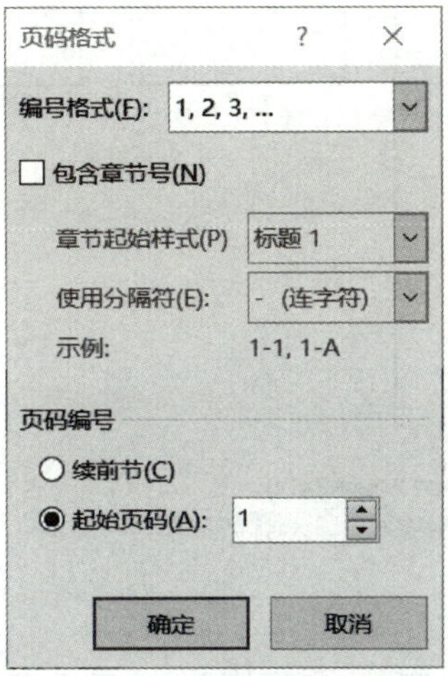

图 2-108　“页码格式”对话框

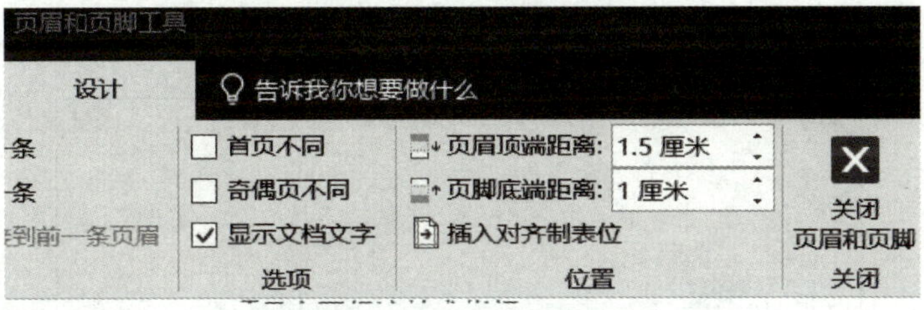

图 2-109　将页脚底端距离设置为 1 厘米

【操作步骤六】在“引用”选项卡下的“目录”中，单击“更新目录”，在弹出的“更新目录”对话框中选择“只更新页码（P）”，如图 2-110 所示。

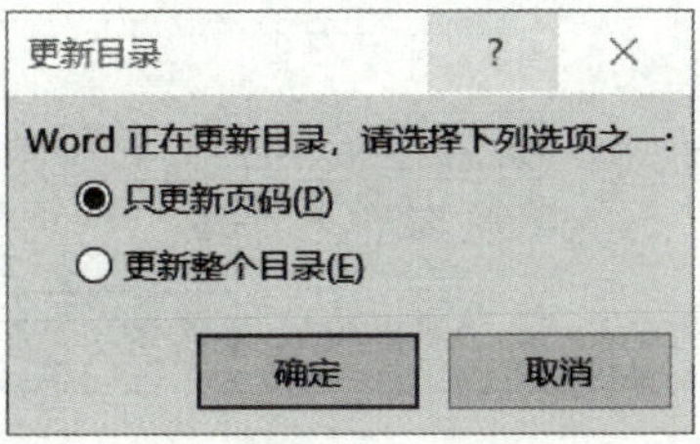

图 2-110　选择“只更新页码（P）”

(10) 为项目建议书添加“项目建议书”水印。

【操作步骤一】 打开“设计”选项卡，单击“页面背景”组中的“水印”，选择“自定义水印”，如图 2－111 所示。

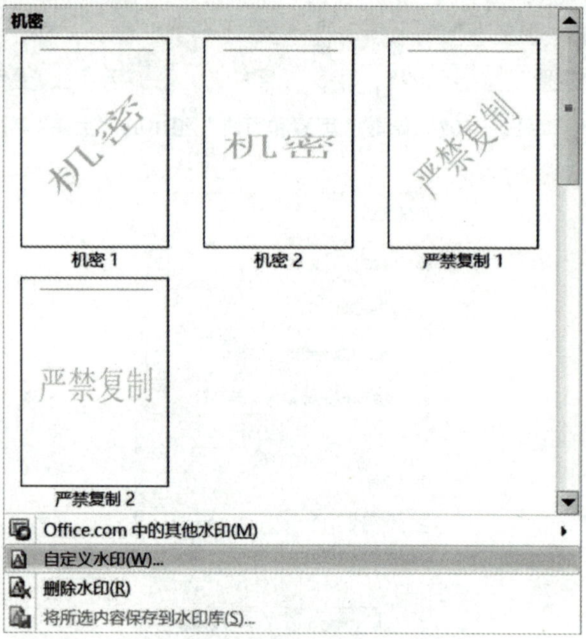

图 2－111 插入自定义水印

【操作步骤二】 在“水印”对话框中选择“文字水印”，在“文字”处输入“项目建议书”，如图 2－112 所示。

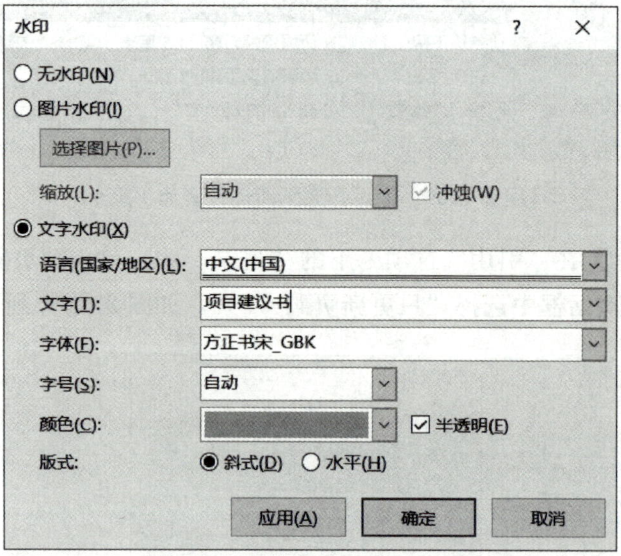

图 2－112 设置“水印”对话框

(11) 保存文档。

任务训练

修订毕业论文

将素材中的毕业论文修改为如图 2-113 所示的格式。

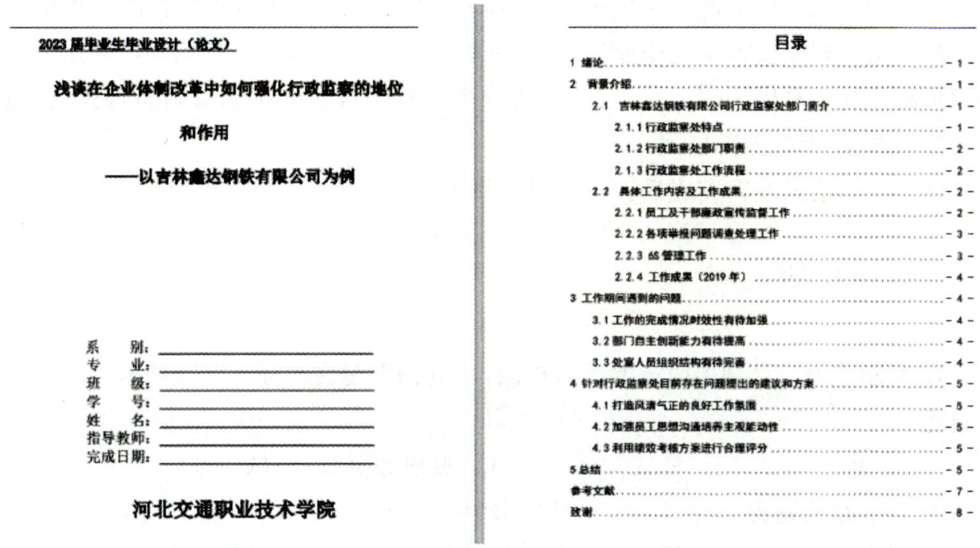

2023 届毕业生毕业设计（论文）

浅谈在企业体制改革中如何强化行政监察的地位和作用

——以吉林鑫达钢铁有限公司为例

系　　别：

专　　业：

班　　级：

学　　号：

姓　　名：

指导教师：

完成日期：

河北交通职业技术学院

目录

图 2-113　毕业论文样图

毕业论文

要求如下：

（1）将“素材—毕业论文.doc”另存为“毕业论文—修订.doc”，并将另存后文档的左右页边距调整为 2.5 厘米，上下边距分别为 2.8 厘米和 2.2 厘米，左侧装订线为 0.5 厘米。

（2）标题“摘要”格式为黑体、三号，段前、段后 1 行，居中。正文中“摘要”和“关键词”设置为黑体、四号，其余部分字体及段落格式按照正文标准设置。

（3）建立样式对各级文本的格式进行统一设置。正文：宋体、小四号、首行缩进 2 字符；段前、段后均为 0 行，行距为固定值 20 磅；一级标题：大纲级别为 1 级，黑体，小三号，段前、段后均为 0.5 行，行距为固定值 20 磅，居中；二级标题：大纲级别为 2 级，黑体，四号，段前、段后均为 0.5 行，行距为固定值 20 磅，首行缩进 2 字符；三级标题：大纲级别为 3 级，黑体，13 号，段前、段后均为 12 磅，行距为固定值 20 磅，悬挂缩进 3 字符。最后，参照“毕业论文—修订”中的最终结果，将建立的样式应用到对应的段落中。

（4）利用分隔符的下一页功能使摘要、参考文献和致谢单独成一页。

（5）利用段落里的编号功能对参考文献进行编号，自定义新编号格式，样式为[1] [2] ……

（6）在摘要前一页自动生成目录，“目录”二字为黑体、小二号、居中，目录正文格式为黑体、四号、无特殊格式、1.5 倍行距。

（7）为论文的正文部分添加页眉和页脚。从正本部分开始添加页眉，页眉内容为“河北交通职业技术学院毕业设计”。页脚插入页码，居中。从摘要后的正文页开始编页码，起始页码为“－ 1 －”，检查参考文献和致谢两页的页码是否样式一致，不一致则调整为统一样式。

（8）文档格式编辑完成后，更新目录页码。

知识巩固

1. 在制作项目计划书时需要插入封面，“封面”是在“插入”选项卡中的（　　）工具组。

A. 页面　　B. 样式　　C. 页眉和页脚　　D. 批注

2. 页边距的设置是在（　　）选项卡中。

A. 开始　　B. 设计　　C. 布局　　D. 审阅

3. 修改“正文”样式是在（　　）选项卡中。

A. 开始　　B. 设计　　C. 段落　　D. 审阅

4. 使用分页符可以将文档中的每一小部分均另起一页，分页符是在（　　）选项卡中。

A. 开始　　B. 设计　　C. 段落　　D. 插入

5. 自定义生成目录是在（　　）选项卡中。

A. 布局　　B. 引用　　C. 设计　　D. 插入

任务五 制作录取通知书

Word 2019 具有邮件合并功能，即可在主文档中插入变化的信息，合成后的文件可以保存为 Word 文档，可以打印出来，也可以以邮件形式发出去。

任务描述

本任务的主要内容是建立主文档“录取通知书”，进行邮件合并，生成信函文档，生成合并后的录取通知书，如图 2－114 所示。

张连城 同学:

您已被我校 机电工程系 （系） 机电一体化 专业录取，学制 3 年 ，请于 9/1/2024 到 9/4/2024 持本通知书到我校报到。

XXX 学院

2024 年 8 月 10 日

图 2－114　录取通知书示例

任务实施

（1）创建主文档。

【操作步骤一】 新建 Word 文档，命名为“录取通知书”。

【操作步骤二】 输入文本内容，并调整格式。录取通知书样图如图 2－115 所示。

_同学:

您已被我校_（系）_专业录取，学制_，请于_到_持本通知书到我校报到。

XXX 学院

2024 年 8 月 10 日

图 2－115　录取通知书样图

（2）通过邮件对学生信息表格进行合并。

【操作步骤一】 在“录取通知书”文档中，将光标定位在姓名横线上，打开“邮件”选项卡，在“开始邮件合并”组中的“选择收件人”下拉列表中选择“使用现有列表（E）…”，如图 2－116 所示。找到素材库中的“学生信息”文件，单击打开，再选择“Sheet1＄”，如图 2－117 所示。

2－27 邮件合并

【操作步骤二】 打开“邮件”选项卡，在“开始邮件合并”组中单击“编辑收件人列表”，在弹出的“邮件合并收件人”对话框中选中所有学生，单击“确定”按钮，如图 2－118 所示。

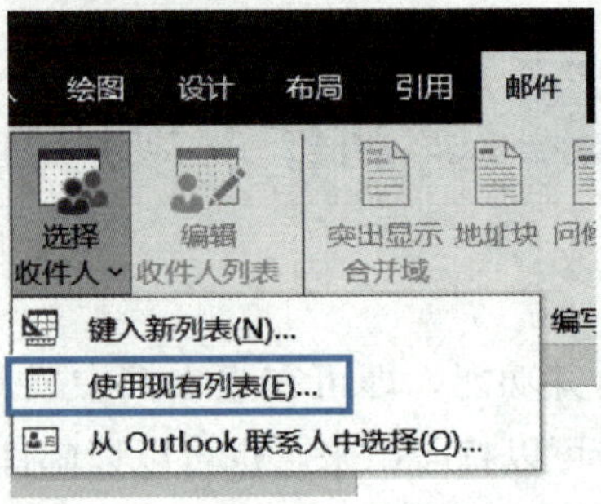

图 2-116　选择“使用现有列表（E）…”

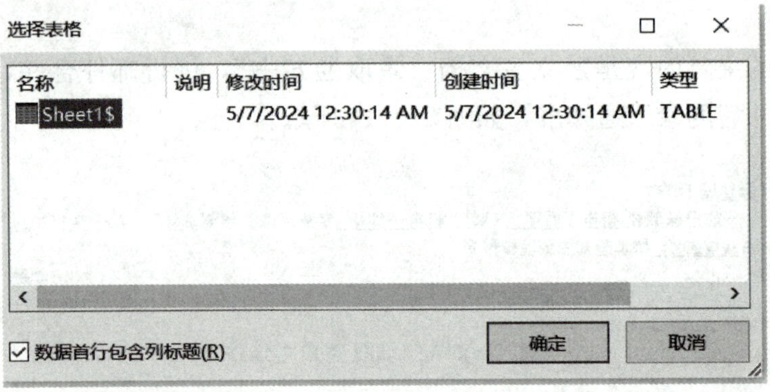

图 2-117　选择“Sheet1 $”

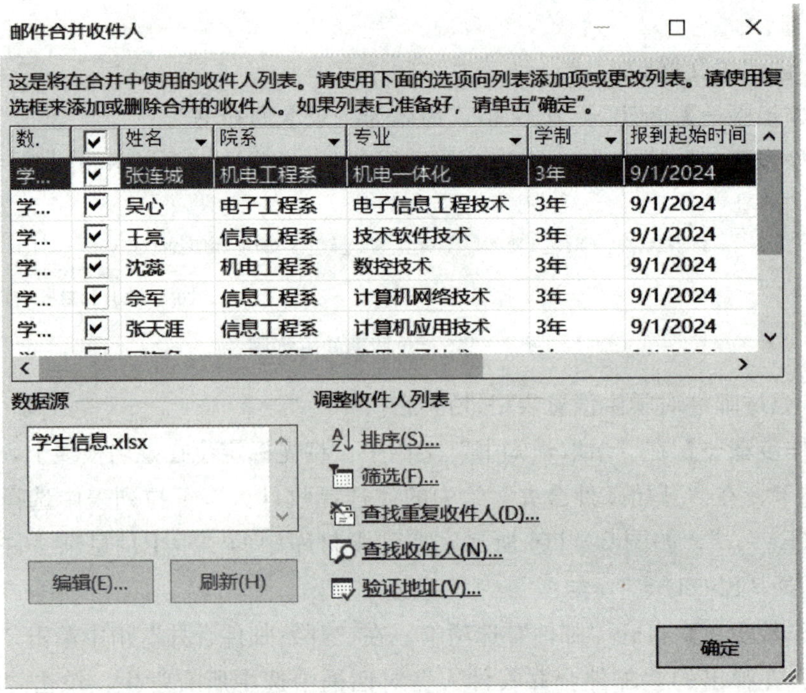

图 2-118　在“邮件合并收件人”对话框中选中所有学生

(3) 进行插入合并域操作，将所有信息依次插入相应的内容，调整格式，删除多余横线，并进行结果预览，合成新文档。

【操作步骤一】 打开“邮件”选项卡，在“编写和插入域”组中的“插入合并域”下拉列表中选择“姓名”，如图 2－119 所示。将光标依次定位在各条横线上，用此方法依次插入相应的内容，调整格式，删除多余横线。

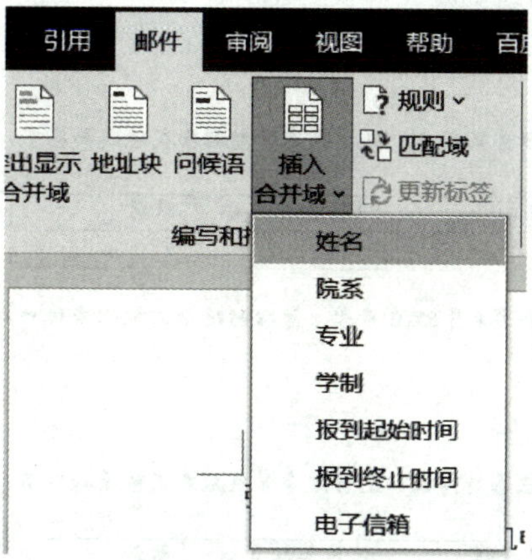

图 2－119 选择“姓名”

【操作步骤二】 打开“邮件”选项卡，在“预览结果”组中的“预览结果”中先查看是否正确，如果没有问题，在“完成并合并”中选择“编辑单个文档”，在“合并到新文档”对话框中选择“全部”并单击“确定”按钮，如图 2－120 所示。

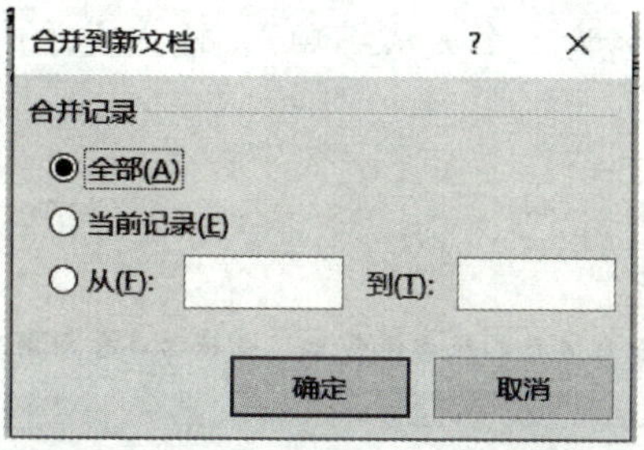

图 2－120 “全部”合并到新文档

(4) 生成信函文档，将信函文档进行保存，将文档名称改为“合并后的录取通知书”。

【操作步骤一】 自动生成信函文档，将新生成的文档进行保存。

【操作步骤二】 将文档名称改为“合并后的录取通知书”。

任务训练

制作成绩通知书

完成邮件合并成绩通知书，需制作的成绩通知书样图如图 2－121 所示。

王静霞同学：
你好！
本学期工作已经圆满结束，现将你本学期期末成绩通知如下：

高等数学	英语	计算机基础	政治
60	65	65	78

下学期定于2024年2月23日开学，望准时返校，祝你度过一个愉快而有意义的假期！

李伟力同学：
你好！
本学期工作已经圆满结束，现将你本学期期末成绩通知如下：

高等数学	英语	计算机基础	政治
67	78	90	89

下学期定于2024年2月23日开学，望准时返校，祝你度过一个愉快而有意义的假期！

王建平同学：
你好！
本学期工作已经圆满结束，现将你本学期期末成绩通知如下：

高等数学	英语	计算机基础	政治
65	63	65	60

下学期定于2024年2月23日开学，望准时返校，祝你度过一个愉快而有意义的假期！

图 2-121　需制作的成绩通知书样图

要求如下：

（1）创建主文档，命名为“个人成绩单”，输入文本内容，并调整格式。成绩通知书模板如图 2-122 所示。

同学：

你好！

本学期工作已经圆满结束，现将你本学期期末成绩通知如下：

高等数学	英语	计算机基础	政治

下学期定于2024年2月23日开学，望准时返校，祝你度过一个愉快而有意义的假期！

图 2-122　成绩通知书模板

（2）打开素材中的“学生成绩表”文档，对成绩表进行合并。

（3）进行插入合并域操作，将所有信息依次插入相应的内容，调整格式，删除多余横线，并进行结果预览，合成新文档。

（4）生成信函文档，将信函文档进行保存，将文档名称改为“成绩通知书”。

知识巩固

1. 按（　　）键可以删除多余的空格。

A. Delete　　B. Ctrl　　C. Alt　　D. Enter

2. 在 Word 软件中，以下（　　）功能可以用来对文字进行右对齐处理。

A. 左对齐　　B. 右对齐　　C. 居中　　D. 两端对齐

3. 下列选项中，（　　）可以用来进行下画线操作。

A. 空格　　B. 加粗　　C. 倾斜　　D. 下画线

4. 想要预览邮件应该用（　　）操作。

A. 预览结果　　B. 标签

C. 插入合并域　　D. 编辑收件人

5. 简述插入合并域的流程。

项目三
Excel 2019 电子表格应用

Excel 2019 是一款功能强大的电子表格处理软件，是 Microsoft Office 2019 的重要组件之一，它具有友好的界面、强大的数据计算功能和数据分析功能，适用于财务、统计、数据分析等领域。本项目主要讲解表格中数据的输入存储、数据类型、工作表的编辑及格式化等基本操作；工作表中公式与常见函数的应用；数据的排序、筛选、分类汇总、分析统计；数据透视表的创建和编辑、图表的创建和编辑等内容。

学习目标

★知识目标：

1. 掌握工作簿、工作表的创建和编辑方法。
2. 掌握公式和函数的使用方法。
3. 掌握数据的排序、汇总、筛选、分类汇总的操作方法。
4. 掌握图表的制作和编辑方法。

★能力目标：

1. 能够创建员工信息表并正确地输入和编辑数据。
2. 能够使用 Excel 的公式和函数计算员工的总销售额和销售排名，并分析统计员工的考核等级和考核奖励等数据。
3. 能够使用关键字对销售业绩统计表进行排序，能够根据多个条件筛选出符合条件的数据记录，能够根据类别显示销售数据的相应汇总结果，能够对销售数据进行快速汇总和建立交互式表格。
4. 能够根据数据源使用正确的图表类型创建图表，能够修改图表的布局和样式。

★素养目标：

1. 培养积极向上、勤学好问、开拓创新的学习态度。
2. 培养发挥主观能动性，分析数据，挖掘事物发展规律的能力。

任务一 建筑规划设计院员工信息表的创建

任务描述

通过创建图 3－1 所示的建筑规划设计院员工信息表，掌握创建工作簿、工作表的方法，掌握在工作表中输入和编辑数据、工作表格式化的方法，掌握工作表中字符格式、对齐方式、边框和底纹、条件格式、套用表格样式的设置方法。

建筑规划设计院员工信息表

员工编号	姓名	部门	职务	学历	出生年月	联系方式
20190001	孟怡然	建筑	业务员	研究生	1990年6月27日	031183562167
20190002	程翔翼	机电	业务员	专科	1992年12月18日	031185456191
20190003	孙腾辉	机电	业务员	专科	1985年4月20日	031186776289
20190004	齐飞	机电	业务员	专科	1996年7月18日	031182341060
20190005	郭婷婷	机电	会计	本科	1987年5月29日	031183565321
20190006	孙益朋	结构	出纳	本科	1992年8月29日	031183679067
20190007	王宇展	建筑	技术员	研究生	1994年9月28日	031183490017
20190008	丁建伟	建筑	技术员	研究生	1996年7月4日	031167216210
20190009	要翔	暖通	工程师	研究生	1986年8月18日	031183560167
20190010	张海静	暖通	技术员	研究生	1991年3月7日	031187862167
20190011	郭树红	结构	会计	本科	1995年9月23日	031183562171
20190012	马如锦	结构	业务员	专科	1992年10月7日	031183562154
20190013	姚彦梅	结构	业务员	专科	1987年9月23日	031183562162
20190014	李娜	设备	业务员	专科	1988年4月10日	031183354950
20190015	张萍美	电气	业务员	专科	2007年2月27日	031183509767
20190016	苑保刚	设备	业务员	专科	1996年2月25日	031183562167
20190017	石秀民	设备	技术员	研究生	1998年2月11日	031183562155
20190018	马园园	设备	技术员	研究生	1994年8月2日	031183568888
20190019	李大力	给、排水	技术员	研究生	1994年9月28日	031183098707
20190020	周明岳	给、排水	工程师	研究生	1984年8月27日	031183562167
20190021	孙平北	给、排水	工程师	研究生	1986年8月18日	031183561565
20190022	盖晓楠	给、排水	会计	本科	2006年4月7日	031183565980
20190023	张镇国	电气	会计	本科	1976年3月11日	031183456167

员工基本信息 Sheet2 Sheet3

图 3－1 建筑规划设计院员工信息表

任务实施

(1) 新建工作簿，命名为“建筑规划院员工信息表 . xlsx”，保存到“桌面”上“员工信息表”文件夹中。

【操作步骤】启动 Excel 2019，系统自动创建一个空白工作簿，如图 3－2 所示。选择“文件”→“保存”，在打开的“另存为”对话框中，选择保存的位置，文件名设置为“建筑规划院员工信息表 . xlsx”，如图 3－3 所示。

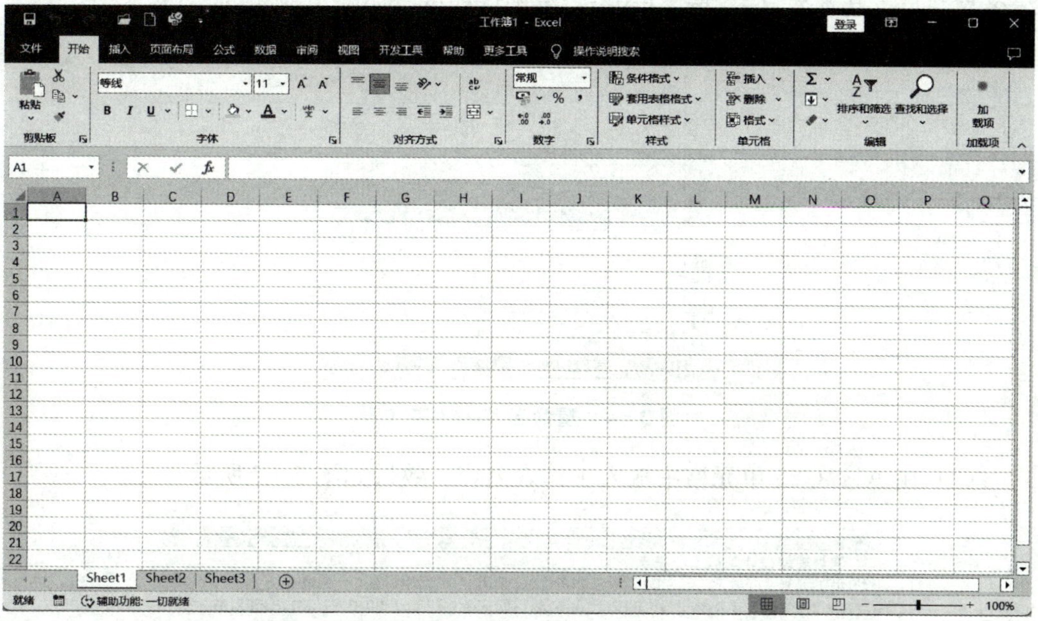

图 3－2　空白工作簿

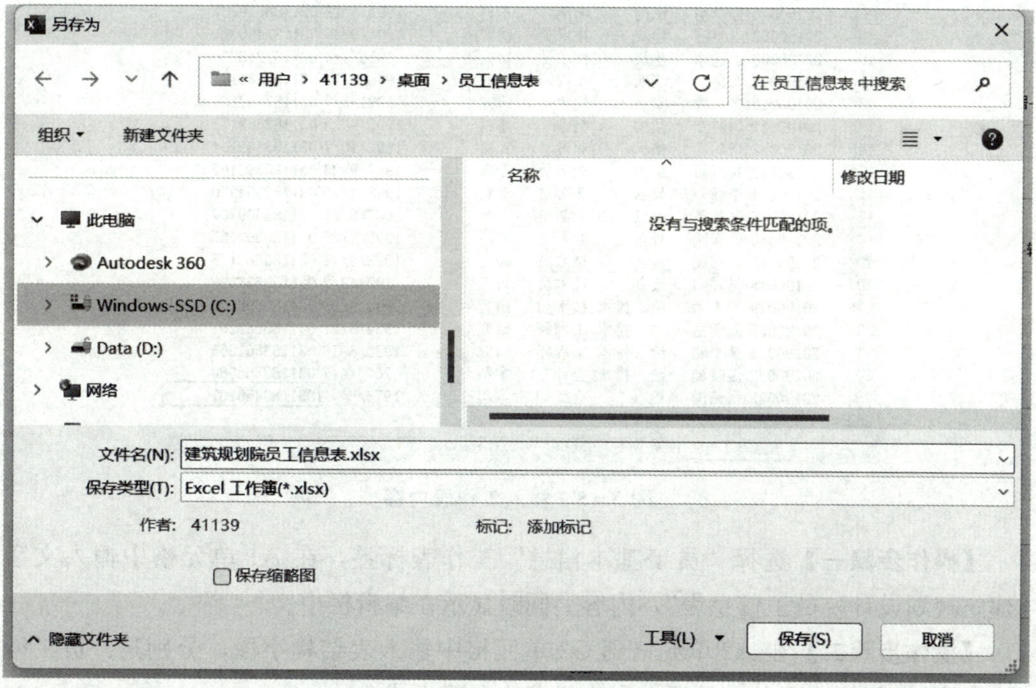

图 3－3　设置保存的位置和文件名

（2）新建工作表，将“建筑规划院员工信息表 . xlsx”工作簿中的 Sheet1 工作表重命名为“员工基本信息”。

【操作步骤】打开“建筑规划院员工信息表 . xlsx”工作簿，选择 Sheet1 工作表，双击工作表标签进入编辑状态，此时该工作表标签呈高亮显示，然后输入工作表名称“员工基本信息”，按“Enter”键确认即可，如图 3－4 所示。

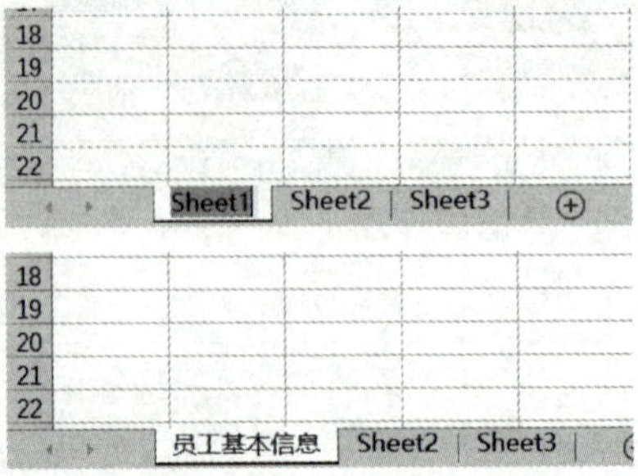

图 3－4　重命名 Sheet1 工作表

3－1 输入数据

（3）在 A1：G25 单元格中输入工作表内容，效果如图 3－5 所示。

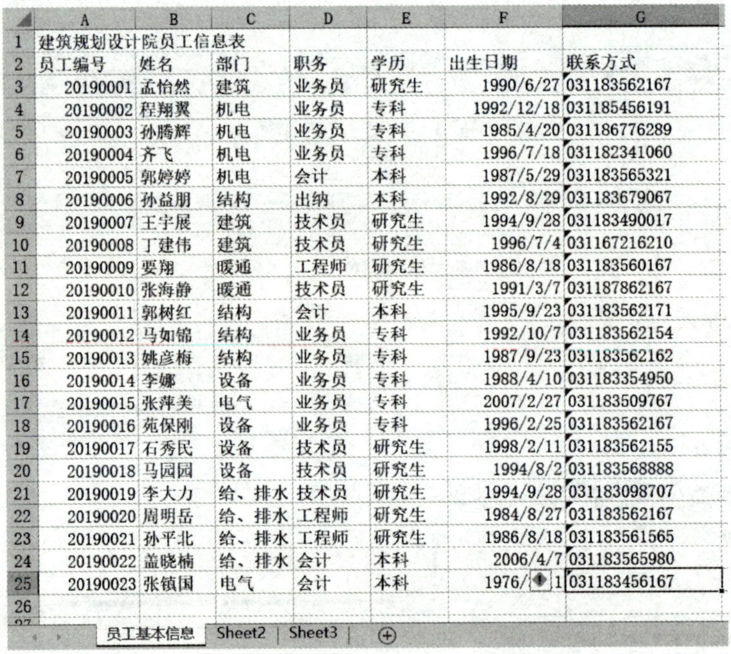

	A	B	C	D	E	F	G
1	建筑规划设计院员工信息表						
2	员工编号	姓名	部门	职务	学历	出生日期	联系方式
3	20190001	孟怡然	建筑	业务员	研究生	1990/6/27	031183562167
4	20190002	程翔翼	机电	业务员	专科	1992/12/18	031185456191
5	20190003	孙腾辉	机电	业务员	专科	1985/4/20	031186776289
6	20190004	齐飞	机电	业务员	专科	1996/7/18	031182341060
7	20190005	郭婷婷	机电	会计	本科	1987/5/29	031183565321
8	20190006	孙益朋	结构	出纳	本科	1992/8/29	031183679067
9	20190007	王宇展	建筑	技术员	研究生	1994/9/28	031183490017
10	20190008	丁建伟	建筑	技术员	研究生	1996/7/4	031167216210
11	20190009	要翔	暖通	工程师	研究生	1986/8/18	031183560167
12	20190010	张海静	暖通	技术员	研究生	1991/3/7	031187862167
13	20190011	郭树红	结构	会计	本科	1995/9/23	031183562171
14	20190012	马如锦	结构	业务员	专科	1992/10/7	031183562154
15	20190013	姚彦梅	结构	业务员	专科	1987/9/23	031183562162
16	20190014	李娜	设备	业务员	专科	1988/4/10	031183354950
17	20190015	张萍美	电气	业务员	专科	2007/2/27	031183509767
18	20190016	苑保刚	设备	业务员	专科	1996/2/25	031183562167
19	20190017	石秀民	设备	技术员	研究生	1998/2/11	031183562155
20	20190018	马园园	设备	技术员	研究生	1994/8/2	031183568888
21	20190019	李大力	给、排水	技术员	研究生	1994/9/28	031183098707
22	20190020	周明岳	给、排水	工程师	研究生	1984/8/27	031183562167
23	20190021	孙平北	给、排水	工程师	研究生	1986/8/18	031183561565
24	20190022	盖晓楠	给、排水	会计	本科	2006/4/7	031183565980
25	20190023	张镇国	电气	会计	本科	1976/[illegible]1	031183456167
26							

图 3－5　输入工作表内容

【操作步骤一】选择“员工基本信息”工作表标签，在 A1 单元格中输入文字“建筑规划设计院员工信息表”，内容会同时显示在编辑栏中。

【操作步骤二】在 A2 单元格到 G2 单元格中输入表结构字段，分别是：员工编号、姓名、部门、职务、学历、出生日期、联系方式。

【操作步骤三】输入“员工编号”列数据。在 A3、A4 单元格中输入数据 20190001、20190002，选中这两个单元格，鼠标拖拽右下角填充柄，完成本列数据的填充；也可以在 A3 单元格中输入数据 20190001，选中此单元格，按住“Ctrl”键拖单元格右下角的填充柄完成数据的填充；也可以选中 A3：A25 单元格区域，选择“开始”选项卡中的“编辑”组，选择“填充”下拉列表中的“序列”，如图 3-6 所示，弹出“序列”对话框，序列产生在“列”，类型选择“等差数列”，步长值为“1”，如图 3-7 所示，完成编号列数据的填充。

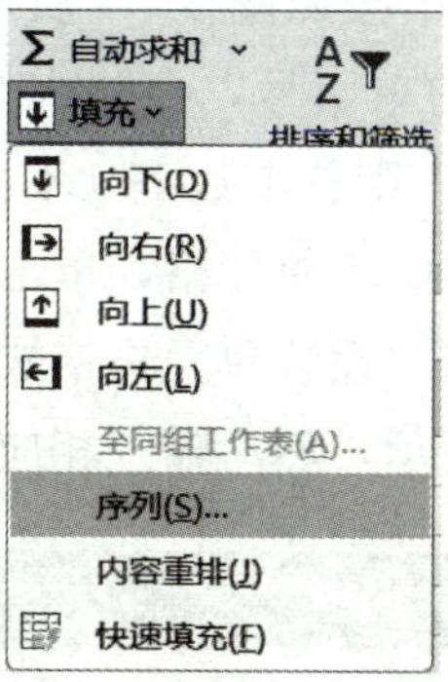

图 3-6　选择“序列”

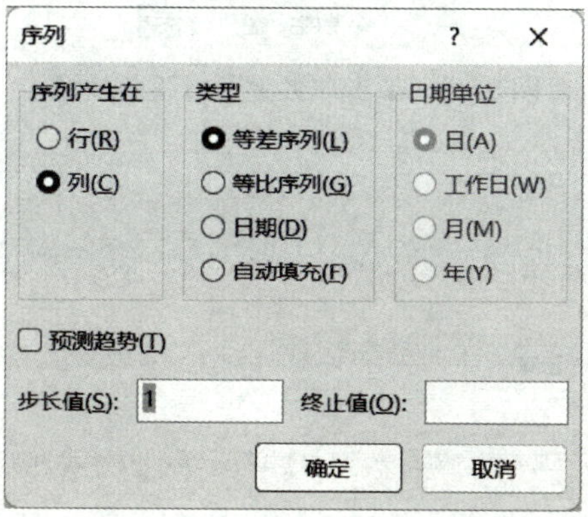

图 3-7　设置“序列”对话框

【操作步骤四】 在 B3、C3、D3、E3 单元格中按照图 3-5 所示输入文字内容。输入“姓名”列、“部门”列、“职务”列、“学历”列内容，这四列的共同特点是单元格内容有相同项，输入相同项时可以直接拖拽单元格右下角的填充柄实现复制操作；也可以打开“开始”选项卡，使用“剪贴板”组中的“复制”“粘贴”，如图 3-8 所示，或者直接使用右键快捷菜单完成相同内容的填充。

图 3-8　“剪贴板”组

提示

用户也可以把姓名、部门、职务、学历内容做成文本素材，使用“数据”选项卡里的“从文件/CSV”工具获取外部数据的方式插入所需内容。

【操作步骤五】在 F3 单元格中按照图 3－5 所示使用间隔号或正斜杠输入日期型数据。输入日期型数据时要在年、月、日之间用“－”或者“/”隔开输入，定位到 F3 单元格，输入 1990/6/27，按“Enter”键确认，按照此法完成本列其他数据的填充。

【操作步骤六】在 G3 单元格中按照图 3－5 所示输入文本型数据。光标定位在 G3 单元格，首先输入英文状态的单引号，再输入 031183562167。当输入首个数字为 0 的数据时，采用此种方法，否则首个数字 0 不会显示在单元格中。

另一种方法是，先选中 G3：G25 单元格，单击“开始”选项卡里的“数字”右下角按钮，如图 3－9 所示，弹出“设置单元格格式”对话框，在“数字”选项卡中分类选择“文本”，如图 3－10 所示，然后输入相应数据即可。

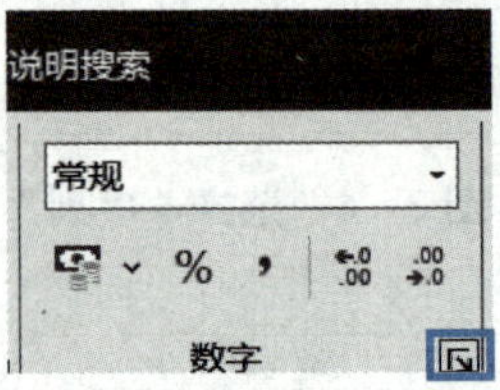

图 3－9　单击“数字”右下角按钮

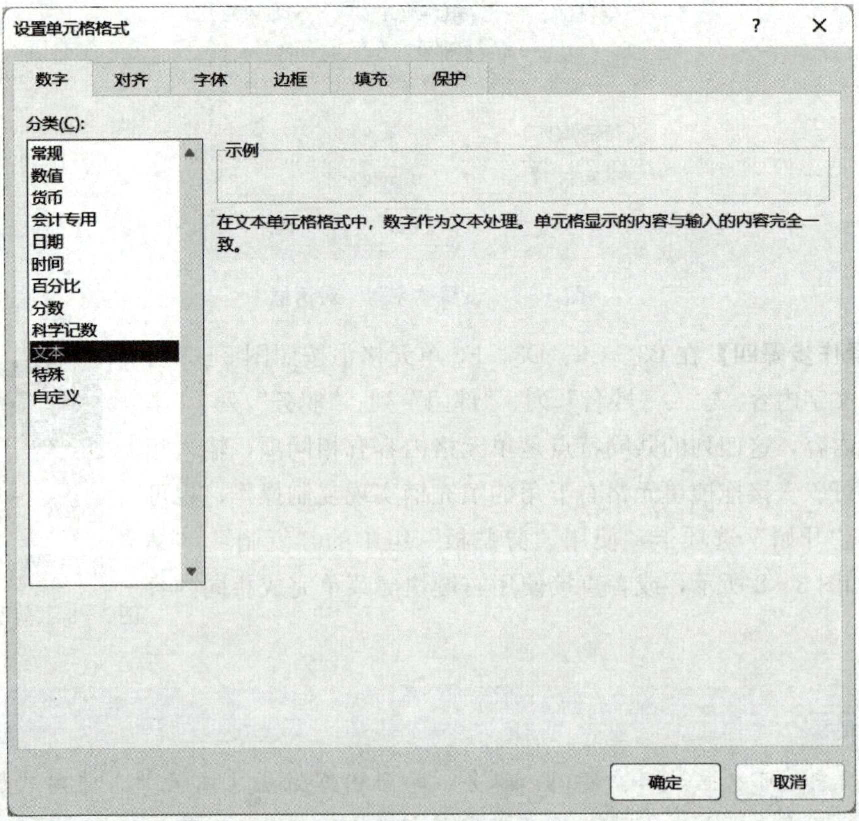

图 3－10　“设置单元格格式”对话框

（4）合并与居中第一行 A1：G1 数据，并设置标题文字格式为隶书、22 磅，设置行高 27 磅。

3－2 格式化工作表

【操作步骤一】 选中“员工基本信息”工作表中 A1：G1 单元格区域。

【操作步骤二】 打开“开始”选项卡，单击“对齐方式”组中的“合并后居中”，或者单击“合并后居中”右侧的下拉按钮，在下拉列表中选择“合并后居中”，即可将 A1：G1 单元格区域合并为一个单元格，单元格内容居中对齐，如图 3－11 所示。

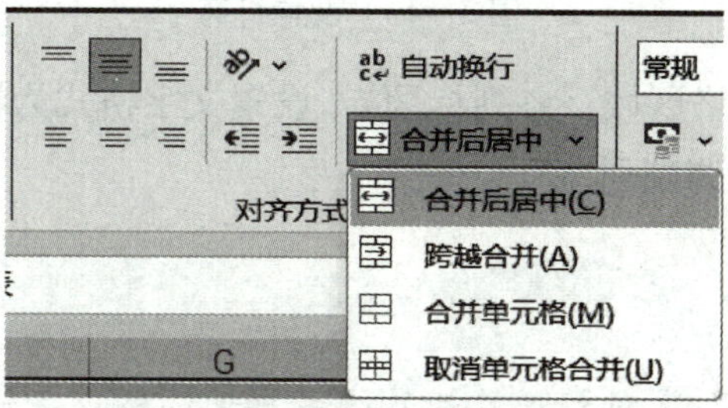

图 3－11　选择“合并后居中”

【操作步骤三】 切换到“开始”选项卡中的“字体”组，设置标题文字格式为隶书、22 磅；也可以单击“字体”右下角的按钮，弹出“设置单元格格式”对话框，打开“字体”选项卡进行设置，如图 3－12 所示。

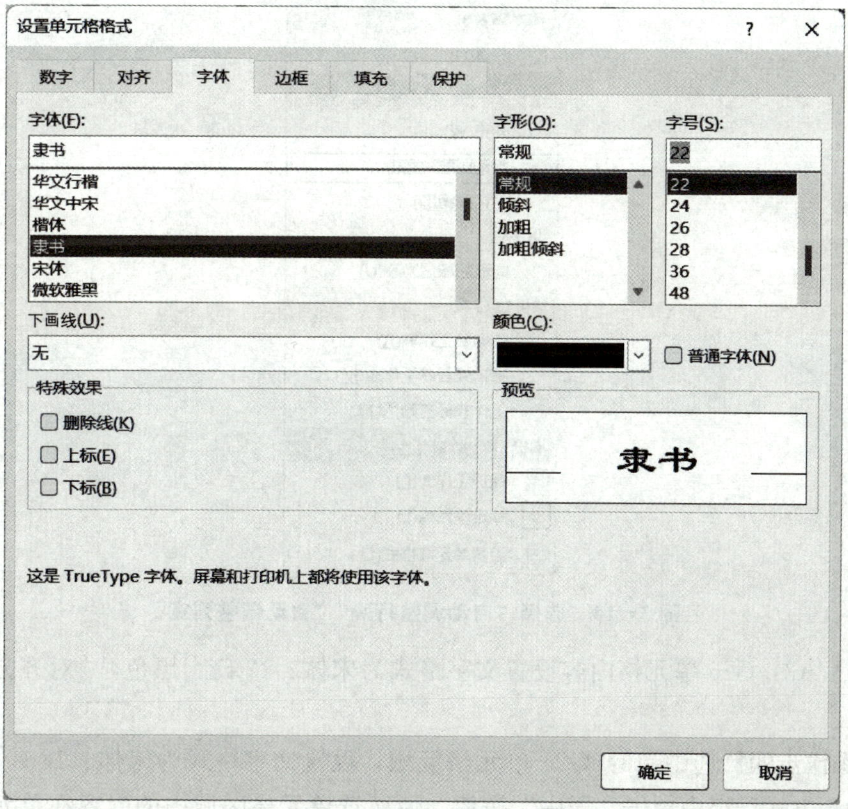

图 3－12　“设置单元格格式”对话框

【操作步骤四】选择“开始”选项卡中的“单元格”组，单击“格式”，在下拉列表中选择“行高”，在弹出的“行高”对话框中输入“27”，如图 3－13 所示。

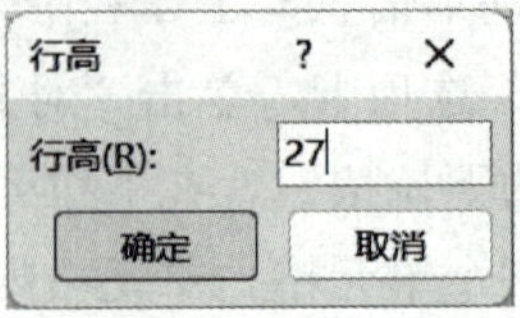

图 3－13　设置行高

（5）A2：G2 单元格区域（各列标题），设置文字格式为楷体、加粗、14 磅，并“自动调整行高”“自动调整列宽”。

提示

可以通过双击列标或行标边界线的方式自动调整行高或列宽。

【操作步骤】选择 A2：G2 单元格区域（各列标题），设置文字格式为楷体、加粗、14 磅。在“单元格”组中选择“格式”，在下拉列表中选择“自动调整行高”“自动调整列宽”，如图 3－14 所示。

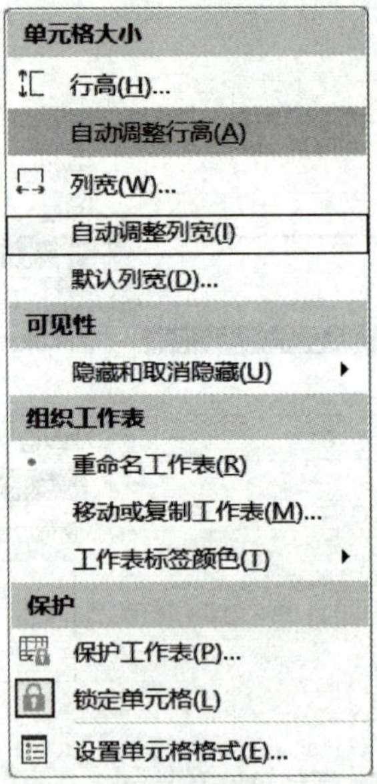

图 3－14　选择“自动调整行高”“自动调整列宽”

（6）A3：G25 单元格内容设置文字格式为宋体、12 磅、黑色，“对齐方式”为“居中”。

【操作步骤】选中 A3：G25 单元格区域，设置文字格式为宋体、12 磅、黑色，在“对齐方式”组中单击“居中”按钮，使所选单元格区域中的内容在单元格中居中对齐，如图 3－15 所示。

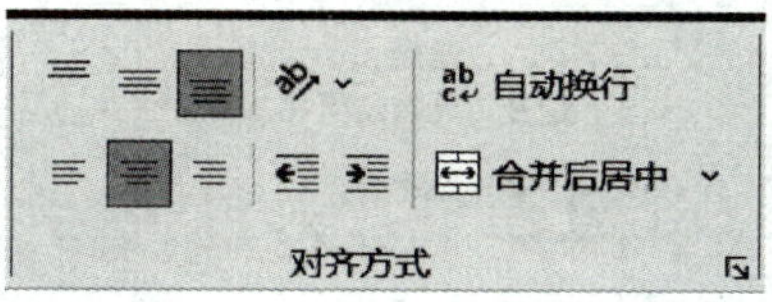

图 3－15　设置“对齐方式”为“居中”

（7）“出生日期”列，设置日期类型为“1990 年 6 月 27 日”。

【操作步骤】选择“出生日期”列，单击“开始”选项卡中“数字”右下角的按钮，弹出“设置单元格格式”对话框，在“数字”选项卡中“分类”选择“日期”，设置日期类型为“2012 年 3 月 14 日”，如图 3－16 所示。

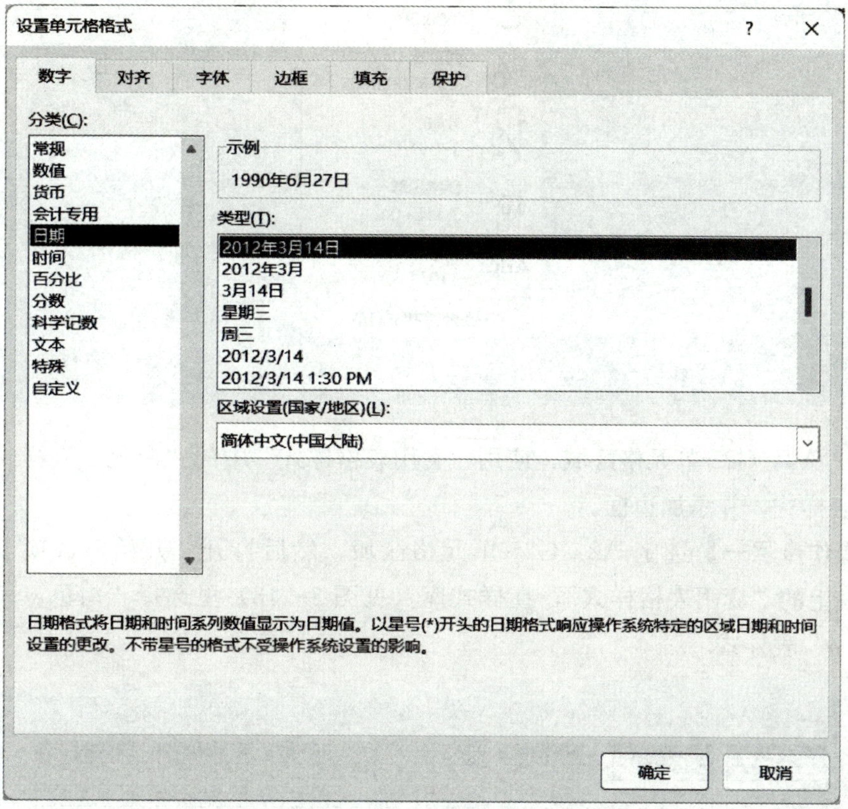

图 3－16　设置日期类型

提示

用户也可直接在功能区打开“开始”选项卡，在“数字”组的“数字格式”下拉列表中选择数字类型，以及单击相关选项来设置数字格式，如图 3－17 所示。

图 3-17　在“数字格式”下拉列表中选择数字类型

（8）A2：G25 单元格区域，使用“套用表格样式”中的“白色，表样式中等深浅 4”表样式，并添加边框。

【操作步骤一】选定 A2：G25 单元格区域，然后打开“开始”选项卡，单击“样式”组的“套用表格样式”，在样式库（见图 3-18）里选择“白色，表样式中等深浅 4”表样式。

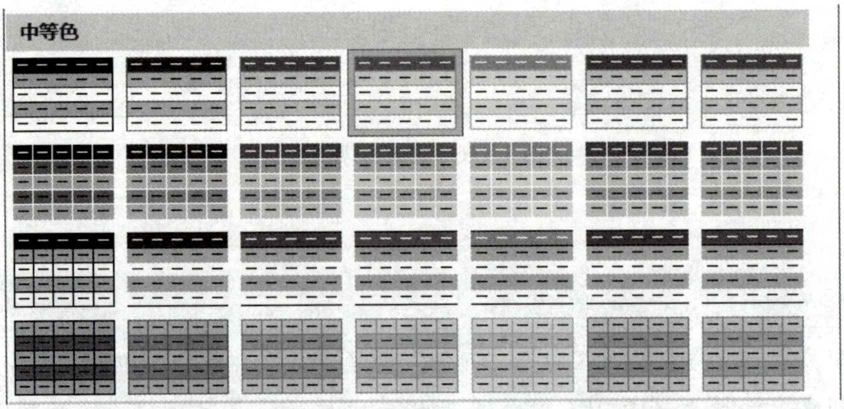

图 3-18　样式库

【操作步骤二】选定 A2：G25 单元格区域，然后打开“开始”选项卡，单击

“字体”组的“所有边框”，为表格添加边框。

> **提示**
>
> 打开“开始”选项卡，单击“字体”组的“边框”右侧的下拉列表，在展开的下拉列表中选择相应选项，可为选中的单元格区域指定系统预设的简单边框线；另外，也可打开“开始”选项卡，单击“单元格”组的“格式”下拉按钮，在下拉列表中选择“设置单元格格式”也会出现“设置单元格格式”对话框。

（9）出生日期字段里的数据使用条件格式把“1990 年 1 月 1 日”以前出生的员工突出显示出来，底纹为“浅绿色”，边框为“绿色”。

【操作步骤一】选择要添加条件格式的单元格区域，如 F3：F25 出生日期列。打开“开始”选项卡，打开“样式”组的“条件格式”下拉按钮，在展开的下拉列表中选择“突出显示单元格规则”，并在展开的子列表中选择“小于”，如图 3－19 所示。

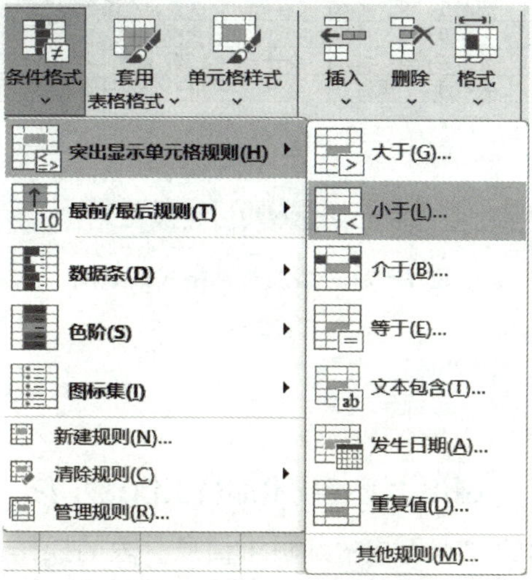

图 3－19　添加条件格式

【操作步骤二】弹出“小于”对话框，设置对话框中的参数，如图 3－20 所示。设置“出生日期”列中，在“1990 年 1 月 1 日”以前出生的用浅绿色底纹、绿色边框表示。即在“设置为”文本框中选择“自定义格式”，在打开的对话框中设置浅绿色底纹与绿色边框。

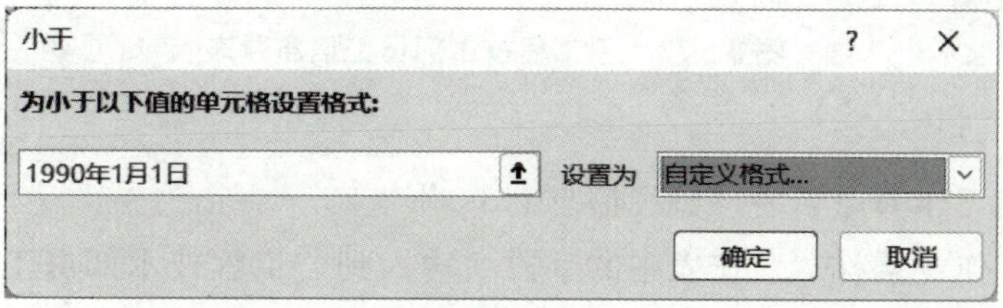

图 3－20　设置“小于”对话框

【操作步骤三】单击“确定”按钮，效果如图 3 - 21 所示，最后保存。

	A	B	C	D	E	F	G
1	建筑规划院员工信息表						
2	员工编号	姓名	部门	职务	学历	出生年月	联系方式
3	20190001	孟怡然	建筑	业务员	研究生	1990年6月27日	031183562167
4	20190002	程翔翼	机电	业务员	专科	1992年12月18日	031185456191
5	20190003	孙腾辉	机电	业务员	专科	1985年4月20日	031186776289
6	20190004	齐飞	机电	业务员	专科	1996年7月18日	031182341060
7	20190005	郭婷婷	机电	会计	本科	1987年5月29日	031183565321
8	20190006	孙益朋	结构	出纳	本科	1992年8月29日	031183679067
9	20190007	王宇展	建筑	技术员	研究生	1994年9月28日	031183490017
10	20190008	丁建伟	建筑	技术员	研究生	1996年7月4日	031167216210
11	20190009	要翔	暖通	工程师	研究生	1986年8月18日	031183560167
12	20190010	张海静	暖通	技术员	研究生	1991年3月7日	031187862167
13	20190011	郭树红	结构	会计	本科	1995年9月23日	031183562171
14	20190012	马如锦	结构	业务员	专科	1992年10月7日	031183562154
15	20190013	姚彦梅	结构	业务员	专科	1987年9月23日	031183562162
16	20190014	李娜	设备	业务员	专科	1988年4月10日	031183354950
17	20190015	张萍美	电气	业务员	专科	2007年2月27日	031183509767
18	20190016	苑保刚	设备	业务员	专科	1996年2月25日	031183562167
19	20190017	石秀民	设备	技术员	研究生	1998年2月11日	031183562155
20	20190018	马园园	设备	技术员	研究生	1994年8月2日	031183568888
21	20190019	李大力	给、排水	技术员	研究生	1994年9月28日	031183098707
22	20190020	周明岳	给、排水	工程师	研究生	1984年8月27日	031183562167
23	20190021	孙平北	给、排水	工程师	研究生	1986年8月18日	031183561565
24	20190022	盖晓楠	给、排水	会计	本科	2006年4月7日	031183565980
25	20190023	张镇国	电气	会计	本科	1976年3月11日	031183456167
26							
27							
28							

员工基本信息 | Sheet2 | Sheet3

图 3 - 21　添加条件格式效果图

任务训练

制作“工程技术部员工信息”表

完成图 3 - 22 所示的“工程技术部员工信息”表的操作。

1	工程技术部员工信息												
2	编号	姓名	性别	出生年月	民族	籍贯	身份证号码	学历	毕业院校	部门	现任职务	专业技术职务	基本工资
3	1	孙小彭	男	1995年10月	汉	无锡	321082199510280342	本科	苏州大学	工程技术部	经理	高级工程师	¥8,000.00
4	2	张鹏	男	1989年3月	回	扬州	321478198903010720	研究生	西北工业大学	工程技术部	副经理	高级工程师	¥7,000.00
5	3	王永川	男	1992年5月	汉	苏州	320014199205200678	本科	南京大学	工程技术部	技术人员	工程师	¥6,000.00
6	4	施利明	男	1990年1月	汉	江阴	320014199001070965	研究生	浙江大学	工程技术部	技术人员	高级工程师	¥6,000.00
7	5	杨利蓉	女	1990年9月	汉	石家庄	320014199009200891	本科	南京大学	工程技术部	技术人员	高级工程师	¥6,000.00
8	6	王志强	男	1985年10月	汉	苏州	320014198510090097	本科	武汉大学	工程技术部	技术人员	助理工程师	¥5,000.00
9	7	张建军	男	1995年5月	汉	无锡	320014199505200452	本科	复旦大学	工程技术部	技术人员	高级工程师	¥7,000.00
10		部门性别比例：（女/男）			1/6								
11											制表日期	2024年1月15日	

图 3 - 22　“工程技术部员工信息”表

要求如下：

（1）新建工作簿命名为“员工信息 . xlsx”。

（2）将“作业素材”工作表中的字段名输入到“工程技术部员工信息”工作表中的 A1 单元格。

(3) 按照“作业素材”工作表中的内容为“工程技术部”的记录（共 7 条）输入到“工程技术部员工信息”表的 A2 单元格。

(4) 在“姓名”列前插入一列，在 A2 单元格中输入“编号”，在 A3：A9 单元格区域内使用填充功能自动填入序号“1，2，…”。

(5) 在“学历”列前插入一列，字段名为“身份证号码”，分别输入七名员工的身份证号码为“321082199510280342”“321478198903010720”“320014199205200678”“320014199001070965”“320014199009200891”“320014198510090097”“320014199505200452”。

(6) 在 B10 单元格中输入“部门性别比例：(女/男)”，在 E10 单元格中输入比例（用分数形式表示）。

(7) 在第一行之前插入一行，将 A1：M1 单元格区域设置为跨列居中，输入标题：工程技术部员工信息，并将格式设置为：仿宋、12、深蓝。

(8) 将字段名行的文字格式设置为：宋体、10、加粗；将记录行的格式设置为：宋体、10；将 B10 单元格的文字格式设置为：加粗。

(9) 将工作表中除第一行和第十行外的单元格区域设置边框格式为外边框：粗实线、深蓝；内边框：虚线、深蓝；字段名行单元格样式为绿色。

(10) 在 K11 单元格内输入：“制表日期”，在 L11 单元格内输入当前日期，并设置格式为“2024 年 1 月 15 日”。

(11) 将“基本工资”列中的数据设置为：显示小数点后两位，使用货币符号，使用千位分隔符。

(12) 设置所有基本工资小于或等于 5000 的单元格格式：填充颜色为浅红（使用条件格式设置）。

(13) 将该表的所有行和列设置为最适合的行高和列宽。

知识巩固

1. Excel 2019 工作簿的扩展名为（　　）。

A. . xls　　B. . xlt　　C. . xlsx　　D. . txt

2. 输入文本型数据的方式不正确的是（　　）。

A. 数据前加单引号　　B. 数据前输入等号加双引号

C. 单击数字选择文本　　D. 直接输入数据

3. 以下操作错误的是（　　）。

A. 直接输入日期型数据　　B. 在年、月、日之间用正斜杠或者间隔号

C. 输入分数用零空格的方式　　D. 可以用自动填充的方式输入序列

4. 符合条件的数据突出显示的方法是（　　）。

A. 选择样式里套用格式里的套用格式

B. 选择样式里条件格式设置条件

C. 选择样式里单元格样式

D. 选择单元格里的格式

5. 在 Excel 2019 工作表中有关单元格的描述正确的是（　　）。

A. 单元格的宽度和高度不能调整

B. 同一行单元格的高度必须相等

C. 同一列单元格的宽度不必相等

D. 单元格不能有底纹

任务二　统计与分析员工销售业绩

Excel 2019 强大的计算功能主要依赖于其公式和函数，学会使用函数，可以帮助我们更高效地处理和分析数据，提高工作效率。Excel 2019 提供了 12 类共 400 多个函数，使用它们可以对表格中的数据进行各种计算和处理。

任务描述

在上半年销售业绩统计表中，通过员工每月销售额，计算总销售额、销售排名、考核等级、考核奖励的情况以及每月销售段人数，学习公式和函数的使用方法，任务完成效果如图 3-23、图 3-24 所示。

××公司2023年上半年销售业绩统计表

姓名	部门	一月	二月	三月	四月	五月	六月	总销售额	销售排名	考核等级	考核奖励
费佣项	华中分部	75500	60500	85000	57000	76000	83000	437000	31	合格	2000
盖晓楠	华南分部	77000	60500	66050	84000	98000	93000	478550	13	良好	4000
高歌	华东分部	93000	71500	92000	96500	87000	61000	501000	5	优秀	5000
郭丽明	华东分部	88000	82500	83000	75500	62000	85000	476000	15	良好	4000
胡梅	华东分部	79500	98500	68000	10000	96000	66000	418000	40	合格	2000
蒋倩	华中分部	62500	57500	85000	59000	79000	61500	404500	43	不合格	0
李大力	华南分部	72500	74500	60500	87000	77000	78000	449500	25	中等	3000
李富	华中分部	65500	70500	63050	67000	76000	90000	432050	34	合格	2000
李康康	华中分部	71500	59500	88000	63000	88000	60500	430500	36	合格	2000
李凌	华东分部	73500	91500	64500	93500	84000	87000	494000	7	良好	4000
李茂然	华中分部	76000	63500	84000	81000	65000	62000	431500	35	合格	2000
李密	华中分部	96500	74500	63000	66000	71000	69000	440000	29	中等	3000
刘静坤	华中分部	75000	71000	86000	60500	60000	85000	437500	30	中等	3000
罗晶晶	华东分部	96500	86500	90500	94000	99500	70000	537000	1	优秀	5000
马丽娟	华南分部	97000	75500	73000	81000	66000	76000	468500	19	中等	3000
马园园	华南分部	69000	89500	92500	73000	58500	96500	479000	12	良好	4000
潘越明	华东分部	93050	85500	77000	81000	95000	78000	509550	4	优秀	5000
秦伟乐	华中分部	85500	64500	74000	78500	64000	76000	442500	28	中等	3000
石秀民	华南分部	63000	99500	78500	63150	79500	65500	449150	26	中等	3000
孙佳	华中分部	68000	97500	61000	57000	60000	85000	428500	38	合格	2000
孙平北	华南分部	76500	70000	64000	75000	87000	78000	450500	24	中等	3000

销售表　销售情况表　销售情况分析表

图 3-23　××公司 2023 年上半年销售业绩统计

××公司2023年上半年每月销售段人数统计表

销售段	一月	二月	三月	四月	五月	六月
6万元以下	2	3	2	5	5	3
6万-7万元	8	12	14	9	9	13
7万-9万元	22	20	21	15	25	21
9万元以上	11	8	6	14	4	6
最高销售额	97500	99500	99500	100000	99500	96500
最低销售额	56000	55500	10000	10000	57000	55000

图 3-24　××公司 2023 年上半年每月销售段人数统计

任务实施

3-3 总销售额计算

(1) 计算每名员工的总销售额。

方法一:

【操作步骤一】 打开素材中“销售业绩”工作簿，选择“销售情况表”工作表。

【操作步骤二】 单击要输入公式的单元格 I3，然后输入“＝C3＋D3＋E3＋F3＋G3＋H3”，如图 3－25 所示；也可以直接单击要参与运算的单元格并交替输入运算符的方式将其添加到公式中。

	A	B	C	D	E	F	G	H	I	J	K	L
1	××公司2023年上半年销售业绩统计表											
2	姓名	部门	一月	二月	三月	四月	五月	六月	总销售额	销售排名	考核等级	考核奖励
3	费佣项	华中分部	75500	60500	85000	57000	76000	83000	=C3+D3+E3+F3+G3+H3			
4	盖晓楠	华南分部	77000	60500	66050	84000	98000	93000				
5	高歌	华东分部	93000	71500	92000	96500	87000	61000				
6	郭丽明	华东分部	88000	82500	83000	75500	62000	85000				
7	胡梅	华东分部	79500	98500	68000	10000	96000	66000				
8	蒋倩	华中分部	62500	57500	85000	59000	79000	61500				

图 3－25　在单元格 I3 内输入公式

【操作步骤三】 按“Enter”键或单击编辑栏中的“输入”按钮，I3 单元格显示计算结果，如图 3－26 所示。

	A	B	C	D	E	F	G	H	I	J	K	L
1	××公司2023年上半年销售业绩统计表											
2	姓名	部门	一月	二月	三月	四月	五月	六月	总销售额	销售排名	考核等级	考核奖励
3	费佣项	华中分部	75500	60500	85000	57000	76000	83000	437000			
4	盖晓楠	华南分部	77000	60500	66050	84000	98000	93000	478550			
5	高歌	华东分部	93000	71500	92000	96500	87000	61000	501000			
6	郭丽明	华东分部	88000	82500	83000	75500	62000	85000	476000			
7	胡梅	华东分部	79500	98500	68000	10000	96000	66000	418000			
8	蒋倩	华中分部	62500	57500	85000	59000	79000	61500	404500			
9	李大力	华南分部	72500	74500	60500	87000	77000	78000	449500			
10	李富	华中分部	65500	70500	63050	67000	76000	90000	432050			
11	李康康	华中分部	71500	59500	88000	63000	88000	60500	430500			
12	李凌	华东分部	73500	91500	64500	93500	84000	87000	494000			
13	李茂然	华中分部	76000	63500	84000	81000	65000	62000	431500			
14	李密	华中分部	96500	74500	63000	66000	71000	69000	440000			
15	刘静坤	华中分部	75000	71000	86000	60500	60000	85000	437500			
16	罗晶晶	华东分部	96500	86500	90500	94000	99500	70000	537000			
17	马丽娟	华南分部	97000	75500	73000	81000	66000	76000	468500			
18	马园园	华南分部	69000	89500	92500	73000	58500	96500	479000			

销售表　销售情况表　销售情况分析表

图 3－26　I3 单元格显示计算结果

方法二:

【操作步骤】 单击“插入函数”，选择“SUM”函数，在“函数参数”对话框中输入“C3：H3”，可以得出计算结果，如图 3－27、图 3－28 所示。

3-4 销售排名

(2) 计算每名员工的销售排名，使用“RANK. EQ”函数计算每名员工的销售名次。该函数的作用是返回一个数字在数字列表中的排位。

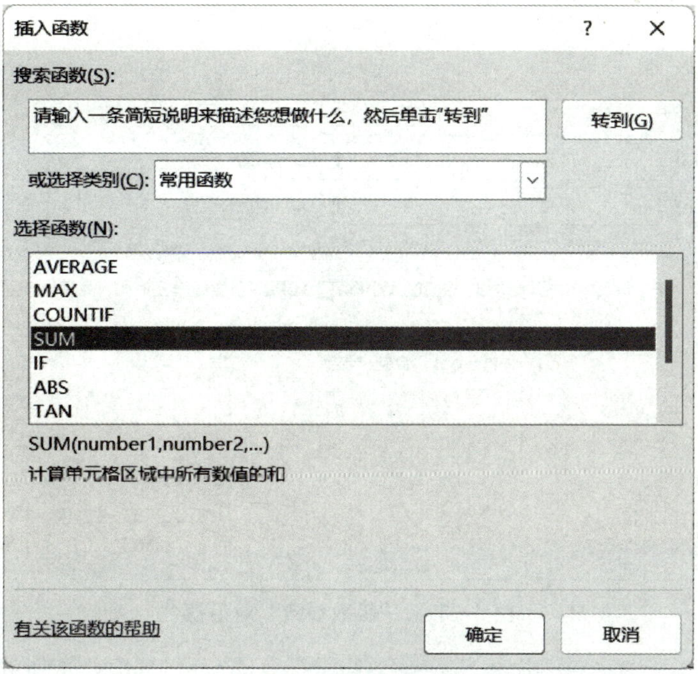

图 3-27　插入“SUM”函数

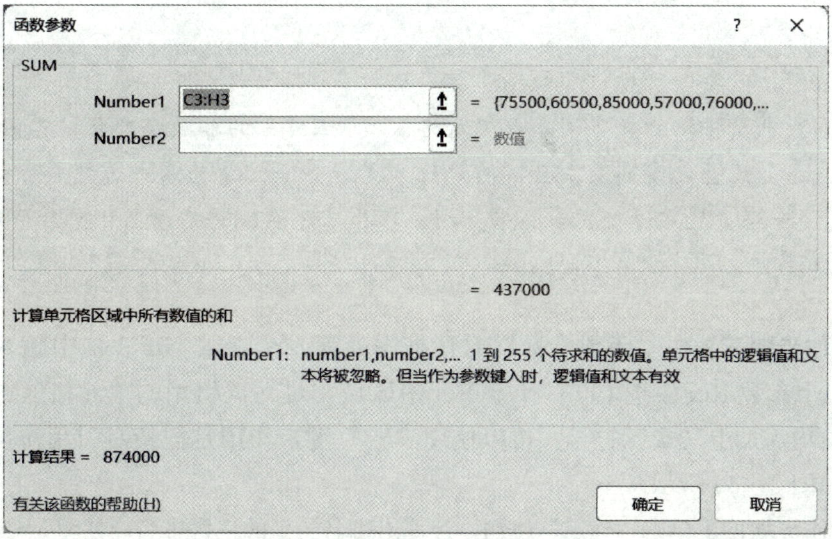

图 3-28　输入函数参数“C3:H3”

【操作步骤一】选中 J3 单元格，单击编辑栏左侧的“插入函数”，打开“插入函数”对话框，选择“统计”类别，再选择“RANK. EQ”函数，单击“确定”按钮。

【操作步骤二】弹出“函数参数”对话框，如图 3-29 所示，单击第一个参数 Number 右侧的按钮，输入相应的参数。

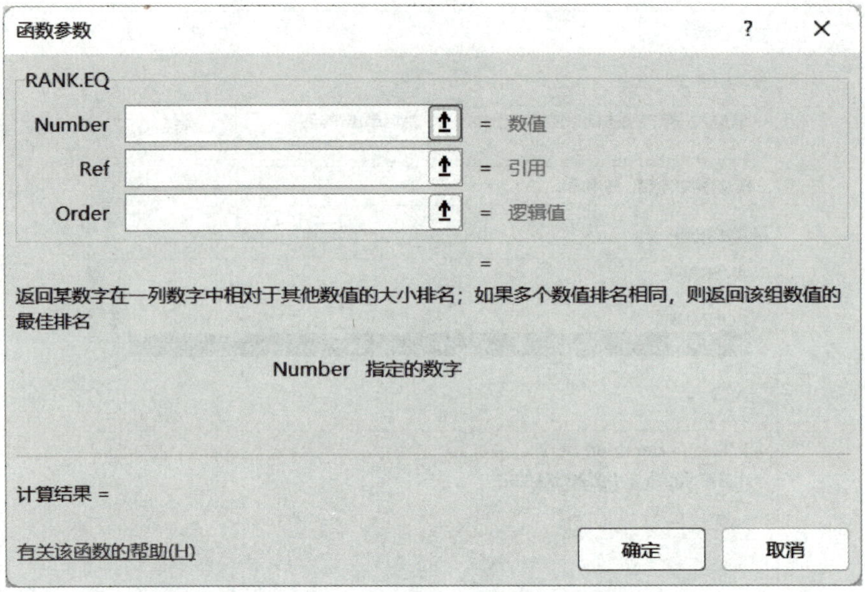

图 3-29 “函数参数”对话框

提示

RANK. EQ 函数的语法为：RANK. EQ（Number，Ref，Order）。

其中：

Number：要进行排位的数字。

Ref：参与排位的数字列表或单元格区域，Ref 中的非数值型数据将被忽略。

Order：设置数字列表中数字的排位方式。若 Order 为零或省略，系统将基于 Ref 按降序对数字进行排位；若 Order 不为零，系统将基于 Ref 按升序对数字进行排位。

【操作步骤三】在“函数参数”对话框中，第一个参数 Number 中输入单元格 I3，第二个参数 Ref 中选取 I3：I45 单元格区域，对话框引用的单元格区域的行号和列号前均需加上“$”符号，可以使用“F4”键，作用是把相对引用转换为绝对引用，如图 3-30 所示。

【操作步骤四】单击“确定”按钮，计算出每名员工的销售排名，如图 3-31 所示。

3-5 考核等级

（3）使用“IF”函数计算每名员工的考核等级。该函数的作用是判断是否满足某个条件，如果满足该条件则返回逻辑真值，否则返回逻辑假值。根据销售排名计算考核等级，当销售排名小于或等于 5 时考核等级为“优秀”，销售排名在 6～15 时考核等级为“良好”，销售排名在 16～30 时考核等级为“中等”，销售排名在 31～40 时考核等级为“合格”，销售排名大于 40 时考核等级为“不合格”。在公式编辑栏中输入=IF（J3＜＝5，“优秀”，IF（J3＜＝15，“良好”，IF（J3＜＝30，“中等”，IF（J3＜＝40，“合格”，“不合格”））））。

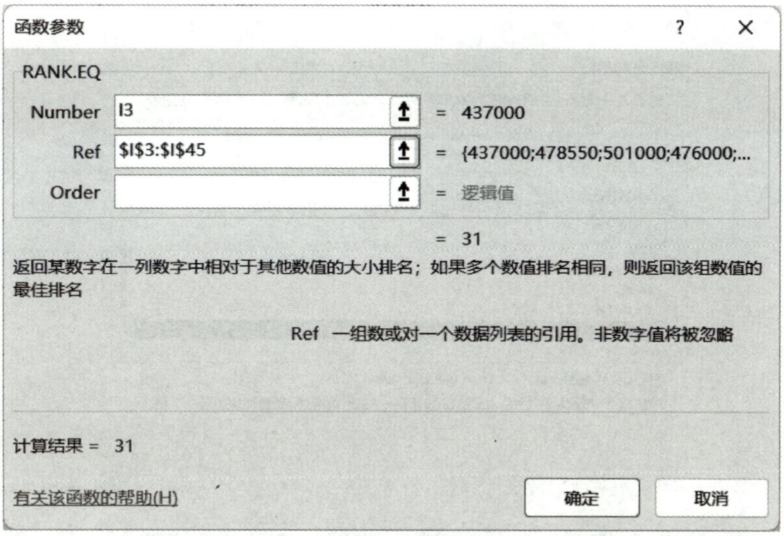

图 3 - 30　转换引用方式

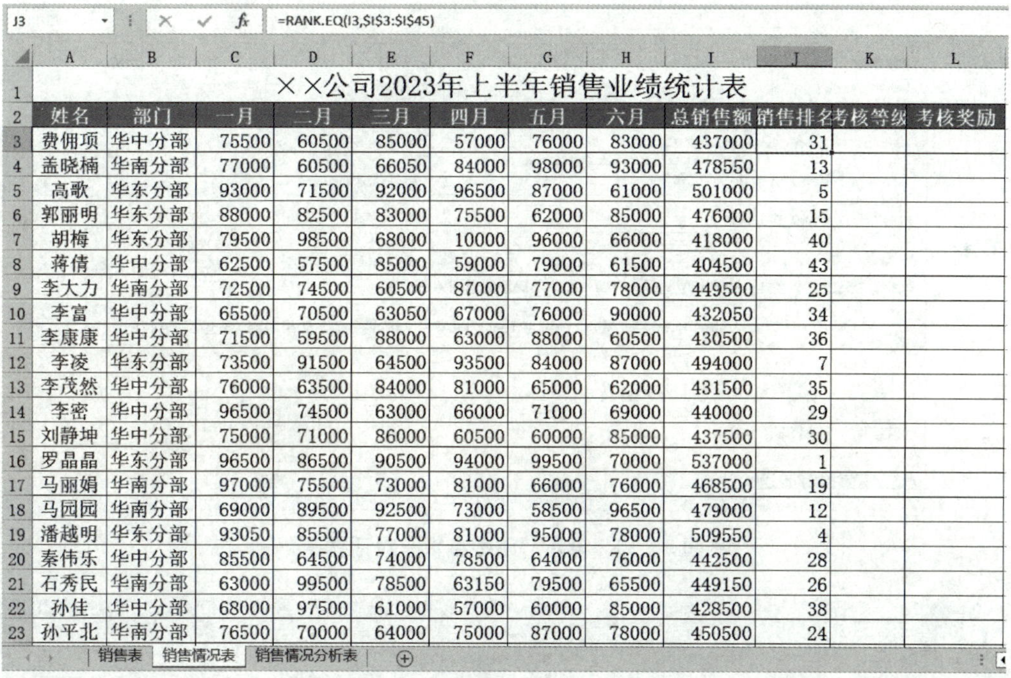

J3　=RANK.EQ(I3,$I$3:$I$45)

	A	B	C	D	E	F	G	H	I	J	K	L
1	××公司2023年上半年销售业绩统计表											
2	姓名	部门	一月	二月	三月	四月	五月	六月	总销售额	销售排名	考核等级	考核奖励
3	费佣项	华中分部	75500	60500	85000	57000	76000	83000	437000	31		
4	盖晓楠	华南分部	77000	60500	66050	84000	98000	93000	478550	13		
5	高歌	华东分部	93000	71500	92000	96500	87000	61000	501000	5		
6	郭丽明	华东分部	88000	82500	83000	75500	62000	85000	476000	15		
7	胡梅	华东分部	79500	98500	68000	10000	96000	66000	418000	40		
8	蒋倩	华中分部	62500	57500	85000	59000	79000	61500	404500	43		
9	李大力	华南分部	72500	74500	60500	87000	77000	78000	449500	25		
10	李富	华中分部	65500	70500	63050	67000	76000	90000	432050	34		
11	李康康	华中分部	71500	59500	88000	63000	88000	60500	430500	36		
12	李凌	华东分部	73500	91500	64500	93500	84000	87000	494000	7		
13	李茂然	华中分部	76000	63500	84000	81000	65000	62000	431500	35		
14	李密	华中分部	96500	74500	63000	66000	71000	69000	440000	29		
15	刘静坤	华中分部	75000	71000	86000	60500	60000	85000	437500	30		
16	罗晶晶	华东分部	96500	86500	90500	94000	99500	70000	537000	1		
17	马丽娟	华南分部	97000	75500	73000	81000	66000	76000	468500	19		
18	马园园	华南分部	69000	89500	92500	73000	58500	96500	479000	12		
19	潘越明	华东分部	93050	85500	77000	81000	95000	78000	509550	4		
20	秦伟乐	华中分部	85500	64500	74000	78500	64000	76000	442500	28		
21	石秀民	华南分部	63000	99500	78500	63150	79500	65500	449150	26		
22	孙佳	华中分部	68000	97500	61000	57000	60000	85000	428500	38		
23	孙平北	华南分部	76500	70000	64000	75000	87000	78000	450500	24		

销售表　销售情况表　销售情况分析表

图 3 - 31　计算出每名员工的销售排名

【操作步骤一】选中 K3 单元格，单击编辑栏中“插入函数”，弹出“插入函数”对话框，在对话框中选择“常用函数”类别，再选择“IF”函数，如图 3 - 32 所示。

【操作步骤二】此时弹出“函数参数”对话框，在“Logical_test”文本框中输入“J3<=5”，在“Value_if_true”文本框中输入“优秀”，如图 3 - 33 所示。然后将光标定位到“Value_if_false”文本框处，单击名称框中“IF”函数。

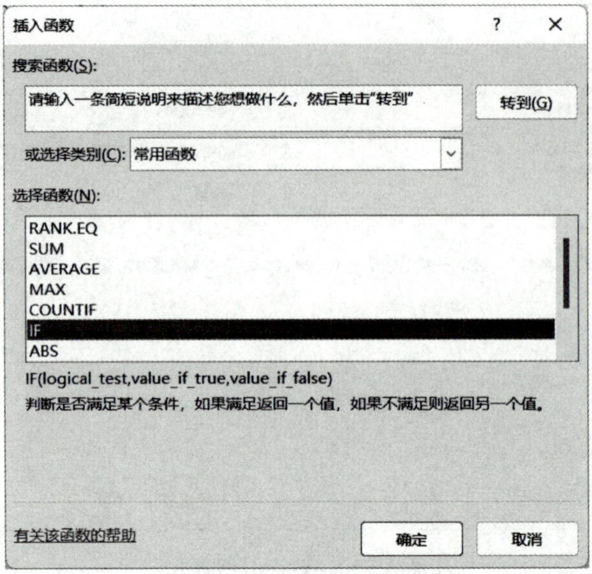

图 3-32　插入“IF”函数

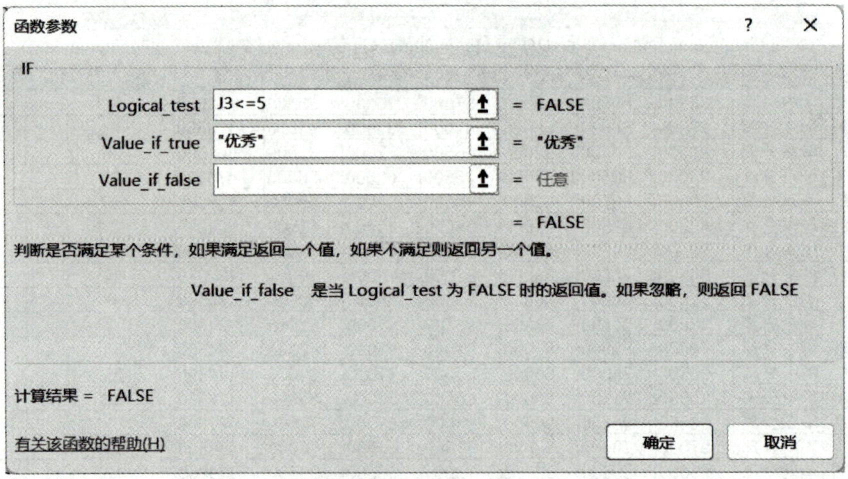

图 3-33　设置“函数参数”对话框 1

提示

IF 函数的语法为：IF（Logical_test，Value_if_true，Value_if_false）。

其中：

Logical_test：任何可能被计算为 True 或 False 的数值或表达式。

Value_if_true：Logical_test 为 True 时的返回值，如果忽略，则返回 True，IF 函数最多可以嵌套七层。

Value_if_false：Logical_test 为 False 时的返回值，如果忽略，则返回 False。

【操作步骤三】此时再次弹出“函数参数”对话框，在“Logical _ test”文本框中输入“J3＜＝15”，在“Value _ if _ true”文本框中输入“良好”，如图 3 - 34 所示。然后将光标定位到“Value _ if _ false”文本框处，单击名称框中“IF”函数。

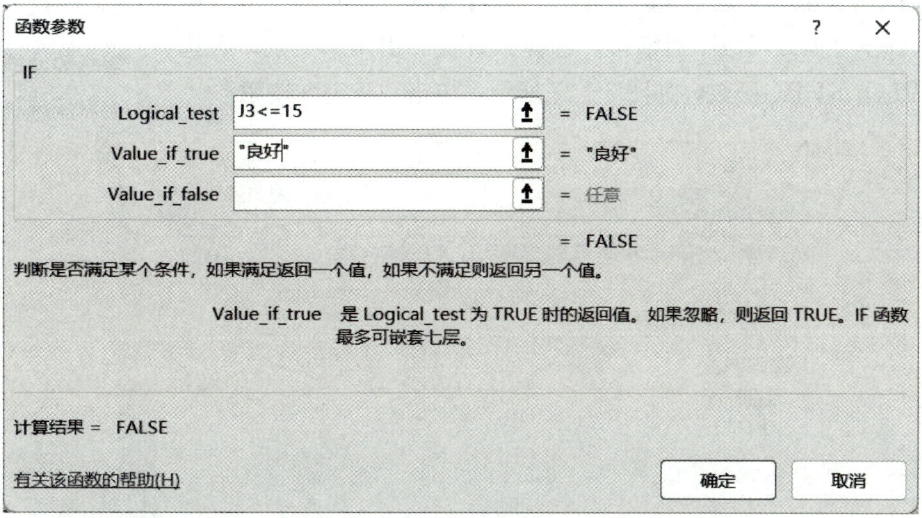

图 3 - 34　设置“函数参数”对话框 2

【操作步骤四】按照以上步骤，若“J3＜＝30”时，“Value _ if _ true”的值为“中等”；若“J3＜＝40”时，“Value _ if _ true”的值为“合格”；否则为“不合格”。单击“确定”按钮，同时编辑栏出现输入的“IF”函数，计算出每名员工的考核等级，如图 3 - 35 所示。

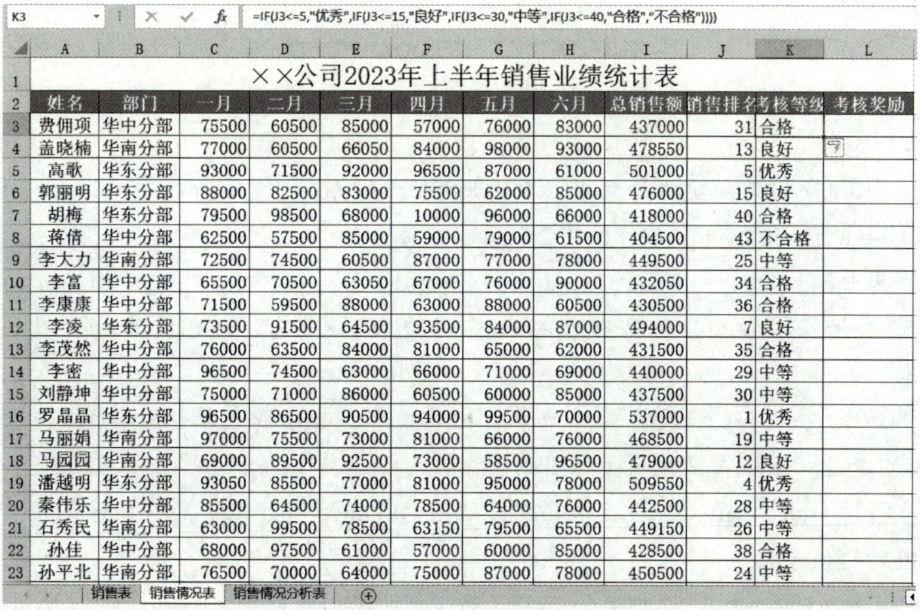

K3　=IF(J3<=5,"优秀",IF(J3<=15,"良好",IF(J3<=30,"中等",IF(J3<=40,"合格","不合格"))))

××公司2023年上半年销售业绩统计表

	A	B	C	D	E	F	G	H	I	J	K	L
2	姓名	部门	一月	二月	三月	四月	五月	六月	总销售额	销售排名	考核等级	考核奖励
3	费佣项	华中分部	75500	60500	85000	57000	76000	83000	437000	31	合格	
4	盖晓楠	华南分部	77000	60500	66050	84000	98000	93000	478550	13	良好	
5	高歌	华东分部	93000	71500	92000	96500	87000	61000	501000	5	优秀	
6	郭丽明	华东分部	88000	82500	83000	75500	62000	85000	476000	15	良好	
7	胡梅	华东分部	79500	98500	68000	10000	96000	66000	418000	40	合格	
8	蒋倩	华中分部	62500	57500	85000	59000	79000	61500	404500	43	不合格	
9	李大力	华南分部	72500	74500	60500	87000	77000	78000	449500	25	中等	
10	李富	华中分部	65500	70500	63050	67000	76000	90000	432050	34	合格	
11	李康康	华中分部	71500	59500	88000	63000	88000	60500	430500	36	合格	
12	李凌	华东分部	73500	91500	64500	93500	84000	87000	494000	7	良好	
13	李茂然	华中分部	76000	63500	84000	81000	65000	62000	431500	35	合格	
14	李密	华中分部	96500	74500	63000	66000	71000	69000	440000	29	中等	
15	刘静坤	华中分部	75000	71000	86000	60500	60000	85000	437500	30	中等	
16	罗晶晶	华东分部	96500	86500	90500	94000	99500	70000	537000	1	优秀	
17	马丽娟	华南分部	97000	75500	73000	81000	66000	76000	468500	19	中等	
18	马园园	华南分部	69000	89500	92500	73000	58500	96500	479000	12	良好	
19	潘越明	华东分部	93050	85500	77000	81000	95000	78000	509550	4	优秀	
20	秦伟乐	华中分部	85500	64500	74000	78500	64000	76000	442500	28	中等	
21	石秀民	华南分部	63000	99500	78500	63150	79500	65500	449150	26	中等	
22	孙佳	华中分部	68000	97500	61000	57000	60000	85000	428500	38	合格	
23	孙平北	华南分部	76500	70000	64000	75000	87000	78000	450500	24	中等	

销售表　销售情况表　销售情况分析表

图 3 - 35　计算出每名员工的考核等级

3－6 考核奖励

（4）计算考核奖励。使用 VLOOKUP 查找和引用函数计算每名员工的考核奖励，在 N6:O11 单元格中确定考核等级和考核奖励的对应关系表，结果如图 3－36 所示。

考核等级	考核奖励
优秀	5000
良好	4000
中等	3000
合格	2000
不合格	0

图 3－36　考核等级和考核奖励对应关系表

【操作步骤一】选中 L3 单元格，单击编辑栏左侧的“插入函数”，弹出“插入函数”对话框，选择“查找和引用”类别，再选择“VLOOKUP”函数，如图 3－37 所示，单击“确定”按钮。

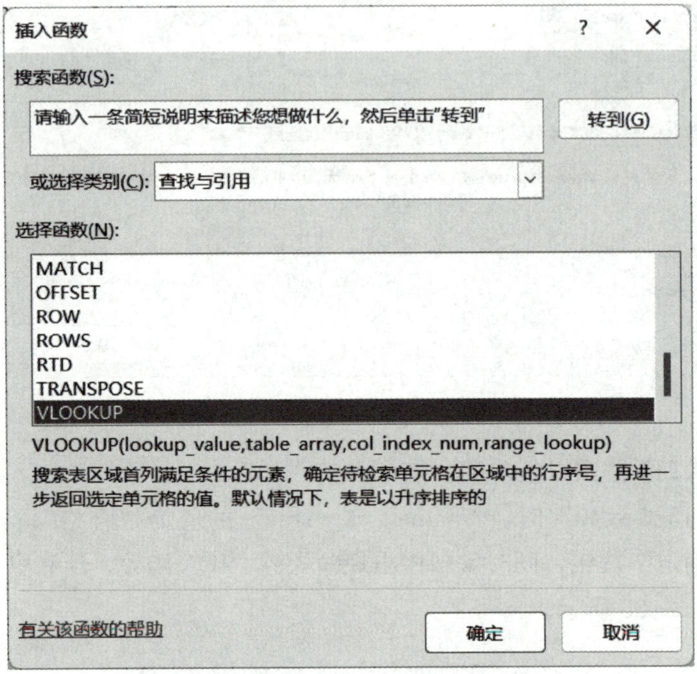

图 3－37　插入“VLOOKUP”函数

提示

VLOOKUP 函数的语法为：VLOOKUP（Lookup_value，Table_array，Col_index_num，Range_lookup）。

其中：

Lookup_value：需要在数据表首列搜索的值，可以是数值、引用和字符串。

Table_array：需要在其中搜索数据的文字、数字和逻辑值表，Table_array 可以是对区域或区域名称的引用。

Col_index_num：应返回其中匹配值的 Table_array 中的序列号，表中首个值列的序号为 1。

Range_lookup：逻辑值，若要在第一列中查找大致匹配，请使用 TRUE 或者忽略，若要查找精确匹配，请使用 FALSE。

【操作步骤二】此时弹出“函数参数”对话框，在“Lookup _ value”文本框中输入“K3”，在“Table _ array”文本框中输入“$N$6：$O$11”，在“Col _ index _ num”文本框中输入“2”，在“Range _ lookup”文本框中输入“FALSE”，如图 3 - 38 所示。

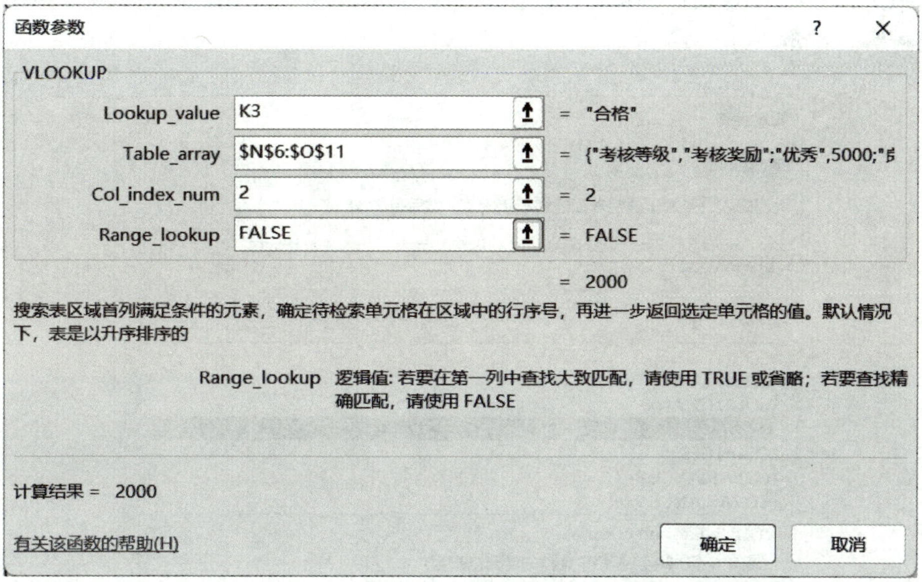

图 3 - 38　设置“函数参数”对话框

【操作步骤三】单击“确定”按钮，计算出每名员工的考核奖励，即 L 列单元格在单元格区域 N6:O11 中查找到的对应的考核奖励，如图 3 - 39 所示。

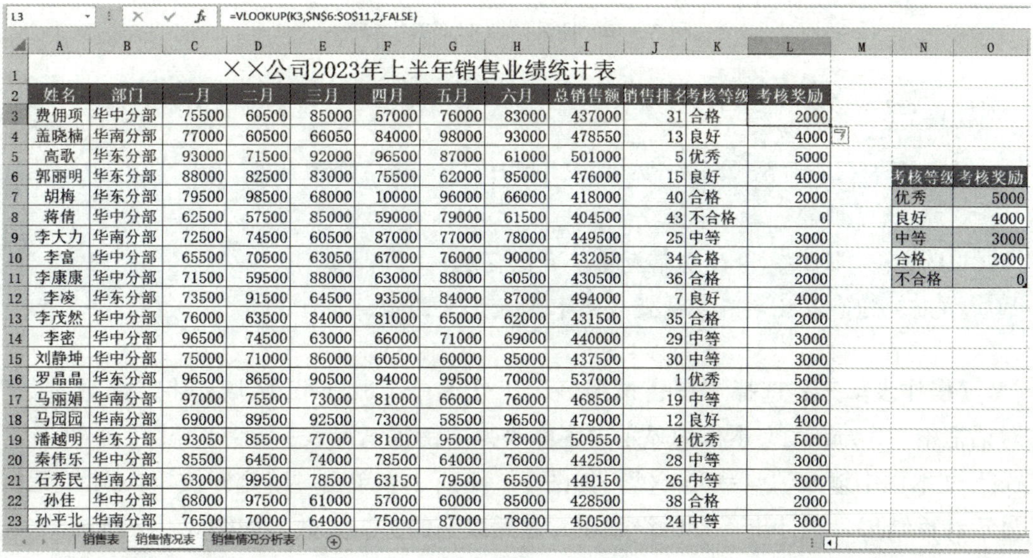

××公司2023年上半年销售业绩统计表

姓名	部门	一月	二月	三月	四月	五月	六月	总销售额	销售排名	考核等级	考核奖励
费佣项	华中分部	75500	60500	85000	57000	76000	83000	437000	31	合格	2000
盖晓楠	华南分部	77000	60500	66050	84000	98000	93000	478550	13	良好	4000
高歌	华东分部	93000	71500	92000	96500	87000	61000	501000	5	优秀	5000
郭丽明	华东分部	88000	82500	83000	75500	62000	85000	476000	15	良好	4000
胡梅	华东分部	79500	98500	68000	10000	96000	66000	418000	40	合格	2000
蒋倩	华中分部	62500	57500	85000	59000	79000	61500	404500	43	不合格	0
李大力	华南分部	72500	74500	60500	87000	77000	78000	449500	25	中等	3000
李富	华中分部	65500	70500	63050	67000	76000	90000	432050	34	合格	2000
李康康	华中分部	71500	59500	88000	63000	88000	60500	430500	36	合格	2000
李凌	华东分部	73500	91500	64500	93500	84000	87000	494000	7	良好	4000
李茂然	华中分部	76000	63500	84000	81000	65000	62000	431500	35	合格	2000
李密	华中分部	96500	74500	63000	66000	71000	69000	440000	29	中等	3000
刘静坤	华中分部	75000	71000	86000	60500	60000	85000	437500	30	中等	3000
罗晶晶	华东分部	96500	86500	90500	94000	99500	70000	537000	1	优秀	5000
马丽娟	华南分部	97000	75500	73000	81000	66000	76000	468500	19	中等	3000
马园园	华南分部	69000	89500	92500	73000	58500	96500	479000	12	良好	4000
潘越明	华东分部	93050	85500	77000	81000	95000	78000	509550	4	优秀	5000
秦伟乐	华中分部	85500	64500	74000	78500	64000	76000	442500	28	中等	3000
石秀民	华南分部	63000	99500	78500	63150	79500	65500	449150	26	中等	3000
孙佳	华中分部	68000	97500	61000	57000	60000	85000	428500	38	合格	2000
孙平北	华南分部	76500	70000	64000	75000	87000	78000	450500	24	中等	3000

考核等级	考核奖励
优秀	5000
良好	4000
中等	3000
合格	2000
不合格	0

图 3 - 39　计算出每名员工的考核奖励

（5）计算分段数量。使用“COUNTIF”函数计算分段人数，该函数含义是计

3 - 7 分段人数

算某个区域中满足给定条件的单元格数目。

【操作步骤一】选择“销售情况分析表”工作表，选中 B3 单元格，单击编辑栏左侧“插入函数”，弹出“插入函数”对话框。

【操作步骤二】在“插入函数”对话框中选择“统计”类别，在“选择函数”列表框中选择“COUNTIF”函数，如图 3－40 所示，单击“确定”按钮，弹出“函数参数”对话框。

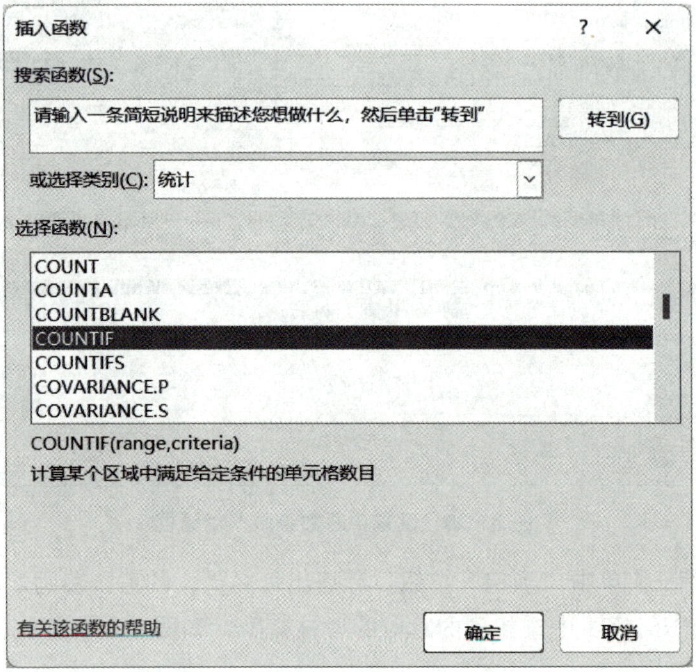

图 3－40　插入“COUNTIF”函数

> **提示**
>
> COUNTIF 函数的语法为：COUNTIF（Range，Criteria）。
>
> 其中：
>
> Range：计算其中非空单元格数目的区域。
>
> Criteria：以数字、表达式或文本形式定义的条件。

【操作步骤三】选择“销售情况表”工作表中 C3：C45 区域，将“函数参数”对话框中“Range”文本框内显示内容修改为“销售情况表！C3：C45”，在“Criteria”文本框中输入“<＝60000”，如图 3－41 所示。单击“确定”按钮，B3 单元格显示计算结果，统计出一月销售额在 6 万元以下的员工人数，如图 3－42 所示。

【操作步骤四】选中 B3 单元格，按住鼠标左键拖拽单元格右下角的填充柄，复制公式到 C3 到 G3 单元格，统计出其他月份销售额在 6 万元以下的员工人数，如图 3－43 所示。

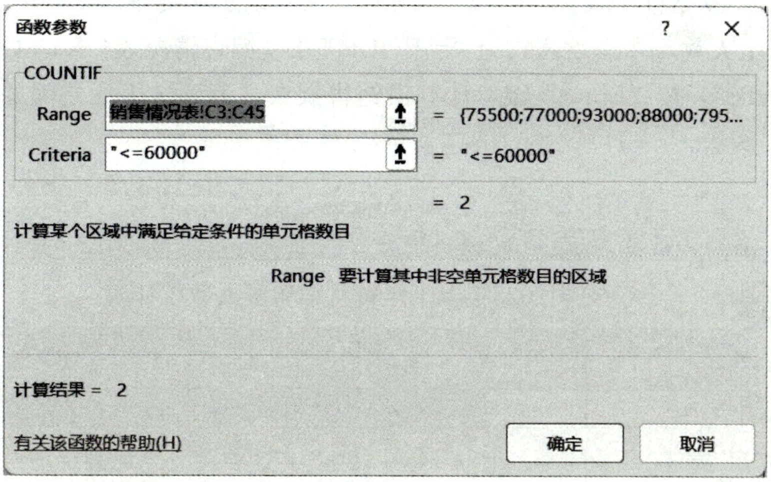

图 3－41　设置“函数参数”对话框

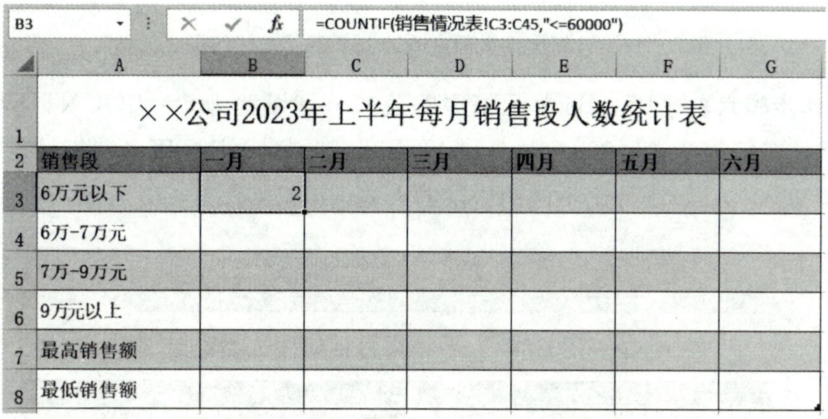

图 3－42　统计出一月销售额在 6 万元以下的员工人数

图 3－43　统计出其他月份销售额在 6 万元以下的员工人数

【操作步骤五】 选中 B4 单元格，重复前面的步骤，选择“COUNTIF”函数。

在“Criteria”文本框中输入“<=70000”，单击“确定”按钮，计算出销售额小于7万元的员工人数，并修改公式为“=COUNTIF（销售情况表！C3：C45，‘<=70000’）-B3”，按“Enter”键，计算出销售额在6万到7万元之间的员工人数，如图3-44所示。

B4 =COUNTIF(销售情况表!C3:C45,"<=70000")-B3

	A	B	C	D	E	F	G
1	××公司2023年上半年每月销售段人数统计表						
2	销售段	一月	二月	三月	四月	五月	六月
3	6万元以下	2	3	2	5	5	3
4	6万-7万元	8	12	14	9	9	13
5	7万-9万元						
6	9万元以上						
7	最高销售额						
8	最低销售额						

图3-44 计算出销售额在6万到7万元之间的员工人数

【操作步骤六】 将B5、B6单元格中的公式分别设置为“=COUNTIF（销售情况表！C3：C45，‘<=90000’）-B4-B3” “=COUNTIF（销售情况表！C3：C45，‘>90000’）”，统计出不同销售段的人数，结果如图3-45所示。

B6 =COUNTIF(销售情况表!C3:C45,">90000")

	A	B	C	D	E	F	G
1	××公司2023年上半年每月销售段人数统计表						
2	销售段	一月	二月	三月	四月	五月	六月
3	6万元以下	2	3	2	5	5	3
4	6万-7万元	8	12	14	9	9	13
5	7万-9万元	22	20	21	15	25	21
6	9万元以上	11	8	6	14	4	6
7	最高销售额						
8	最低销售额						

图3-45 统计出不同销售段的人数

（6）计算每月最高销售额和最低销售额，使用“MAX”函数、“MIN”函数计算“销售情况分析表”中每月销售额的最大值与最小值。

【操作步骤一】 选择“销售情况分析表”工作表，选中B7单元格，输入公式“=MAX（销售情况表！C3：C45）”，计算出一月销售额最高值，然后拖动自动填充柄，填充其他月份的最高销售额。

【操作步骤二】 选择“销售情况分析表”工作表，选中B8单元格，输入公式“=MIN（销售情况表！C3：C45）”，计算出一月销售额最低值，然后拖动自动填充柄，填充其他月份的最低销售额。效果如图3-46所示。

	A	B	C	D	E	F	G
1	××公司2023年上半年每月销售段人数统计表						
2	销售段	一月	二月	三月	四月	五月	六月
3	6万元以下	2	3	2	5	5	3
4	6万-7万元	8	12	14	9	9	13
5	7万-9万元	22	20	21	15	25	21
6	9万元以上	11	8	6	14	4	6
7	最高销售额	97500	99500	99500	100000	99500	96500
8	最低销售额	56000	55500	10000	10000	57000	55000

图 3-46 计算每月最高销售额和最低销售额

任务训练

制作学生成绩汇总表和平均成绩分析表

完成图 3-47 所示的学生成绩汇总表和平均成绩分析表。

学生成绩汇总表										
学号	姓名	数学	计算机	英语	体育	总分	平均分	成绩等级	排名	奖学金
2015101	王静霞	60	45	45	78	228	57	不及格	18	
2015102	李伟力	67	78	90	89	324	81	良	11	
2015103	王建平	25	43	56	60	184	46	不及格	20	
2015104	赵小英	34	49	53	56	192	48	不及格	19	
2015105	周鹏刚	78	81	90	70	319	80	中	12	
2015106	王帅奎	82	81	78	87	328	82	良	9	
2015107	李天毅	67	73	56	65	261	65	及格	16	
2015108	卢训辉	45	52	55	80	232	58	不及格	17	
2015109	卢江流	78	77	65	82	302	76	中	15	
2015110	韦智文	86	88	96	65	335	84	良	5	三等奖
2015111	王金涛	78	98	87	69	332	83	良	7	
2015112	贾海烽	88	68	80	70	306	77	中	14	
2015113	孟伟杰	92	92	82	72	338	85	良	4	三等奖
2015114	陈晋辉	78	98	80	90	346	87	良	2	二等奖
2015115	宋毅刚	79	90	80	85	334	84	良	6	三等奖
2015116	徐丽珍	82	92	89	99	362	91	优	1	一等奖
2015117	金娜娜	79	95	75	81	330	83	良	8	
2015118	李俊杰	78	98	76	76	328	82	良	9	
2015119	孙普梅	54	85	81	95	315	79	中	13	
2015120	林玲祥	82	89	87	85	343	86	良	3	二等奖

平均成绩分析表		
分　　段	分段人数	占总人数比例
90分以上（包含90分）	1	5%
80-89	10	50%
70-79	4	20%
60-69	1	5%
60分以下	4	20%
总计	20	100%
最高分	91	
最低分	46	

图 3-47 学生成绩汇总表和平均成绩分析表

要求如下：

(1) 计算总分。打开素材中“学生成绩表”工作簿，选择“学生成绩汇总表”工作表，使用公式“＝C3＋D3＋E3＋F3”，计算总分。

(2) 计算平均分。使用“自动求和”中的“平均值”选项，并自动选择求平均值的单元格区域，计算平均分。

(3) 计算成绩等级。使用“IF”函数计算每个学生的成绩等级。该函数的作用是判断是否满足某个条件，如果满足该条件则返回逻辑真值，否则返回逻辑假值。当学生平均分大于等于 90 分时成绩等级为“优”，平均分在 80～90 时成绩等级为“良”，平均分在 70～80 时成绩等级为“中”，平均分在 60～70 时成绩等级为“及格”，平均分小于 60 分时成绩等级为“不及格”。

(4) 计算学生排名。使用“RANK. EQ”函数计算每个学生的名次。该函数的作用是返回一个数字在数字列表中的排位。在“函数参数”对话框中，单击第二个参数“Ref”右侧的选取按钮，然后在工作表中拖动鼠标选取 H3:H22 单元格区域，计算出其他学生的排名。

（5）计算奖学金。使用“IF”函数计算每个学生是否获得奖学金，设置 1 名学生获得一等奖学金，2 名学生获得三等奖学金，3 名学生获得三等奖学金。输入公式＝IF（J3＝1，“一等奖”，IF（J3＜4，“二等奖”，IF（J3＜7，“三等奖”，“”））），计算出其他学生是否获得奖学金。

（6）计算分段人数。使用“COUNTIF”函数计算分段人数，该函数的含义是计算某个区域中满足给定条件的单元格数目。在“插入函数”对话框中选择“统计”类别，在“选择函数”列表中选择“COUNTIF”函数。打开“函数参数”对话框，将“Range”文本框内显示内容修改为“学生成绩汇总表！＄H＄3：＄H＄22”，在“Criteria”文本框中输入“＞＝90”，统计出平均分在 90 分以上的学生人数。然后依次计算其他分段学生人数，修改公式为“＝COUNTIF（学生成绩汇总表！＄H＄3：＄H＄22，‘＞＝80’）－B3”，计算出平均分在 80～90 分的人数。用同样的方法依次统计出不同分数段的人数。

（7）使用公式计算“占总人数的比例”。单击 C3 单元格，输入“＝B3/＄B＄8”计算出该列其他单元格的值。在“设置单元格格式”对话框中，在“数字”“分类”列表中选择“百分比”。

（8）计算最高分与最低分。使用“MAX”函数、“MIN”函数计算“学生成绩汇总表”中平均分的最大值与最小值。该函数的含义是返回一组数值中的最大（最小）值。输入公式“＝MAX（学生成绩汇总表！H3：H22）”，计算出平均分中的最高分。输入公式“＝MIN（学生成绩汇总表！H3：H22）”，计算出平均分中的最低分。

知识巩固

1. IF（1，a，b）的结果正确的是（　　）。

A. 1　　B. a　　C. b　　D. 2

2. Excel 2019 使用＄A＄1 引用第一行第一列的数据，称为单元格的（　　）。

A. 绝对引用　　B. 相对引用　　C. 混合引用　　D. 多重引用

3. 以下说法正确的是（　　）。

A. SUM（A1，C1）不等同于＝A1＋B1＋C1

B. ＝SUM（A1：C1）等同于＝A1＋B1＋C1

C. A1：C1 等同于 A1，C1

D. SUM（A1：C1）等同于＝A1＋B1＋C1

4. 以下说法正确的是（　　）。

A. 函数中不可以嵌套函数

B. 函数中必须嵌套相同的函数

C. 函数中可以嵌套不相同的函数

D. 函数不能有多个参数

5. 关于“VLOOPUP”函数的说法不正确的是（　　）。

A. 按行查找

B. 按列查找

C. 需要给定查找目标和查找区域

D. 可以确定精确和模糊查找

任务三 公司员工销售管理与分析

Excel 2019 不仅提供了强大的计算功能，还提供了数据分析管理功能。使用数据的排序、筛选、分类汇总及数据透视表可以方便地管理、分析工作表中的数据。

任务描述

在日常生活中，为了更好地分析和处理数据，对数据进行排序和过滤是必不可少的。本任务通过对“销售情况表”工作簿中的数据进行管理与分析，学习数据的排序、筛选、分类汇总、建立数据透视表等操作方法。

任务实施

3-8 姓名排序

（1）简单排序，对“姓名”列升序排序。

提示

这里对于“姓名”列系统默认的排序方法是按字母排序的。如果想改变系统默认的排序方法，如按笔画进行排序，具体操作方法为：打开“数据”选项卡，单击“排序和筛选”组中的“排序”，弹出“排序”对话框，如图 3－48 所示；单击“选项”按钮，弹出“排序选项”对话框，如图 3－49 所示；在“方法”选项组中选中“笔画排序”单选按钮，即可对“姓名”列按笔画进行排序。

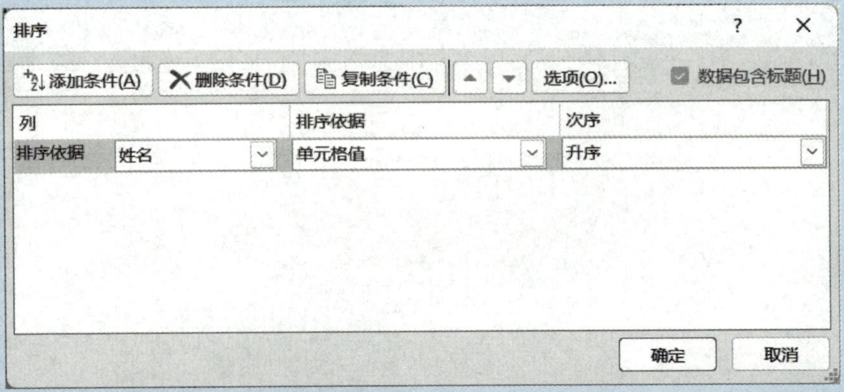

图 3－48 “排序”对话框

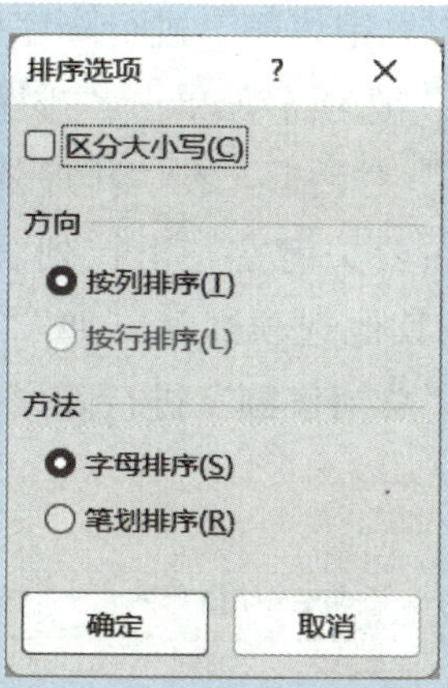

图 3-49 “排序选项”对话框

【操作步骤一】打开任务二中创建好的“销售业绩”工作簿，选择“销售情况表”工作表，选中 A3：A45 单元格区域。

【操作步骤二】打开“数据”选项卡，单击“排序和筛选”组中的“升序”按钮，如图 3-50 所示。

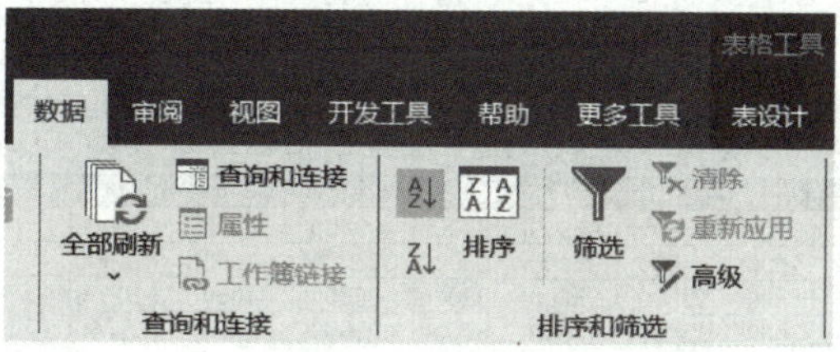

图 3-50 单击“排序和筛选”组中的“升序”按钮

【操作步骤三】工作表中显示“姓名”列升序排序结果，如图 3-51 所示。

	A	B	C	D	E	F	G	H	I	J	K	L
1	××公司2023年上半年销售业绩统计表											
2	姓名	部门	一月	二月	三月	四月	五月	六月	总销售额	销售排名	考核等级	考核奖励
3	费佣项	华中分部	75500	60500	85000	57000	76000	83000	437000	31	合格	2000
4	盖晓楠	华南分部	77000	60500	66050	84000	98000	93000	478550	13	良好	4000
5	高歌	华东分部	93000	71500	92000	96500	87000	61000	501000	5	优秀	5000
6	郭丽明	华东分部	88000	82500	83000	75500	62000	85000	476000	15	良好	4000
7	胡梅	华东分部	79500	98500	68000	10000	96000	66000	418000	40	合格	2000
8	蒋倩	华中分部	62500	57500	85000	59000	79000	61500	404500	43	不合格	0
9	李大力	华南分部	72500	74500	60500	87000	77000	78000	449500	25	中等	3000
10	李富	华中分部	65500	70500	63050	67000	76000	90000	432050	34	合格	2000
11	李康康	华中分部	71500	59500	88000	63000	88000	60500	430500	36	合格	2000
12	李凌	华东分部	73500	91500	64500	93500	84000	87000	494000	7	良好	4000
13	李茂然	华中分部	76000	63500	84000	81000	65000	62000	431500	35	合格	2000
14	李密	华中分部	96500	74500	63000	66000	71000	69000	440000	29	中等	3000
15	刘静坤	华中分部	75000	71000	86000	60500	60000	85000	437500	30	中等	3000
16	罗晶晶	华东分部	96500	86500	90500	94000	99500	70000	537000	1	优秀	5000
17	马丽娟	华南分部	97000	75500	73000	81000	66000	76000	468500	19	中等	3000
18	马园园	华南分部	69000	89500	92500	73000	58500	96500	479000	12	良好	4000
19	潘越明	华东分部	93050	85500	77000	81000	95000	78000	509550	4	优秀	5000
20	秦伟乐	华中分部	85500	64500	74000	78500	64000	76000	442500	28	中等	3000
21	石秀民	华南分部	63000	99500	78500	63150	79500	65500	449150	26	中等	3000
22	孙佳	华中分部	68000	97500	61000	57000	60000	85000	428500	38	合格	2000
23	孙平北	华南分部	76500	70000	64000	75000	87000	78000	450500	24	中等	3000

图 3-51 “姓名”列升序排序结果

（2）按“部门”对员工的“总销售额”进行降序排序。

3-9 部门销售额排序

【操作步骤一】打开“数据”选项卡，单击“排序和筛选”组中的“排序”。

【操作步骤二】弹出“排序”对话框，在“排序依据”下拉列表中选择“部门”。单击“添加条件”按钮，在“次要关键字”下拉列表中选择“总销售额”，在“次序”下拉列表中选择“降序”，其他选项默认，如图 3－52 所示。单击“确定”按钮，完成按“部门”对员工的“总销售额”进行降序排序，如图 3－53 所示。

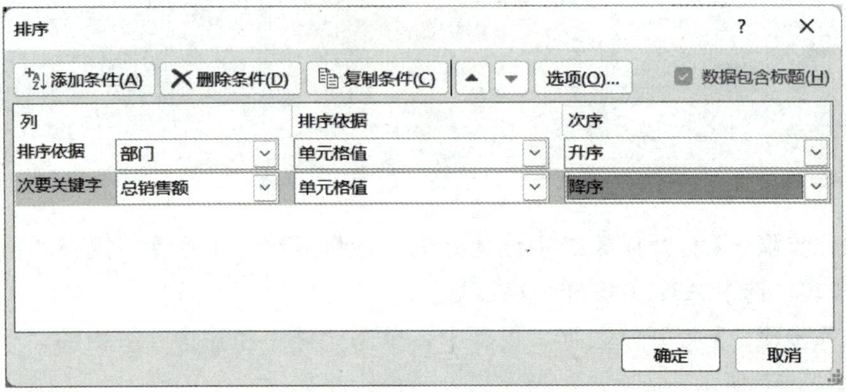

图 3－52　设置“排序”对话框

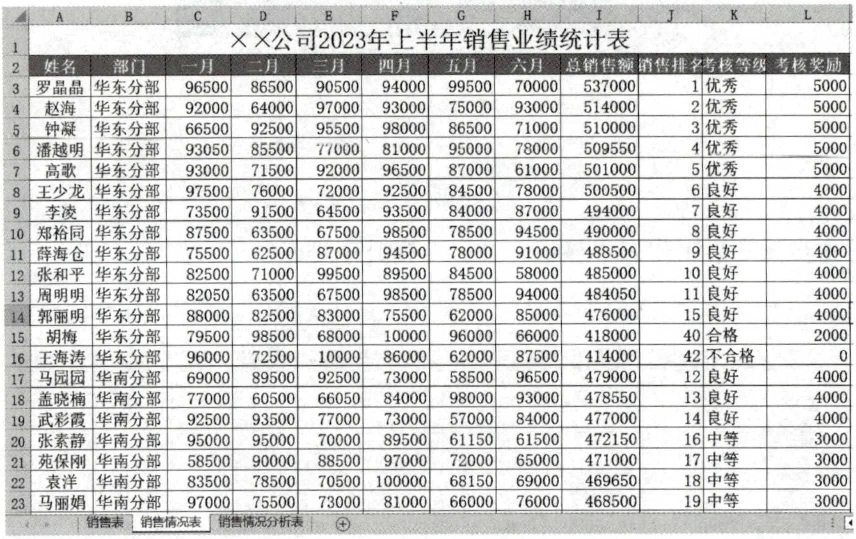

	A	B	C	D	E	F	G	H	I	J	K	L
1	××公司2023年上半年销售业绩统计表											
2	姓名	部门	一月	二月	三月	四月	五月	六月	总销售额	销售排名	考核等级	考核奖励
3	罗晶晶	华东分部	96500	86500	90500	94000	99500	70000	537000	1	优秀	5000
4	赵海	华东分部	92000	64000	97000	93000	75000	93000	514000	2	优秀	5000
5	钟凝	华东分部	66500	92500	95500	98000	86500	71000	510000	3	优秀	5000
6	潘越明	华东分部	93050	85500	77000	81000	95000	78000	509550	4	优秀	5000
7	高歌	华东分部	93000	71500	92000	96500	87000	61000	501000	5	优秀	5000
8	王少龙	华东分部	97500	76000	72000	92500	84500	78000	500500	6	良好	4000
9	李凌	华东分部	73500	91500	64500	93500	84000	87000	494000	7	良好	4000
10	郑裕同	华东分部	87500	63500	67500	98500	78500	94500	490000	8	良好	4000
11	薛海仓	华东分部	75500	62500	87000	94500	78000	91000	488500	9	良好	4000
12	张和平	华东分部	82500	71000	99500	89500	84500	58000	485000	10	良好	4000
13	周明明	华东分部	82050	63500	67500	98500	78500	94000	484050	11	良好	4000
14	郭丽明	华东分部	88000	82500	83000	75500	62000	85000	476000	15	良好	4000
15	胡梅	华东分部	79500	98500	68000	10000	96000	66000	418000	40	合格	2000
16	王海涛	华东分部	96000	72500	10000	86000	62000	87500	414000	42	不合格	0
17	马园园	华南分部	69000	89500	92500	73000	58500	96500	479000	12	良好	4000
18	盖晓楠	华南分部	77000	60500	66050	84000	98000	93000	478550	13	良好	4000
19	武彩霞	华南分部	92500	93500	77000	73000	57000	84000	477000	14	良好	4000
20	张素静	华南分部	95000	95000	70000	89500	61150	61500	472150	16	中等	3000
21	苑保刚	华南分部	58500	90000	88500	97000	72000	65000	471000	17	中等	3000
22	袁洋	华南分部	83500	78500	70500	100000	68150	69000	469650	18	中等	3000
23	马丽娟	华南分部	97000	75500	73000	81000	66000	76000	468500	19	中等	3000

销售表　销售情况表　销售情况分析表

图 3－53　按“部门”对员工的“总销售额”进行降序排序

（3）自动筛选数据，筛选考核奖励为 5000 元与 4000 元的员工记录。

3-10 自动筛选

【操作步骤一】打开“销售业绩”工作簿，选中“销售情况表”工作表，光标移到工作表内任意位置，打开“数据”选项卡，单击“排序和筛选”组中的“筛选”，这时标题行各字段名右侧出现下拉按钮。

【操作步骤二】单击“考核奖励”字段的下拉按钮，在下拉列表中选择“数字筛选”→“自定义筛选”，如图 3－54 所示。

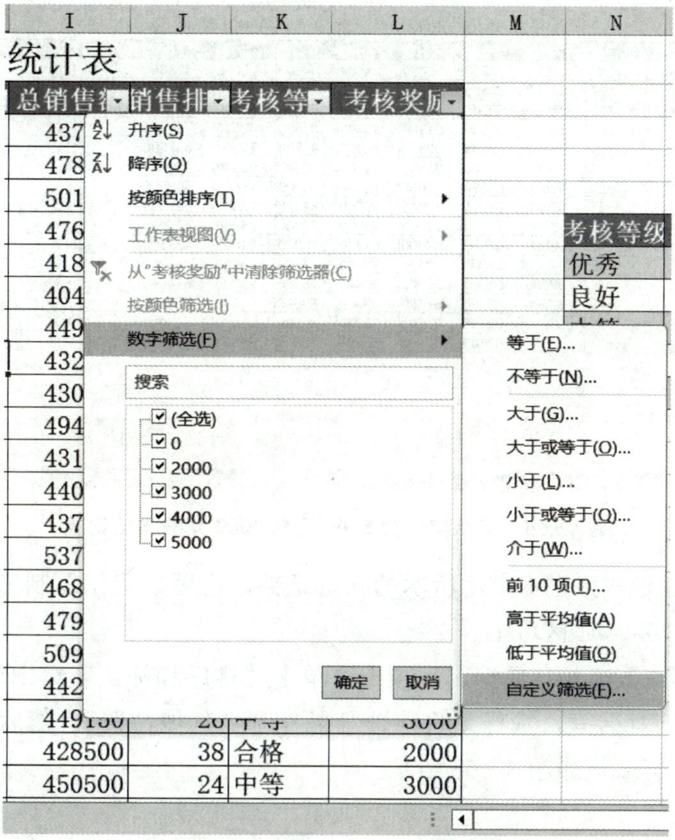

图 3-54 选择"自定义筛选"

【操作步骤三】弹出并设置"自定义自动筛选"对话框，如图 3-55 所示。

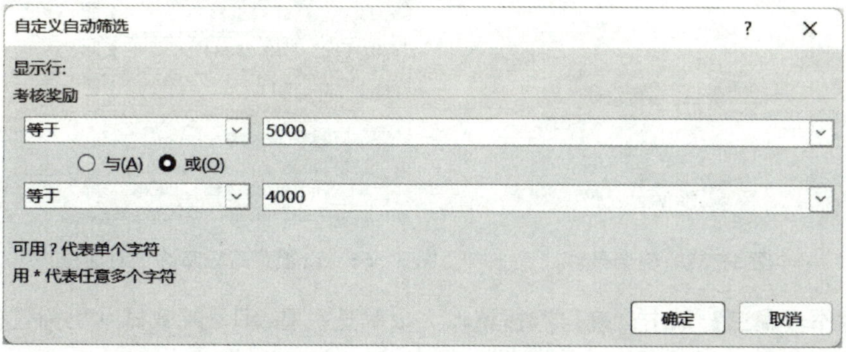

图 3-55 设置"自定义自动筛选"对话框

【操作步骤四】单击"确定"按钮，显示筛选出的记录，如图 3-56 所示。

（4）高级筛选。筛选出公司员工"销售情况表"中部门是"华东分部"、考核等级为"优秀"的员工记录或部门是"华中分部"、考核等级为"优秀"的员工记录，要求条件区域放在 N2 开始的单元格区域，筛选结果放在 N13 开始的单元格区域。

3-11 高级筛选

【操作步骤一】打开"销售业绩"工作簿，选中"销售情况表"工作表，在 N2

	A	B	C	D	E	F	G	H	I	J	K	L
1	××公司2023年上半年销售业绩统计表											
2	姓名	部门	一月	二月	三月	四月	五月	六月	总销售	销售排	考核等	考核奖励
4	盖晓楠	华南分部	77000	60500	66050	84000	98000	93000	478550	13	良好	4000
5	高歌	华东分部	93000	71500	92000	96500	87000	61000	501000	5	优秀	5000
6	郭丽明	华东分部	88000	82500	83000	75500	62000	85000	476000	15	良好	4000
12	李凌	华东分部	73500	91500	64500	93500	84000	87000	494000	7	良好	4000
16	罗晶晶	华东分部	96500	86500	90500	94000	99500	70000	537000	1	优秀	5000
18	马园园	华南分部	69000	89500	92500	73000	58500	96500	479000	12	良好	4000
19	潘越明	华东分部	93050	85500	77000	81000	95000	78000	509550	4	优秀	5000
26	王少龙	华东分部	97500	76000	72000	92500	84500	78000	500500	6	良好	4000
28	武彩霞	华南分部	92500	93500	77000	73000	57000	84000	477000	14	良好	4000
29	薛海仓	华东分部	75500	62500	87000	94500	78000	91000	488500	9	良好	4000
32	张和平	华东分部	82500	71000	99500	89500	84500	58000	485000	10	良好	4000
38	赵海	华东分部	92000	64000	97000	93000	75000	93000	514000	2	优秀	5000
39	郑裕同	华东分部	87500	63500	67500	98500	78500	94500	490000	8	良好	4000
41	钟凝	华东分部	66500	92500	95500	98000	86500	71000	510000	3	优秀	5000
42	周明明	华东分部	82050	63500	67500	98500	78500	94000	484050	11	良好	4000
46												
47												
48												
49												
50												
51												
52												

销售表　销售情况表　销售情况分析表

图 3-56　考核奖励为 5000 元与 4000 元的员工记录

单元格开始的区域输入图 3-57 所示的筛选条件，也可以采用复制工作表中数据的方法，输入到 N2：O4 区域中。

【操作步骤二】打开“数据”选项卡，单击“排序和筛选”组中的“高级”，弹出“高级筛选”对话框，选择“将筛选结果复制到其他位置”，然后确定“条件区域”“复制到”区域，如图 3-58 所示。

N	O
部门	考核等级
华东分部	优秀
华中分部	优秀

图 3-57　筛选条件

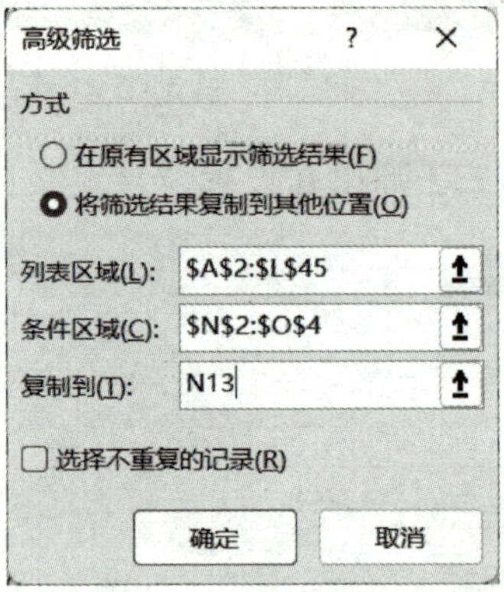

图 3-58　设置“高级筛选”对话框

【操作步骤三】单击“确定”按钮，完成筛选。在 N13 区域显示出筛选的结果，如图 3-59 所示。

姓名	部门	一月	二月	三月	四月	五月	六月	总销售额	销售排名	考核等级	考核奖励
高歌	华东分部	93000	71500	92000	96500	87000	61000	501000	5	优秀	5000
罗晶晶	华东分部	96500	86500	90500	94000	99500	70000	537000	1	优秀	5000
潘越明	华东分部	93050	85500	77000	81000	95000	78000	509550	4	优秀	5000
赵海	华东分部	92000	64000	97000	93000	75000	93000	514000	2	优秀	5000
钟凝	华东分部	66500	92500	95500	98000	86500	71000	510000	3	优秀	5000

图 3-59　部门是“华东分部”、考核等级为“优秀”的员工记录

(5) 分类汇总。按照“部门”分类汇总员工“总销售额”和“考核奖励”的平均值。

3-12 分类汇总

【操作步骤一】打开“销售业绩”工作簿，选中“销售情况表”工作表，选择单元格区域 B3：B45，单击“排序和筛选”组中的“升序”按钮，按照“部门”排序。

【操作步骤二】表格样式不能使用分类汇总，单击表格“工具”里的“转换为区域”，把使用样式的表格转换为普通区域，再进行分类汇总，如图 3-60 所示。

图 3-60　把使用样式的表格转换为普通区域

【操作步骤三】将光标定位在工作表中任意位置，打开“数据”选项卡，单击“分级显示”组中的“分类汇总”，弹出“分类汇总”对话框；在对话框中分类字段选择“部门”，汇总方式选择“平均值”，选定汇总项为“总销售额”“考核奖励”，如图 3-61 所示。

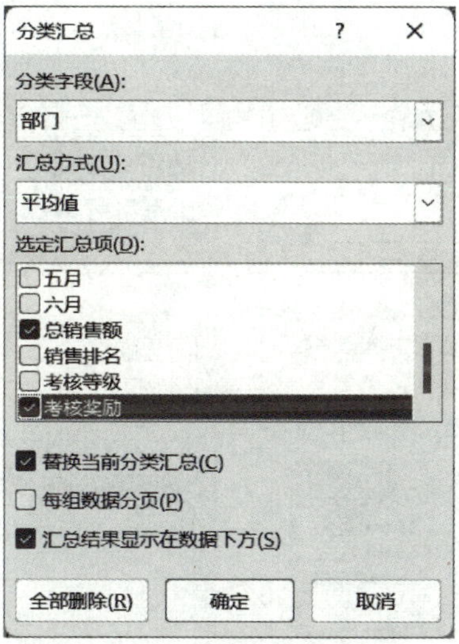

图 3-61　设置“分类汇总”对话框

【操作步骤四】单击“确定”按钮，完成分类汇总，结果如图 3-62 所示。

(6) 建立数据透视表。按照“部门”分类汇总员工“考核等级”的人数。

3-13 数据透视表

【操作步骤一】打开“销售业绩”工作簿，选择“销售情况表”工作表，将光标定位在任意单元格，打开“插入”选项卡，单击“表格”组中的“数据透视表”下拉按钮，在下拉列表中选择“数据透视表”，弹出“来自表格或区域的数据透视表”对话框，如图 3-63 所示。

	A	B	C	D	E	F	G	H	I	J	K	L
1	××公司2023年上半年销售业绩统计表											
2	姓名	部门	一月	二月	三月	四月	五月	六月	总销售额	销售排名	考核等级	考核奖励
17		华东分部 平均值							487257.1			3714.2857
32		华南分部 平均值							464178.6			3214.2857
48		华中分部 平均值							431106.7			1733.3333
49		总计平均值							460155.8			2860.4651

图 3-62 按照“部门”分类汇总员工“总销售额”和“考核奖励”的平均值结果

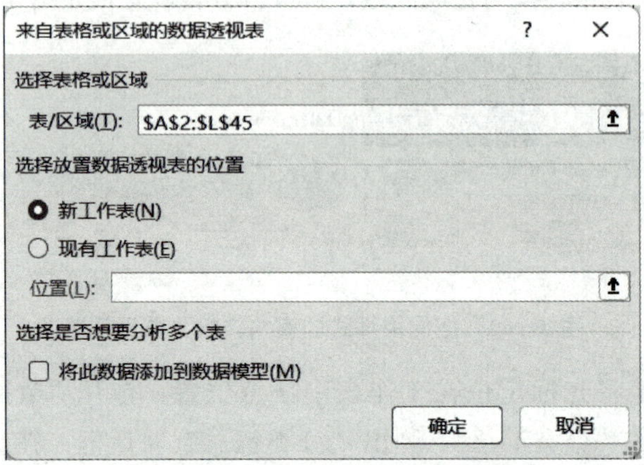

图 3-63 “来自表格或区域的数据透视表”对话框

【操作步骤二】单击“确定”按钮，在新工作表中显示数据透视表的框架，如图 3-64 所示。

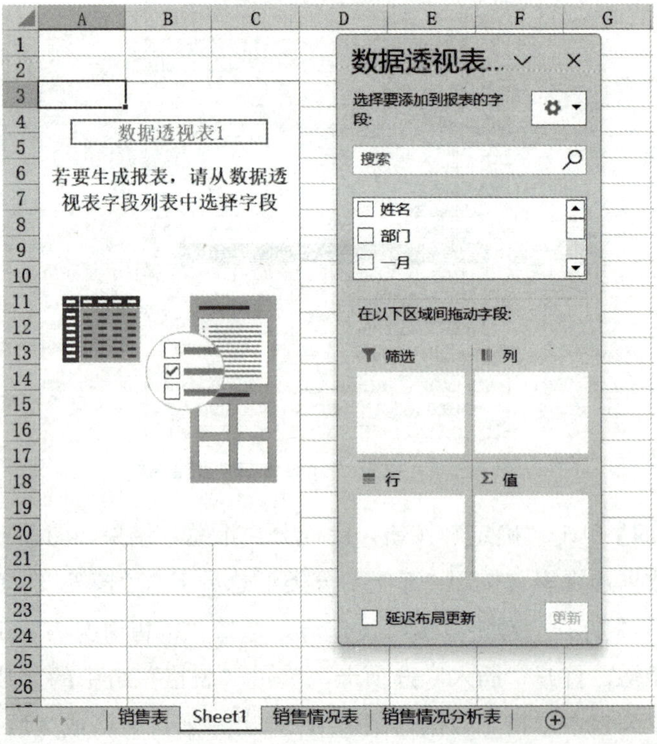

图 3-64 显示数据透视表的框架

【操作步骤三】生成按“部门”分类的员工考核等级人数的数据透视表。将“部门”字段拖到行字段区，将“考核等级”字段拖到列字段区，将“姓名”字段拖到值字段区，如图 3-65 所示。此时显示的数据透视表结果如图 3-66 所示。

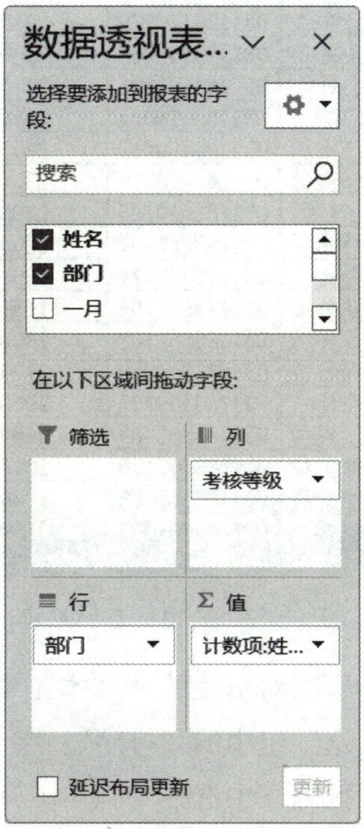

图 3-65 设置数据透视表的行、列和值

3	计数项:姓名	列标签					
4	行标签	不合格	合格	良好	优秀	中等	总计
5	华东分部	1	1	7	5		14
6	华南分部			3		11	14
7	华中分部	2	9			4	15
8	总计	3	10	10	5	15	43

图 3-66 数据透视表结果

任务训练

管理与分析“公司员工信息表”

通过对图 3-67 所示的“公司员工信息表”中的数据进行管理与分析，学习数据的排序、筛选、分类汇总、建立数据透视表等操作方法。

要求如下：

(1) 简单排序。对“姓名”列升序排序，打开创建好的“公司员工信息表”工作簿，选择“员工基本信息表”工作表，打开“数据”选项卡，单击“排序和筛选”组中的“升序”按钮。

	A	B	C	D	E	F	G	H	I	J	K
1	公司员工信息表										
2	编号	姓名	性别	学历	职务	联系方式	基本工资	津贴	奖金	扣款	实发工资
3	1	李丽然	女	本科	业务员	031183562167	1960	500	500	89	2871
4	2	王涛月	男	专科	业务员	031185456191	1960	500	890	89	3261
5	3	张平南	女	硕士	业务员	031186776289	2350	1000	780	86	4044
6	4	周梅梅	女	专科	业务员	031182341060	1960	500	830	45	3245
7	5	王一然	男	专科	会计	031183565321	2250	1000	420	96	3574
8	6	赵和平	女	硕士	出纳	031183679067	1850	500	290	89	2551
9	7	郑同均	男	本科	技术员	031183490017	2200	1000	540	50	3690
10	8	潘静南	男	专科	保安员	031167216210	2300	500	200	45	2955
11	9	郑海涛	男	专科	工程师	031183560167	2200	1000	650	86	3764
12	10	王晓民	男	硕士	技术员	031187862167	3200	2000	420	74	5546
13	11	郭丽丽	女	专科	会计	031183562171	3950	2000	350	87	6213
14	12	李园园	女	硕士	业务员	031183562154	1960	500	600	79	2981
15	13	罗秀杰	女	专科	业务员	031183562162	2300	1000	650	90	3860
16	14	陈欢欢	女	专科	保安员	031183354950	2100	1000	420	93	3427
17	15	王少龙	男	硕士	会计	031183509767	3950	2000	540	85	6405
18	16	张萍美	男	硕士	工程师	031183562167	3650	2000	420	86	5984
19	17	苑保刚	男	本科	保安员	031183562155	2000	1000	280	94	3186
20	18	石秀民	男	专科	保安员	031183568888	1800	500	320	98	2522
21	19	马园园	女	本科	出纳	031183098707	2150	1000	540	90	3600

员工基本信息表 | 排序1 | 排序2 | 自动筛选 | 高级筛选 | 分类汇总 | 数据透视表

图 3-67　公司员工信息表

(2) 自定义排序。按“学历”对员工的“基本工资”进行降序排序，打开“数据”选项卡，单击“排序和筛选”组中的“排序”。在“排序依据”下拉列表中选择“学历”，在“次要关键字”下拉列表中选择“基本工资”，在“次序”下拉列表中选择“降序”，其他选项默认。

(3) 自动筛选。筛选津贴为 500 元与 1000 元的公司员工记录。打开“公司员工信息表”工作簿，在“员工基本信息表”工作表中，打开“数据”选项卡，单击“排序和筛选”组中的“筛选”，单击“津贴”字段的下拉按钮，在下拉列表中选择“数字筛选”→“自定义筛选”。筛选条件：津贴等于 500 或者等于 1000。

(4) 高级筛选。筛选出公司员工中基本工资大于 3000 元、职务为工程师或基本工资大于 3000 元、职务为会计的员工记录，要求条件区域放在 N6 开始的单元格区域，筛选结果放在 N10 开始的单元格区域。打开“数据”选项卡，单击“排序和筛选”组中的“高级”，弹出“高级筛选”对话框，选择“将筛选结果复制到其他位置”，利用下拉列表确定“条件区域”“复制到”区域，单击“确定”按钮完成筛选。在 N10 开始的单元格区域显示出筛选的结果。

(5) 分类汇总。按照“学历”分类汇总公司员工“基本工资”和“实发工资”的平均值。打开“公司员工信息表”工作簿，选中“员工基本信息表”工作表，选择单元格区域 E3：E27，单击“排序和筛选”组中的“升序”按钮，按照“学历”排序。打开“数据”选项卡，单击“分级显示”组中的“分类汇总”，在对话框中分类字段选择“学历”，汇总方式选择“平均值”，选定汇总项为“基本工资”“实发工资”。

(6) 建立数据透视表。统计男、女员工按“学历”分类不同职务的员工“基本工资”和“实发工资”的平均值。打开“公司员工信息表”工作簿，选择“员工基本信息表”工作表，打开“插入”选项卡，单击“表格”组中的“数据透视表”下拉按钮，选择“数据透视表”，在新的工作表中显示数据透视表的框架。将“职务”字段拖到行字段区，将“基本工资”字段拖到数据汇总区。双击 A3 单元格，选择计算类型为“平均值”，生成新的数据透视表，设置数字格式为保留两位小数。生成增加“学历”分类不同职务的员工“基本工资”平均值的数据透视表。在上面数据透视表的基础上，将“学历”字段拖到列字段区，将“性别”字段拖到页字段区，单击该区的下拉按钮，可以查看男、女员工按“学历”分类不同职务的员工“基本工资”和“实发工资”的平均值。

知识巩固

1. 在 Excel 中，关于排序下列说法正确的是（　　）。

A. 可以按日期进行排序　　B. 可以按多个关键字进行排序

C. 不可以自定义排序　　D. 可以按行进行排序

2. 关于 Excel 的数据筛选，下列叙述中正确的是（　　）。

A. 自动筛选前 10 项，只能将满足条件的前 10 项列出

B. 筛选是将满足条件的记录放入新表

C. 筛选时将不满足条件的记录删除，只留下符合条件的记录

D. 自定义筛选只允许定义两个条件

3. 自定义序列，可以通过（　　）来建立。

A. 执行格式—自动套用格式菜单命令

B. 执行数据—排序菜单命令

C. 执行工具—选项菜单命令

D. 执行编辑—填充菜单命令

4. 以下关于 Excel 高级筛选功能的说法，正确的是（　　）。

A. 高级筛选之前必须对数据进行排序

B. 高级筛选就是自定义筛选

C. 利用“数据”选项卡中“排序和筛选”组内的“筛选”可进行高级筛选

D. 高级筛选通常需要在工作表中设置条件区域

5. 下列关于 Excel 分类汇总功能的说法，正确的是（　　）。

A. 在分类汇总前需要按分类的列进行排序

B. 在分类汇总前不需要按分类的列进行排序

C. 可以使用删除行操作来取消分类汇总的结果，恢复到汇总前的状态

D. 分类汇总的方式是求和

任务四 创建图表工作表

Excel 2019 不仅包括计算和数据分析统计功能，数据表包括数据工作表和图表工作表。图表工作表是把工作表中的数据用图表直观表示出来。图表可以使数据更加有趣、吸引人、易于阅读和评价，可以帮助我们分析和比较数据。

任务描述

本任务在销售业绩的基础上分析各部门在市场所占份额，如图 3－68 所示。通过学习，掌握创建图表、编辑图表、修改图表及格式化图表的方法。

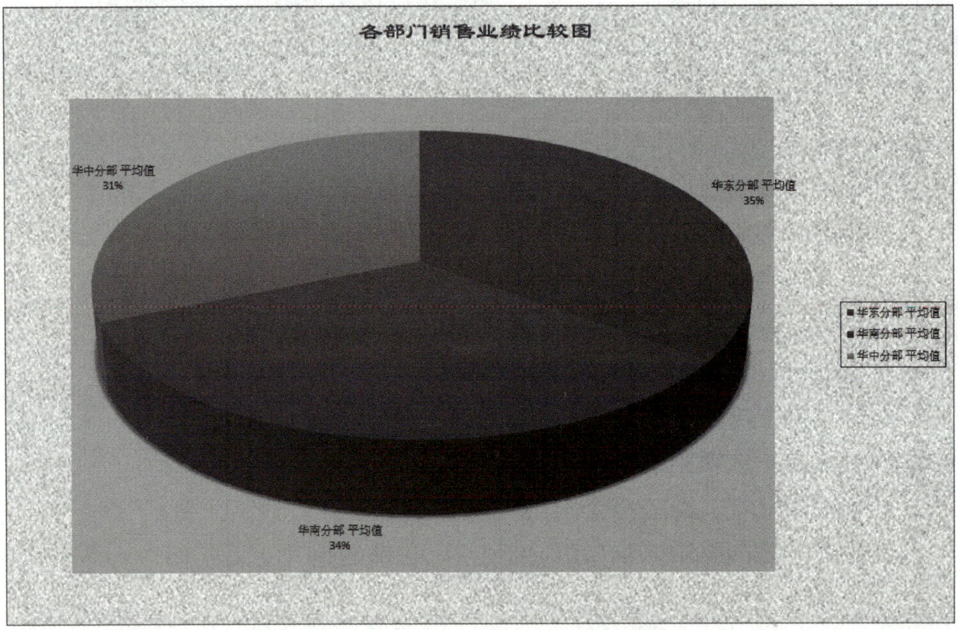

图 3－68 各部门销售业绩比较图

任务实施

(1) 创建图表，使用任务三中对“销售情况表”工作表分类汇总的结果制作三维饼图。

3－14 图表的创建和编辑

【操作步骤一】 打开“销售业绩”工作簿中“销售情况分类汇总表”工作表，如图 3－69 所示，即任务三中对“销售情况表”工作表分类汇总的结果。

	A	B	C	D	E	F	G	H	I	J	K	L
1	××公司2023年上半年销售业绩统计表											
2	姓名	部门	一月	二月	三月	四月	五月	六月	总销售额	销售排名	考核等级	考核奖励
17		华东分部 平均值							487257.1			3714.2857
32		华南分部 平均值							464178.6			3214.2857
48		华中分部 平均值							431106.7			1733.3333
49		总计平均值							460155.8			2860.4651

图 3-69 按照“部门”分类汇总员工“总销售额”和“考核奖励”的平均值结果

【操作步骤二】 选中“部门”和“总销售额”列区域，打开“插入”选项卡，单击“图表”区“饼图”下拉按钮，在下拉列表中选择“三维饼图”，如图 3-70 所示，系统自动生成如图 3-71 所示的图表。

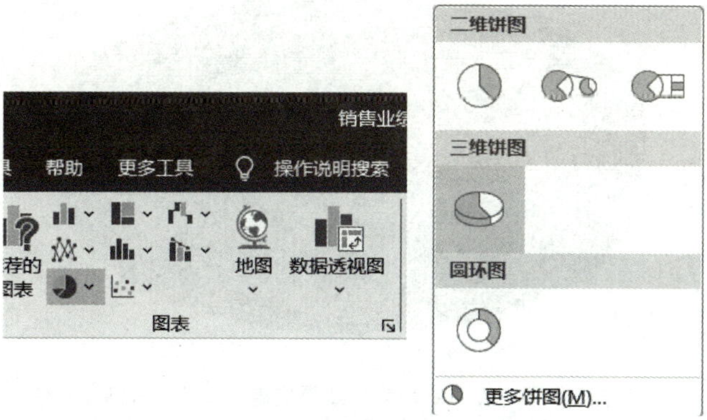

图 3-70 插入“三维饼图”

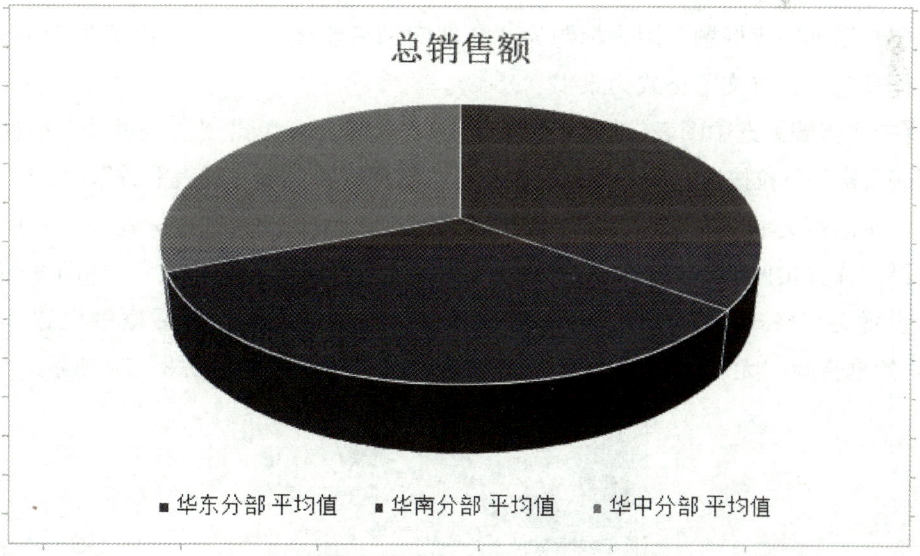

图 3-71 系统自动生成的图表

（2）编辑图表，更改图表样式，图表样式为“图表样式 5”。

【操作步骤】 选中图表，在“图表工具”设计中选择“图表样式 5”，如图 3-72 所示。设置好的图表效果如图 3-73 所示。

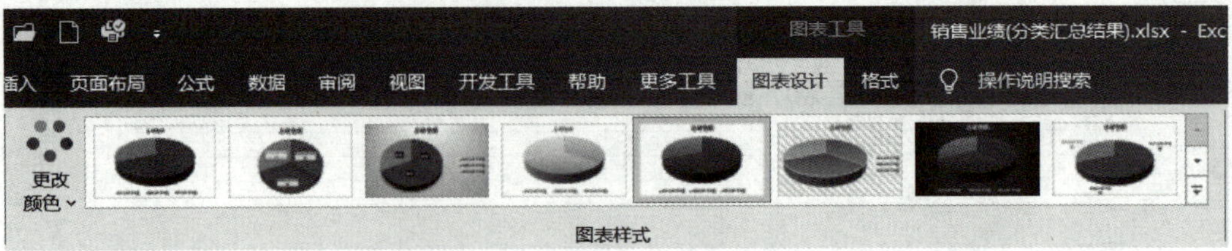

图 3－72　选择“图表样式 5”

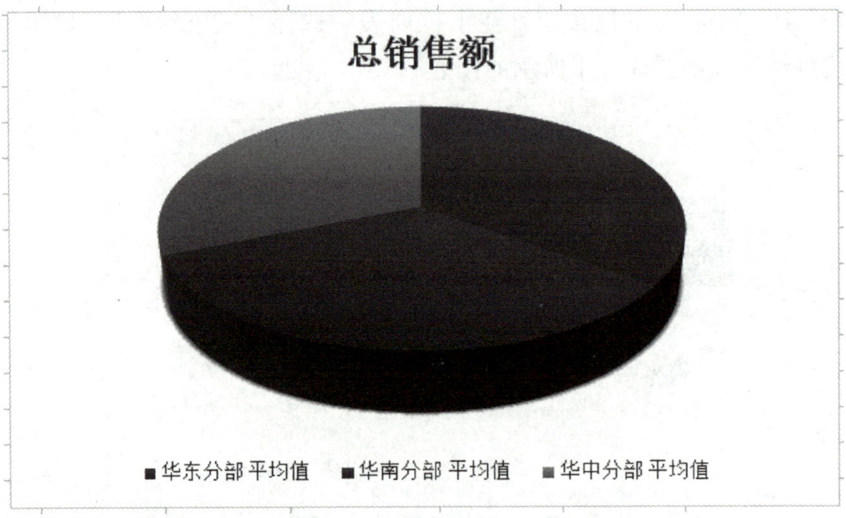

图 3－73　设置好的图表效果

（3）添加图表标题。图表标题为“各部门销售业绩比较图”，设置为无填充色、无边框颜色。设置文字格式为隶书、18 磅。

【操作步骤】选中图表，打开“图表工具”选项卡，单击“图表设计”里的“添加图表元素”下拉按钮，在下拉列表中选择“图表标题”→“图表上方”，如图 3－74 所示。在标题文本框中输入文本“各部门销售业绩比较图”，选中标题文本，单击鼠标右键，在弹出的快捷列表中选择“字体”和“设置图表标题格式”，如图 3－75 所示，设置文字格式为隶书、18 磅，在“设置图表标题格式”对话框中设置“无填充”，边框选择“无线条”，如图 3－76 所示。设置完成效果如图 3－77 所示。

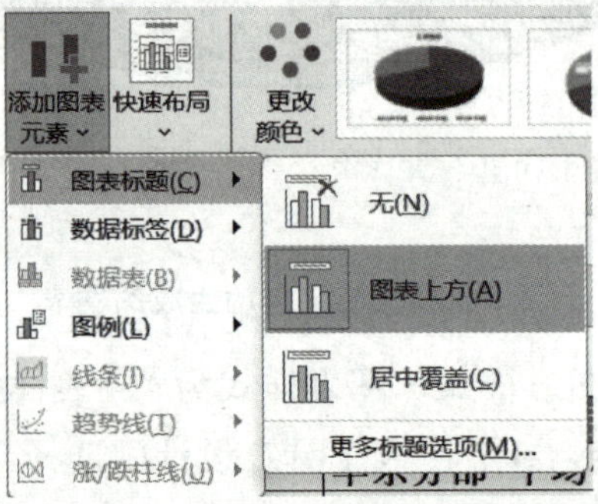

图 3－74　在“图表上方”添加“图表标题”

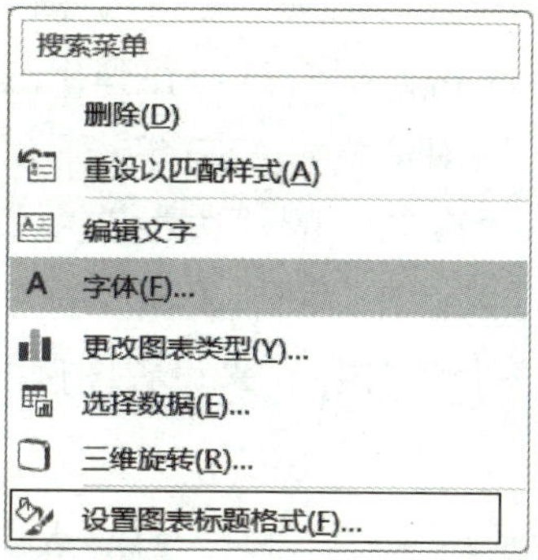

图 3-75　选择“字体”和“设置图表标题格式”

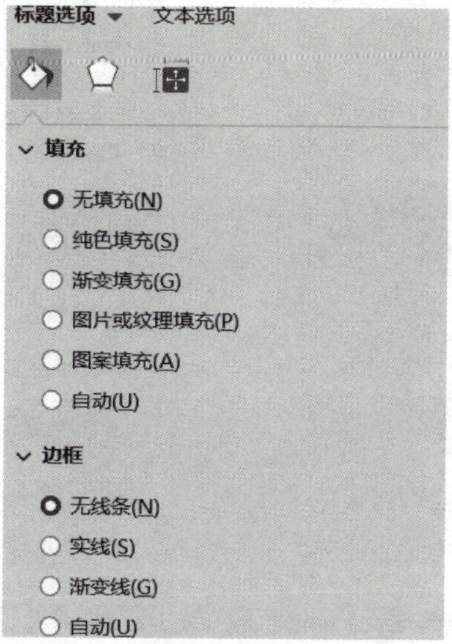

图 3-76　设置图表标题格式

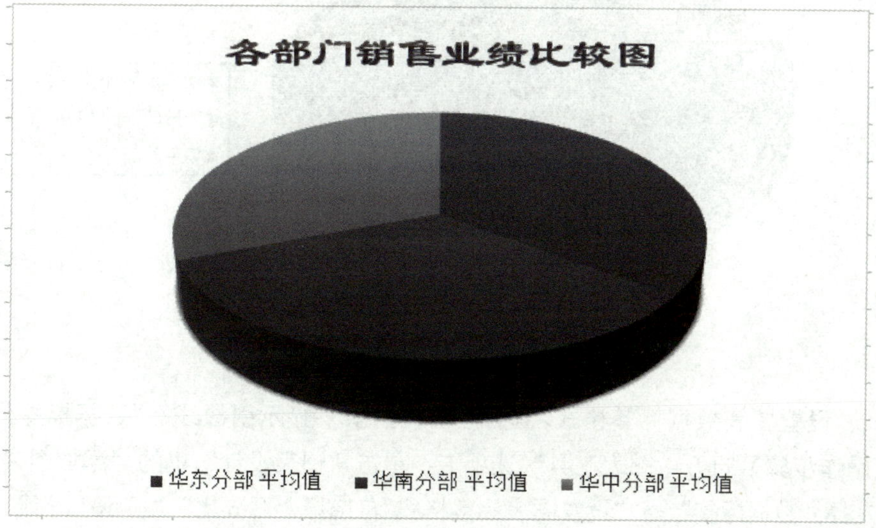

图 3-77　图表标题设置完成效果

（4）设置图例。设置图例位置为右部，边框为蓝色、1 磅、实线。

【操作步骤】选择图例，单击鼠标右键，在弹出的快捷菜单中选择“设置图例格式”，弹出“设置图例格式”对话框，如图 3－78 所示，在“图例选项”中设置“图例位置”为“靠右”，在“填充”的“边框”中设置图例边框为蓝色、1 磅、实线，如图3－79 所示；也可以打开“图表工具”选项卡，单击“图表设计”里的“添加图表元素”菜单中的“图例”按钮，来设置图例的位置及格式。设置后的效果如图 3－80 所示。

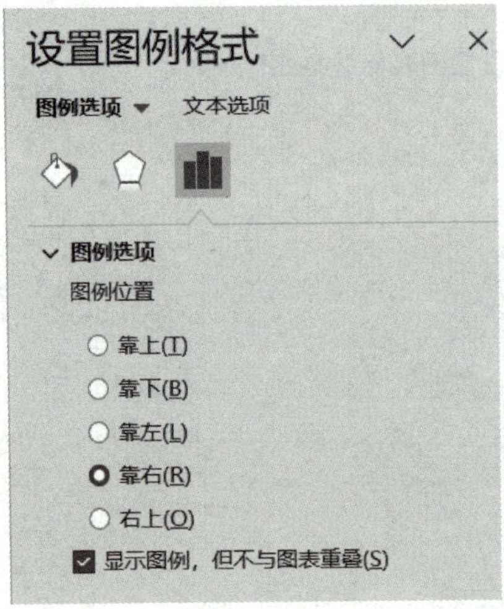

图 3－78 “设置图例格式”对话框

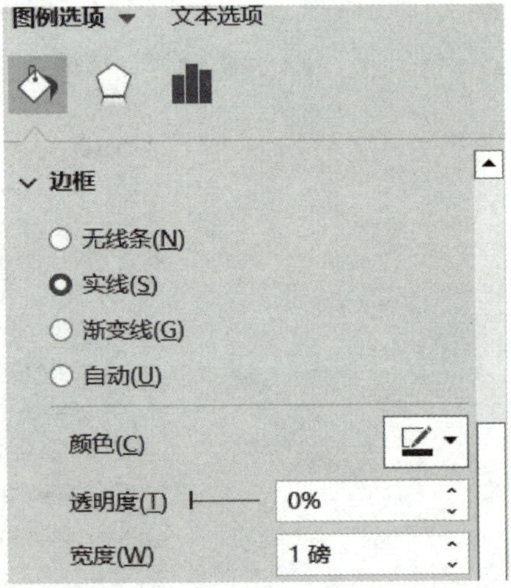

图 3－79 设置图例边框

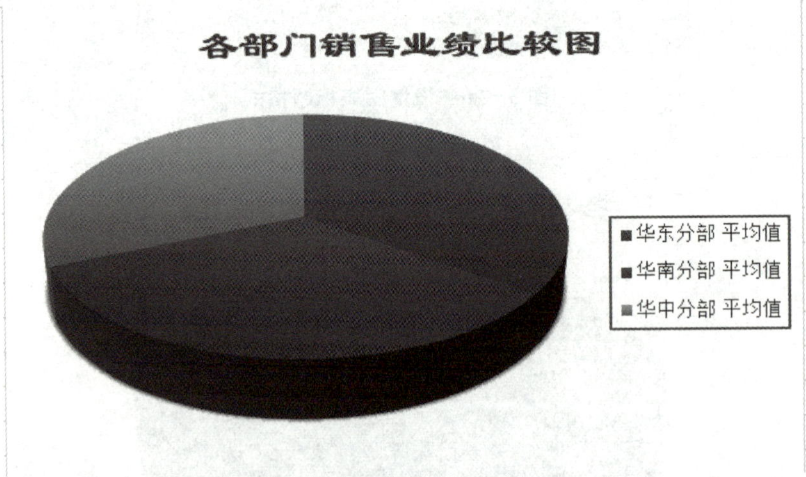

图 3－80 设置图例效果图

（5）设置图表数据标签格式，选择“百分比”“显示引导线”“数据标签外”。

【操作步骤】打开“图表工具”选项卡，单击“图表设计”里的“添加图表标签元素”，选择“数据标签”→“设置图表标签格式”，选择“百分比”“显示引导线”“数据标签外”“类别名称”，如图 3－81 所示。单击“关闭”按钮，效果如图 3－82 所示。

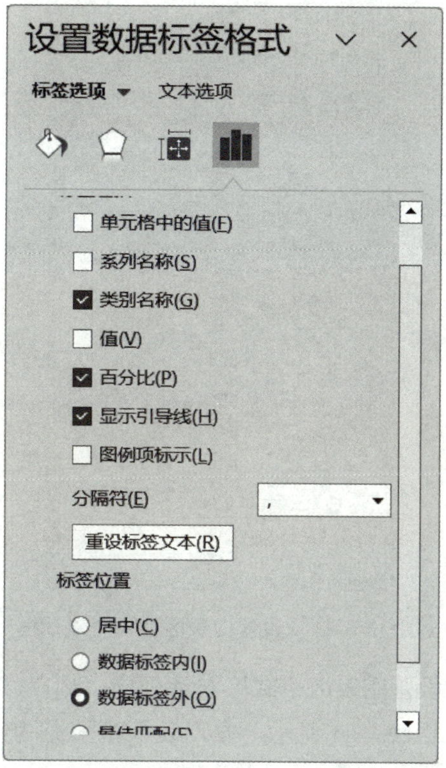

图 3 - 81　设置图表数据标签格式

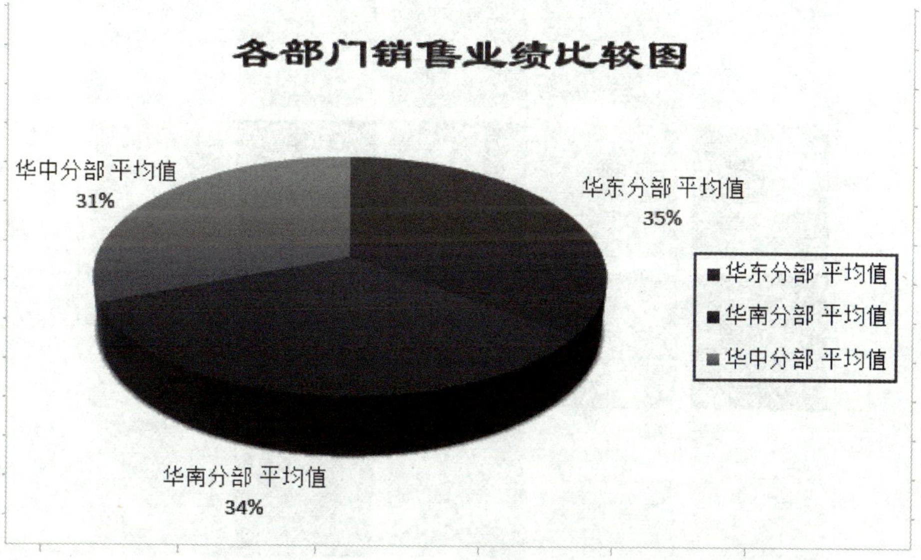

图 3 - 82　设置图表数据标签格式效果图

（6）设置图表区格式。打开“图片或纹理填充”，在列表框里填充为新闻纸。

【操作步骤一】 选中图表区，单击鼠标右键，在弹出的快捷列表中选择“设置图表区格式”，弹出“设置图表区格式”对话框，如图 3 - 83 所示。

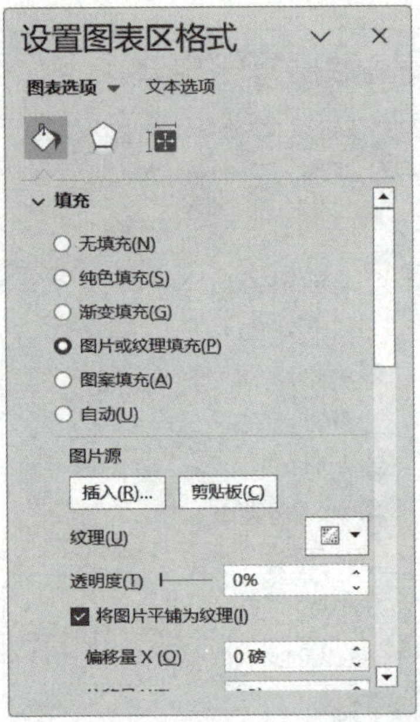

图 3-83 “设置图表区格式”对话框

【操作步骤二】在“设置图表区格式”对话框中，选择“图片或纹理填充”，出现图片或纹理选择菜单，如图 3-84 所示，在列表框里填充为新闻纸，单击“关闭”按钮，效果如图 3-85 所示。

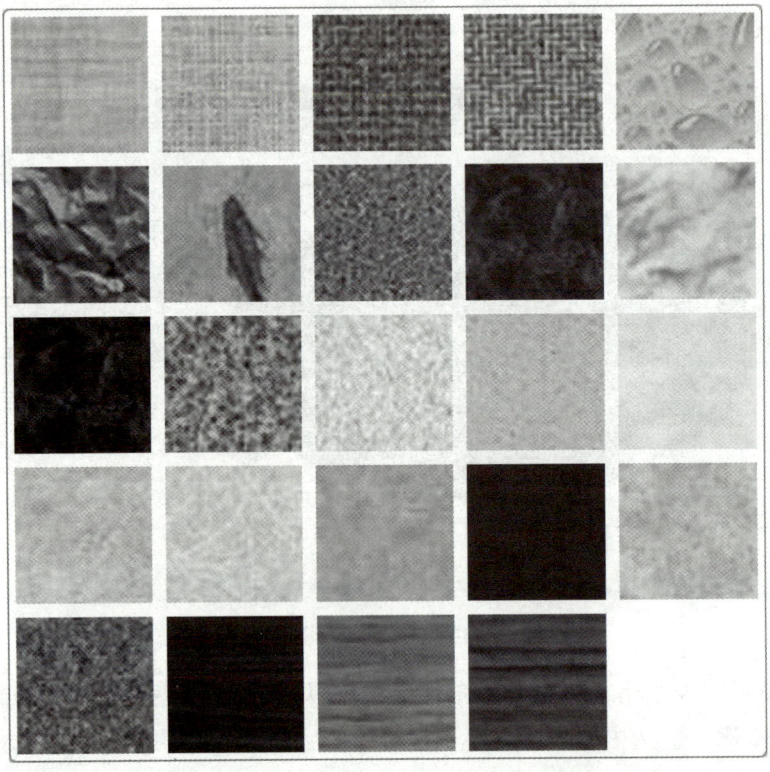

图 3-84 图片或纹理选择菜单

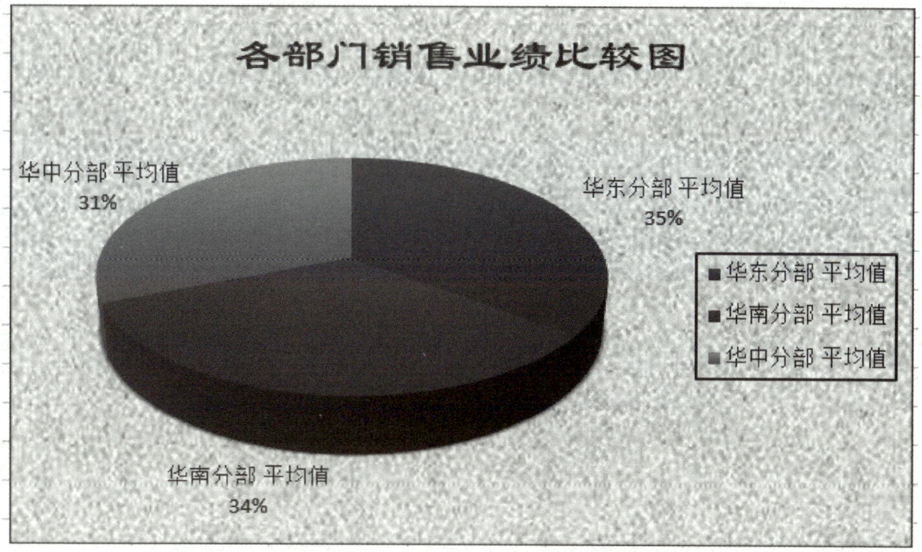

图 3-85 设置图表区格式效果图

（7）设置绘图区格式。在“设置绘图区格式”对话框中，选择“纯色填充”，颜色选择橄榄色，淡色 40%。

【操作步骤】 选中绘图区，单击鼠标右键，在弹出的快捷列表中选择“设置绘图区格式”，打开“设置绘图区格式”对话框，选择“纯色填充”，颜色选择橄榄色，淡色 40%，如图 3-86 所示，单击“关闭”按钮，效果如图 3-87 所示。

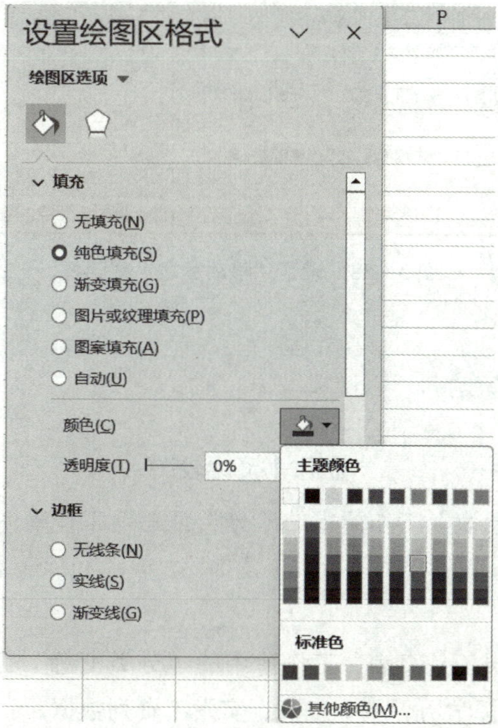

图 3-86 设置绘图区格式

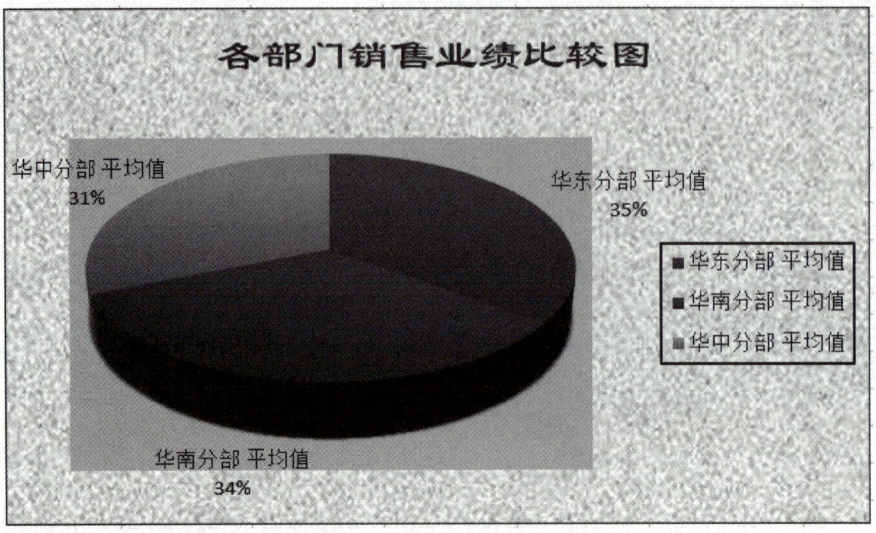

图 3-87 设置绘图区格式效果

(8) 更改图表位置，新增“销售业绩比较图”工作表。

【操作步骤】 选中图表后单击鼠标右键，在弹出的快捷列表中选择“移动图表”，弹出“移动图表”对话框，选择“新工作表”，在右侧文本框中输入“销售业绩比较图”，如图 3-88 所示。单击“确定”按钮，这时在“销售业绩”工作簿中新增“销售业绩比较图”工作表。

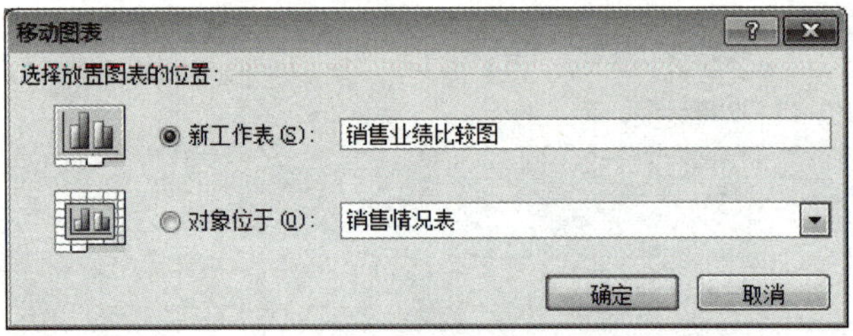

图 3-88 设置“移动图表”对话框

任务训练

制作工资比较图

在“公司员工信息表”工作簿中的“分类汇总”工作表中，完成如图 3-89 所示的图表。

要求如下：

(1) 打开“公司员工信息表”工作簿中的“分类汇总”工作表。进入分类级别 2，按住“Ctrl”键选择学历、基本工资、实发工资列数据。

(2) 选择“图表”区“柱形图”子类型中的“三维簇状柱形图”，生成图表。

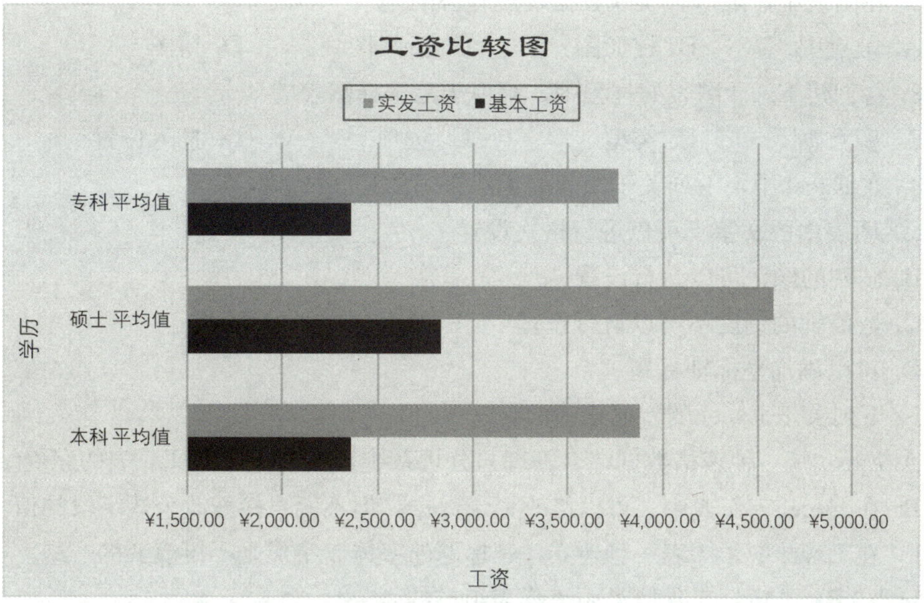

图 3－89　工资比较图

(3) 添加图表标题。标题为“工资比较图”，设置为无填充色、无边框颜色；设置文字格式为隶书、16 磅。

(4) 设置坐标轴标题。设置“主要横坐标轴标题”为“坐标轴下方标题”，标题为“学历”，设置“主要纵坐标轴标题”为“竖排标题”，标题为“工资”。

(5) 设置坐标轴格式。在“坐标轴选项”组中设置“最小值”为固定值 1500，“主要刻度单位”为 500；在“数字”选项中设置数字形式为“货币”。

(6) 设置图例。在“图例选项”中设置“图例位置”为“靠上”，在“边框颜色”与“边框样式”中设置图例边框为蓝色、1 磅、实线；也可以打开“图表工具”选项卡，单击“图表设计”组中“添加图表元素”→“图例”，设置图例的位置及格式。

(7) 更改图表类型。更改为“条形图”中的“三维簇状条形图”。

(8) 设置图表区格式。填充效果为：纹理中的新闻纸。

(9) 设置绘图区格式。填充色为：浅绿色。

(10) 更改图表位置。添加新工作表为“工资比较图”。

知识巩固

1. 在 Excel 2019 中，关于工作表中的嵌入式图表的说法正确的是（　　）。

A. 删除工作表中的数据，图表中的数据不会删除

B. 增加工作表中的数据，图表中的数据不会增加

C. 修改工作表中的数据，图表中的数据不会修改

D. 以上都不对

2. 在图表中，最适合反映数据发展趋势的是（　　）。

A. 散点图　　B. 柱形图　　C. 折线图　　D. 饼图

3. 在创建 Excel 图表的过程中，第一步是选择图表的（　　）。

A. 源数据　　B. 类型　　C. 选项　　D. 插入位置

4. 在 Excel 中，下列关于图表的说法正确的是（　　）。

A. 图表中的文字不可以进行格式设置

B. 图例的颜色可以自行设置

C. 数值轴的刻度不可以自行设置

D. 可以添加坐标轴标题

5. 下列关于 Excel 的叙述正确的是（　　）。

A. Excel 是一种表格数据综合管理与分析系统，实现了图、文、表的完美结合

B. 在 Excel 工作表中，可以修改记录数据，但不能直接修改公式字段的值

C. 在 Excel 中，图表一旦建立，其标题的字体、字形是不可改变的

D. 在 Excel 中，工作簿是由工作表组成的

项目四 PowerPoint 2019 演示文稿

Microsoft Office PowerPoint 是微软公司设计的演示文稿软件。它可以创建由文字、图片、视频及其他事物组成的幻灯片，更加形象地表达演示者需要的信息。PowerPoint 文件叫演示文稿，其扩展名为 .pptx。PowerPoint 2019 是 Microsoft Office 2019 的组件之一，是一款优秀的演示文稿办公软件。使用 PowerPoint 2019 可以轻松创建演示文稿，演示文稿可以包含文本、图片、视频等元素，并通过设置播放动画等内容，生动形象地展示文稿内容。

PowerPoint 2019 主要有以下几项新增功能：

(1) 平滑切换功能：PowerPoint 2019 附带平滑切换功能，可帮助演示文稿的幻灯片实现流畅的动画、切换和对象移动。

(2) 缩放定位功能：可在演示时按之前确定的顺序在演示文稿的特定幻灯片、节和部分之间来回跳转，并且从一张幻灯片到另一张幻灯片移动、缩放。

(3) 文本荧光笔：选取不同的高亮颜色，以便对演示文稿中某些文本部分加以强调。

(4) 可增加视觉效果的矢量图形：可在演示文稿中插入和编辑可缩放矢量图形(SVG 图像可以重新着色)，且缩放或调整大小时不会影响 SVG 图像的质量。

(5) 将 SVG 图像或图标转换为形状：将 SVG 图像或图标转换为 Office 形状，这意味着可对 SVG 文件进行反汇编并编辑其各个部分。

(6) 插入 3D 模型，观察各个角度：轻松插入 3D 模型，实现 360°旋转。结合平滑切换功能，可在幻灯片之间产生影视动画效果。

(7) 简化背景消除：自动检测常规背景区域，无须再在图片前景周围绘制一个矩形，还可使用铅笔绘制任意形状的线条以标记要保留或删除的区域，而不再仅限于绘制直线。

(8) 导出为 4K：将演示文稿导出为视频时，可以选择 4K 分辨率。

(9) 录制功能：功能区上的可选“录制”选项卡将所有录制功能集中在一个位置，可以录制视频或音频旁白，也可以录制数字墨迹手势。

(10) 可自定义、可移植的笔组：选择一组个人用于墨迹书写的笔、荧光笔或铅笔，并使它们可用于各个 Office 应用中。

(11) 用于绘制直线的直尺：在带触摸屏的设备上，可使用功能区“绘图”选项卡中的“标尺”绘制直线或将一组对象对齐。标尺具有角度设置，可设置一个精确的角度。

学习目标

★知识目标：

1. 掌握如何新建及删除幻灯片。
2. 掌握如何设置与修改幻灯片的版式。
3. 熟练掌握如何在幻灯片中输入文本内容及编辑格式。
4. 熟练掌握如何设置超链接。
5. 学会插入动作按钮。
6. 掌握如何插入图片、音视频对象及编辑格式等操作方法。
7. 重点掌握通过母版视图将演示文稿设计成风格统一的外观样式。
8. 掌握幻灯片的页面设置方法。
9. 掌握幻灯片主题的设置方法。
10. 熟练掌握设置各种类型的动画效果的方法。
11. 掌握幻灯片切换及放映方式的设置方法。

★能力目标：

1. 提高演示文稿的审美能力。
2. 提高结构化思考能力。
3. 提高素材搜集能力。
4. 提高内容梳理能力。
5. 提高视觉表达能力。

★素养目标：

1. 树立正确的人生观、世界观、价值观。
2. 培养自信心及团队协作意识。
3. 培养创新意识，把理念融入演示文稿制作中。

任务一 新员工入职培训演示文稿

一套完整的 PowerPoint 文件一般包括封面、前言、目录、图表页、文字页、封底等，所采用的素材一般包括文字、图片、图表、动画、音频、视频等。用户可以根据实际需求对每一张幻灯片进行创作和编辑，最后生成一套内容丰富、极具个性化的演示文稿。

任务描述

本任务通过对演示文稿“河北省交通规划设计研究院新员工入职培训—素材.pptx”进行编辑加工，掌握新建、删除幻灯片，修改幻灯片版式，输入文字，设置超链接、动作按钮、段落项目符号，插入图片、音视频对象及编辑格式等操作方法；重点掌握通过母版视图将演示文稿设计成风格统一的外观样式。

任务实施

(1) 对整个文档选择“带状”主题进行应用，并对该主题进行设计，将主题颜色中的“文字/背景—深色 2 (D)”“着色 1 (1)”“着色 2 (2)”改成深红色，并将幻灯片 1 的标题格式设置为隶书、54 号，“新员工入职培训”设置为隶书、40 号、加粗。

4-1 应用主题及插入 SmartArt 图形

【操作步骤一】 打开“1—新员工入职培训—素材”中的“河北省交通规划设计研究院新员工入职培训—素材.pptx”演示文稿，在“设计”工具组中找到“主题”，选择“带状”主题，如图 4-1 所示。

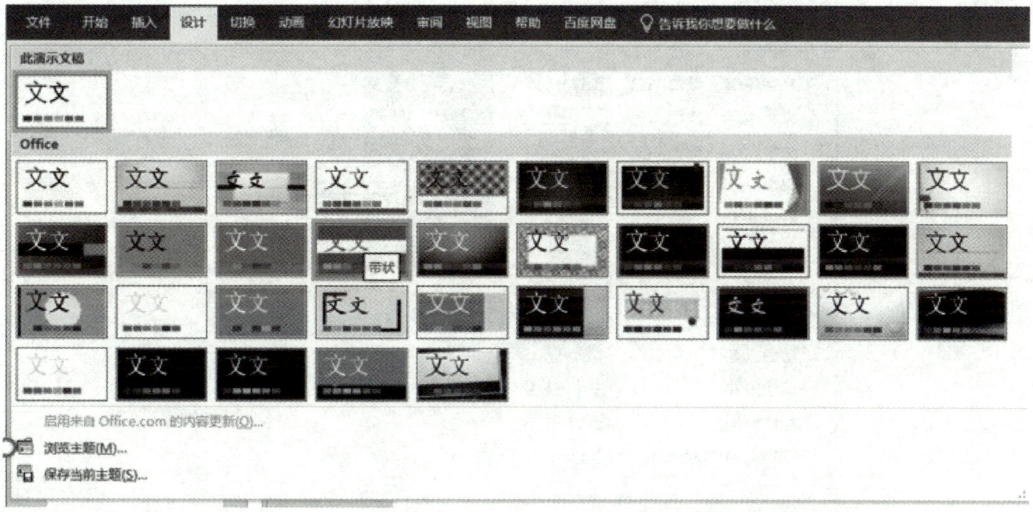

图 4-1　选择“带状”主题

【操作步骤二】 在“设计”工具组中找到“变体”，选择“颜色”中的“自定义颜色”，如图 4-2 所示。在“编辑主题颜色”对话框中，将“文字/背景—深色 2 (D)”“着色 1 (1)”“着色 2 (2)”改成深红色，如图 4-3 所示。选中幻灯片 1 的标题，在“开始”选项卡中的“字体”组选择隶书、54 号，用同样的方法将“新员工入职培训”设置为隶书、40 号、加粗。

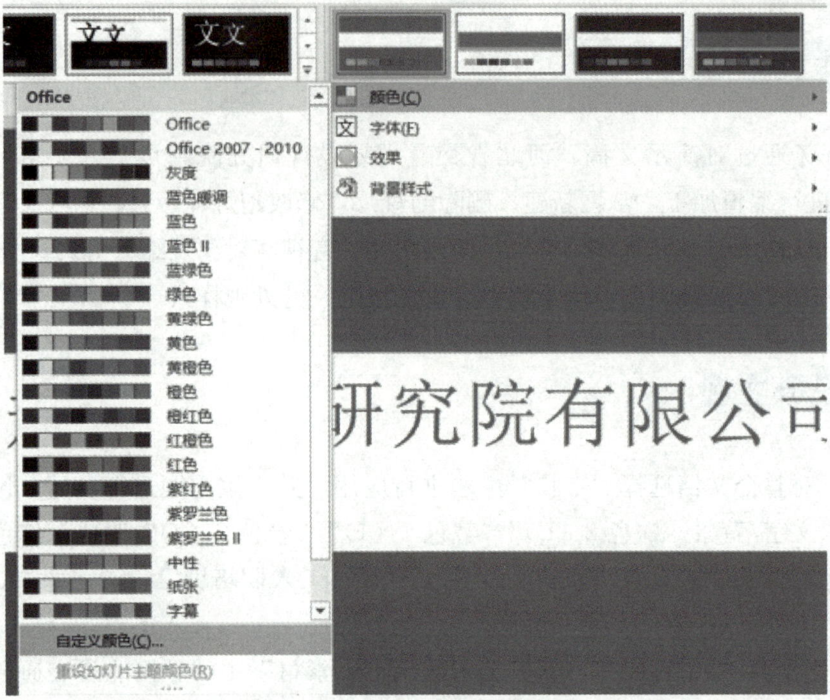

图 4-2　选择“自定义颜色”

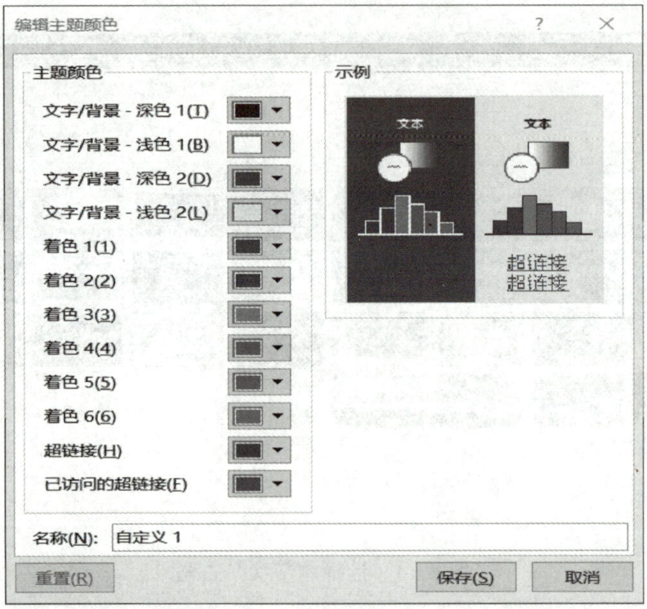

图 4-3　编辑主题颜色

(2) 新建幻灯片 2（目录页），版式为标题内容，并插入对象及编辑格式。在幻灯片 2 的标题处输入“培训内容”，在内容占位符中插入“SmartArt 图形”的“基本列表”，SmartArt 样式为：优雅，输入各行文字内容，格式默认。目录页内容如图 4-4 所示。

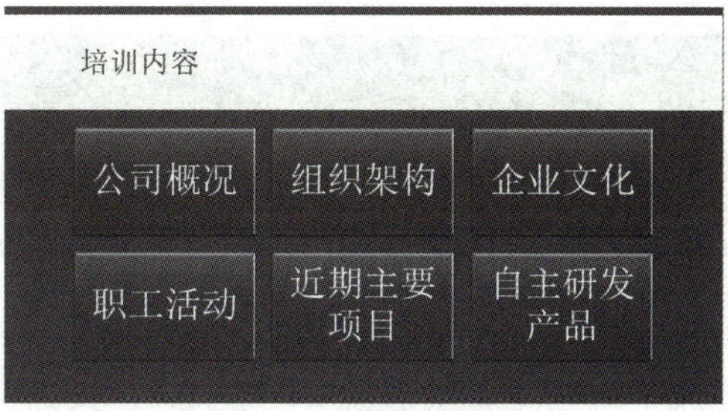

图 4-4　目录页内容

【操作步骤一】打开“开始”选项卡，在“幻灯片”下拉列表中选择“新建幻灯片”，新建幻灯片 2，版式为标题内容。在幻灯片 2 中单击标题占位符，输入文字“培训内容”。在内容占位符中单击“插入 SmartArt 图形”按钮，在弹出的“选择 SmartArt 图形”对话框中选择“列表”中的“基本列表”，单击“确定”按钮，如图 4-5、图 4-6 所示。在“设计”选项卡中找到“SmartArt 样式”组，选择“优雅”，如图 4-7 所示。

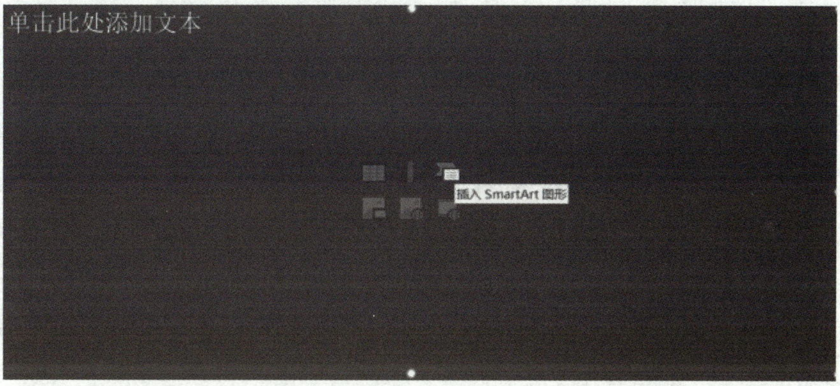

图 4-5　在内容占位符中插入 SmartArt 图形

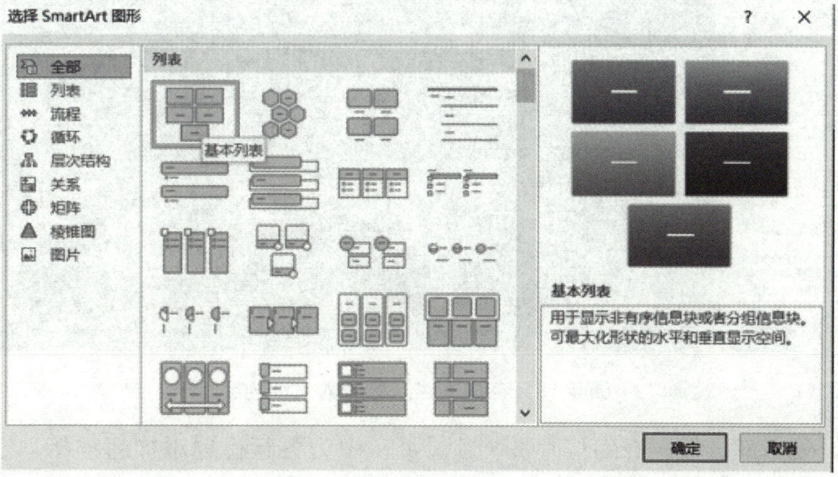

图 4-6　选择“基本列表”

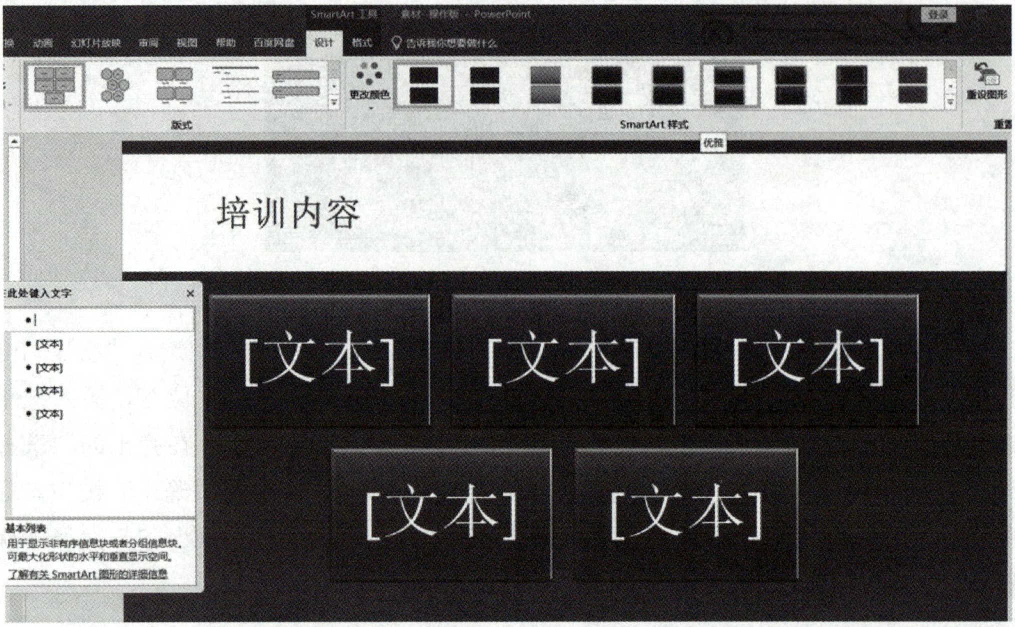

图 4-7　“SmartArt 样式”选择“优雅”

【操作步骤二】在文本输入区依次输入文字内容：“公司概况”“组织架构”“企业文化”“职工活动”“近期主要项目”，如图 4-8 所示。在左侧的文本窗格最后一行处通过按“Enter”键增加一行，输入“自主研发产品”；或者在右侧“近期主要项目”上单击鼠标右键，在弹出的快捷列表中选择“添加形状”→“在后面添加形状”，如图 4-9 所示，增加新的形状，在新增的形状中输入“自主研发产品”。

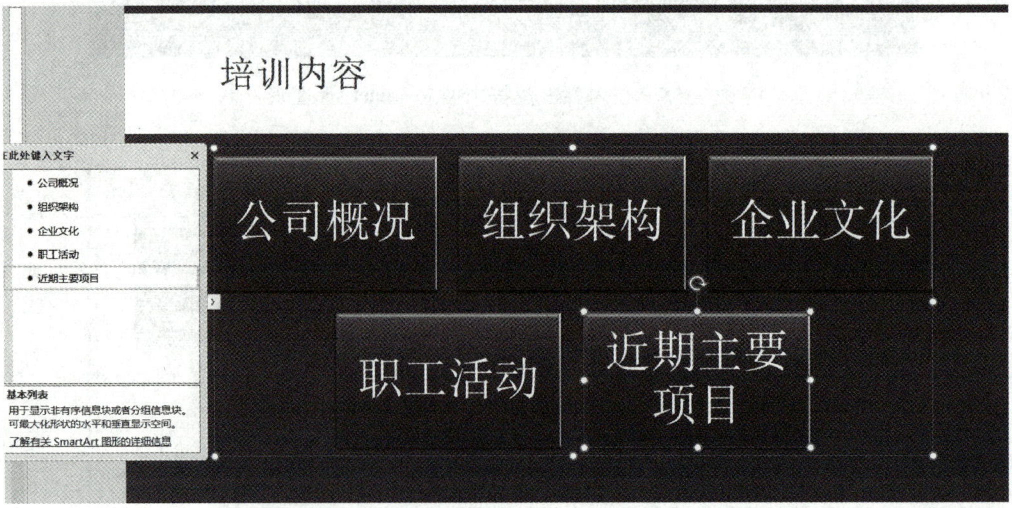

图 4-8　在文本输入区输入文字内容

（3）编辑超链接。在幻灯片 2（目录页）中为各行标题添加超链接，定位到相应幻灯片位置。

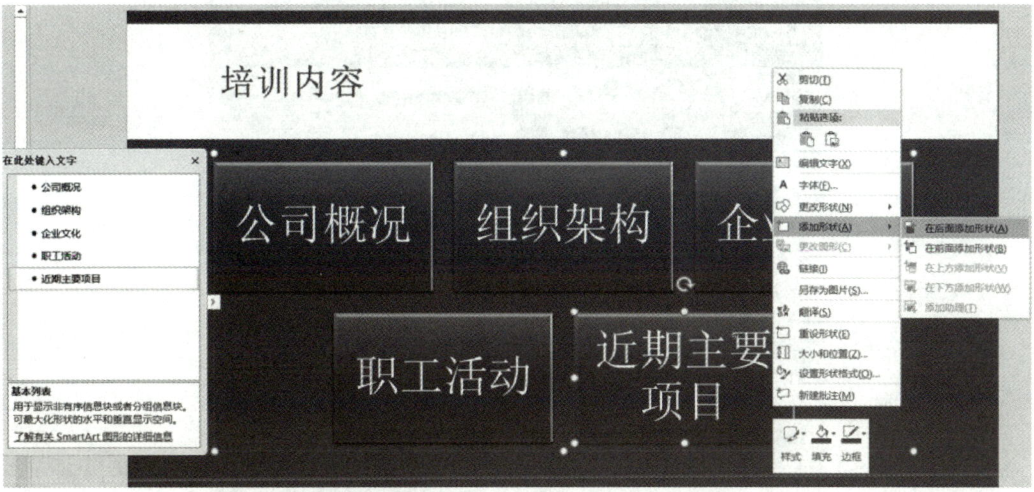

图 4-9　在 SmartArt 图形中增加新的形状

【操作步骤】在幻灯片 2（目录页）中选中需要添加超链接的“公司概况”形状，单击鼠标右键，在弹出的快捷列表中选择“链接”，在“插入超链接”对话框中，单击“本文档中的位置”，选择“3. 公司概况”幻灯片，如图 4-10 所示。其余五个“组织架构”“企业文化”“职工活动”“近期主要项目”“自主研发产品”形状，可重复上述操作分别跳转到幻灯片 4、幻灯片 5、幻灯片 6、幻灯片 7、幻灯片 8。

4-2 添加超链接、动作按钮及图片设置

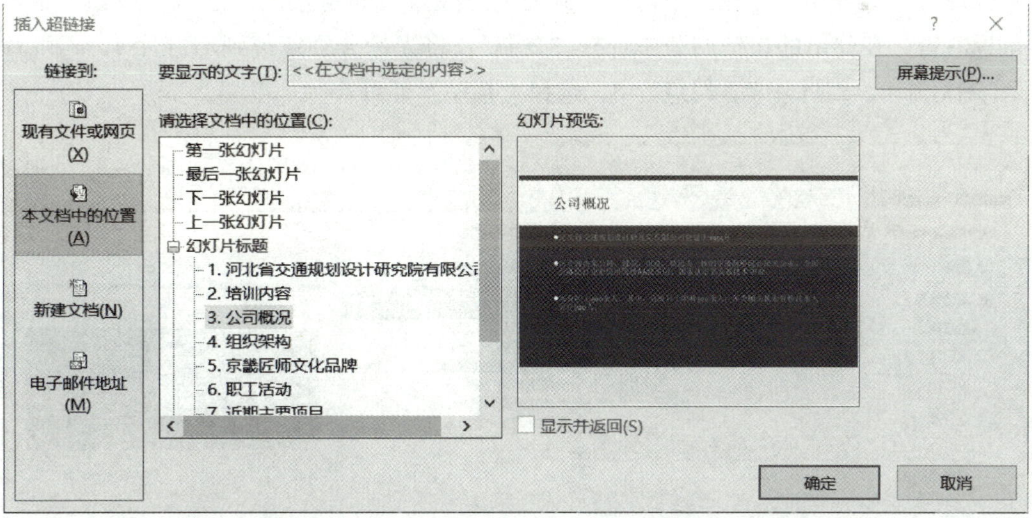

图 4-10　设置“插入超链接”对话框

（4）添加动作按钮。为幻灯片 3、幻灯片 4、幻灯片 5、幻灯片 6、幻灯片 7、幻灯片 8 分别添加动作按钮“上一张”，实现单击按钮后返回到幻灯片 2（目录页）。

【操作步骤一】将光标定位到幻灯片 3，打开“插入”选项卡，单击“插图”工具组的“形状”下拉按钮，选择“动作按钮：上一张”，如图 4-11 所示。

图 4-11　插入动作按钮

【操作步骤二】在幻灯片内容区域空白处拖动鼠标绘制形状图形，松掉鼠标后弹出“操作设置”对话框。在“操作设置”对话框中，打开“单击鼠标”选项卡，“单击鼠标时的动作”选择“超链接到：幻灯片...”。在弹出的“超链接到幻灯片”对话框中，选择“幻灯片标题”列表框中的“2. 培训内容”，单击“确定”按钮，如图 4-12 所示。幻灯片 4、幻灯片 5、幻灯片 6、幻灯片 7、幻灯片 8 重复上述操作步骤即可；或者在幻灯片 3 中选中绘制完成且设置好超链接的“形状”按钮，单击鼠标右键，在弹出的快捷列表中选择“复制”，将光标分别定位到幻灯片 4、幻灯片 5、幻灯片 6、幻灯片 7、幻灯片 8，选择“粘贴”即可。

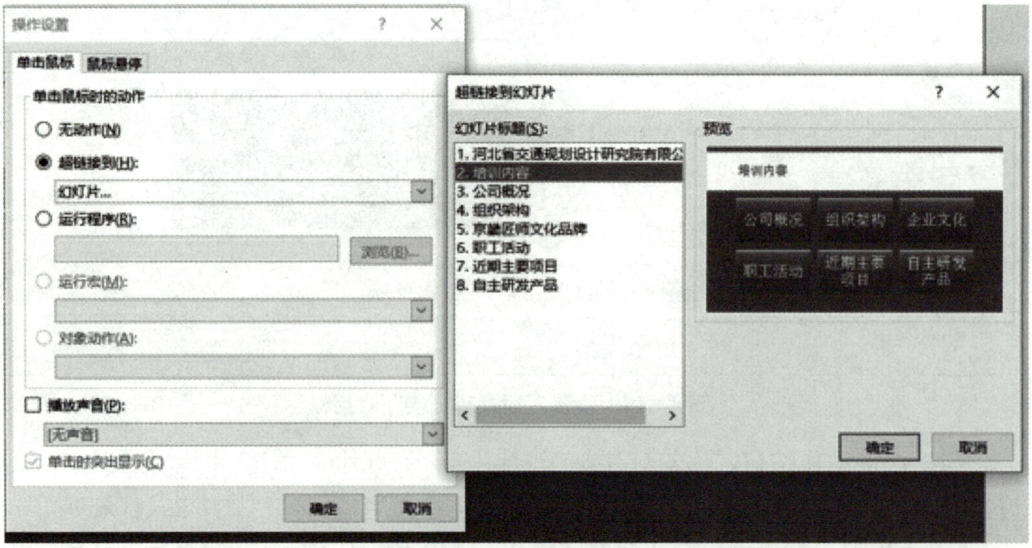

图 4-12　“操作设置”对话框和“超链接到幻灯片”对话框

（5）设置图片格式。将幻灯片 4 的图片设置为“水平居中”，大小为：高 13 厘米，宽 23 厘米。将幻灯片 5 的图片设置为“右对齐”，图片大小尺寸不变。

【操作步骤】 双击幻灯片 4 的图片，打开“格式”选项卡，单击“对齐”下拉按钮，在其下拉列表中选择“水平居中”，如图 4-13 所示。单击“格式”选项卡中“大小”的右边扩展按钮，将“锁定纵横比”复选框的勾选取消，设置高度为“13 厘米”，宽度为“23 厘米”，如图 4-14 所示。用同样的方法设置幻灯片 5 的图片格式。

4-3 幻灯片文本框及插入视频设置

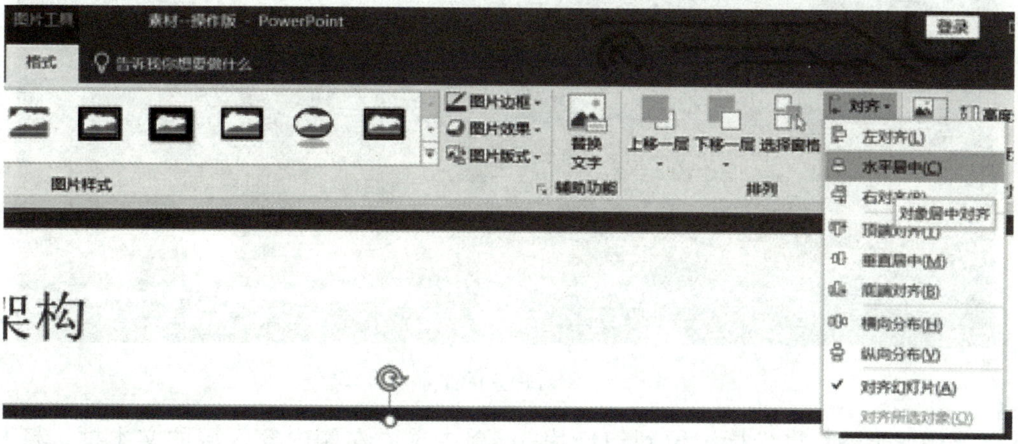

图 4-13 设置图片对齐格式

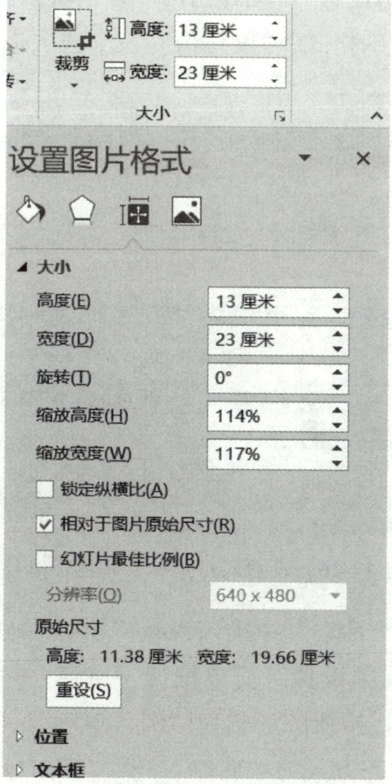

图 4-14 设置图片的大小

（6）将幻灯片 5 中的文本框内的文本颜色设置为白色，段落特殊格式设置为：文本之前 0.5 厘米，悬挂缩进，度量值 1.13 厘米，效果如图 4－15 所示。

图 4－15　幻灯片 5 的文本内容效果

【操作步骤】 将光标定位到幻灯片 5，单击选中左侧内容区域的文本框，打开“开始”选项卡，在“字体”组中选择字体颜色为白色。然后打开“开始”选项卡，单击“段落”组中的“段落设置”，在弹出的“段落”对话框中，在“缩进”选项组中分别对“文本之前”“特殊格式”“度量值”三个选项进行设置，如图 4－16 所示。

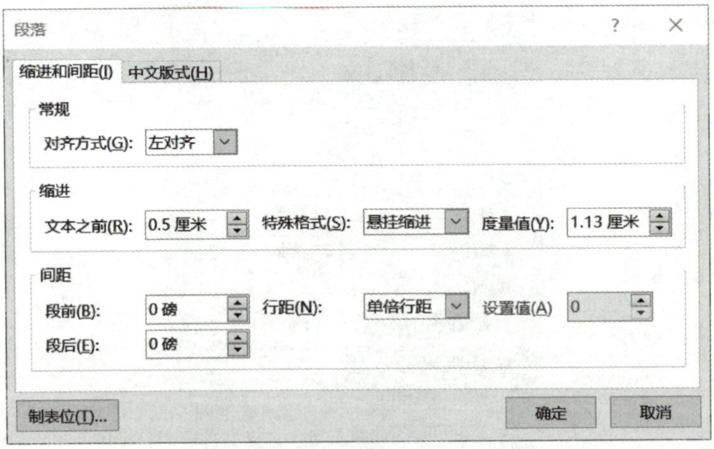

图 4－16　设置幻灯片 5 文本框段落格式

（7）在幻灯片 6：“职工活动”中插入视频“职工活动 . mp4”，设置高度为 10 厘米，宽度为 20 厘米，为视频设置“简单框架，白色”。在视频的下方插入“播放”“停止”“暂停”三个按钮，按钮的形状为“圆角矩形”，填充颜色为“细微效果—灰色，强调颜色 5”，设置对齐方式为“底端对齐”“横向分布”，并对“播放”“停止”“暂停”三个按钮进行设置。

【操作步骤一】 定位到幻灯片 6："职工活动"，在幻灯片的中部，单击"插入视频文件"按钮，如图 4－17 所示，选择"PC 上的视频"。在弹出的对话框中选择"来自文件"，根据视频资料所在路径找到"职工活动"视频文件，单击"插入"按钮，如图 4－18 所示。

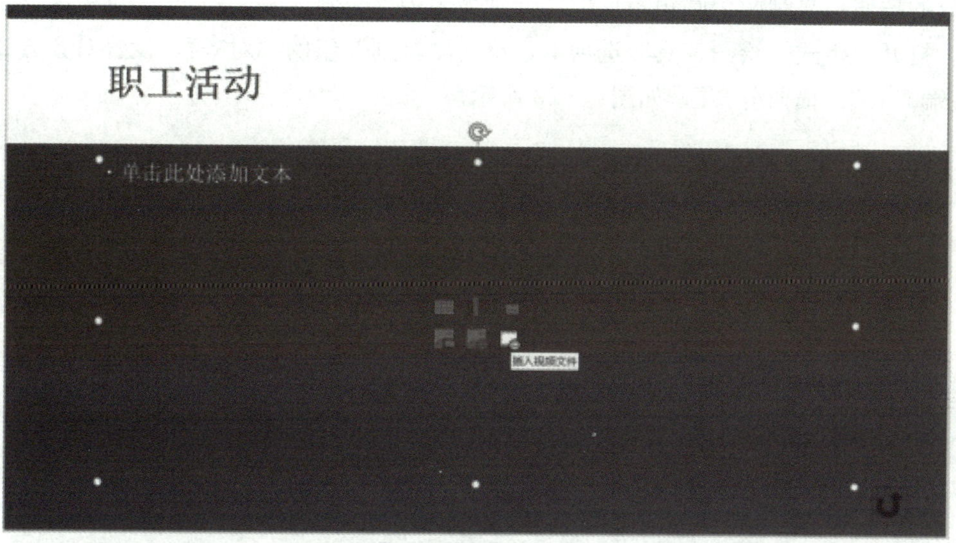

图 4－17 在幻灯片 6 中插入视频文件

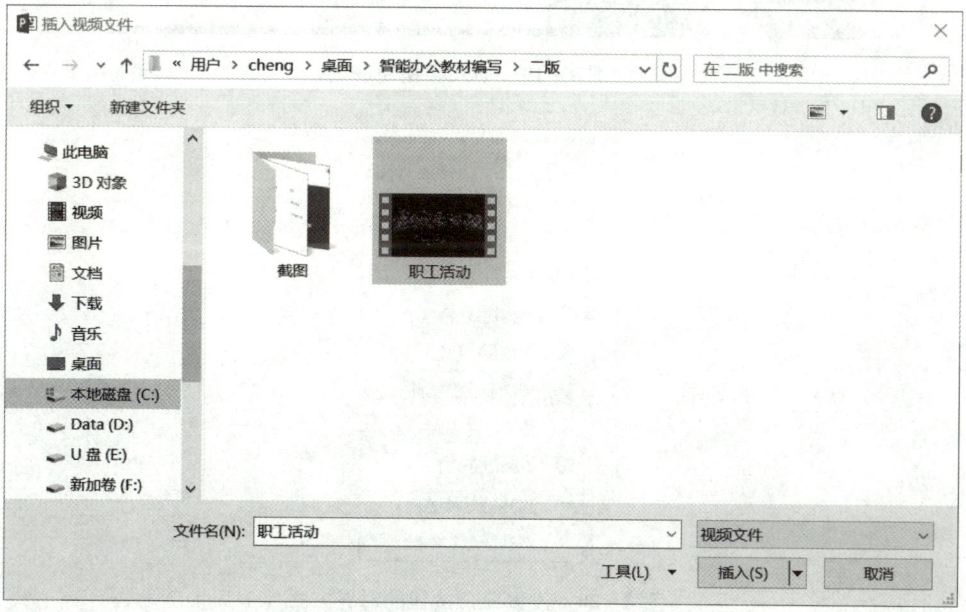

图 4－18 插入"职工活动"视频文件

【操作步骤二】 在"格式"选项卡中找到"大小"，将"锁定纵横比"复选框的勾选取消，高度设置为 10 厘米，宽度设置为 20 厘米；在"视频样式"选项里选择"简单框架，白色"。

【操作步骤三】打开“插入”选项卡，单击“插图”组的“形状”下拉按钮，在弹出的下拉列表中选择“矩形”组中的“矩形：圆角”，如图 4－19 所示；选中这个按钮，打开“格式—绘图工具”选项卡，在“快速样式”中选择“细微效果—灰色，强调颜色 5”。在插入的圆角矩形内的光标闪烁处输入“播放”，以此作为控制视频播放的按钮。复制两个圆角矩形框，分别命名为“暂停”和“停止”。选中这三个按钮，打开“格式—绘图工具”选项卡，单击“排列”组的“对齐”，设置对齐方式为“底端对齐”“横向分布”，如图 4－20 所示。

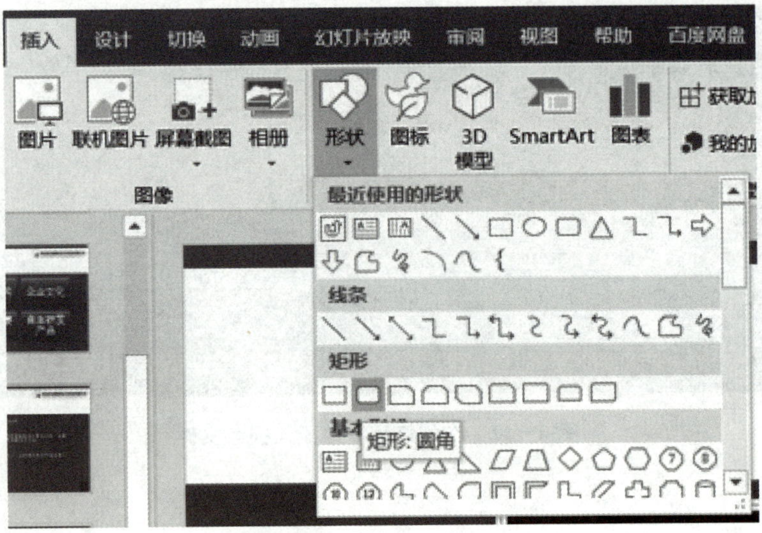

图 4－19　插入圆角矩形

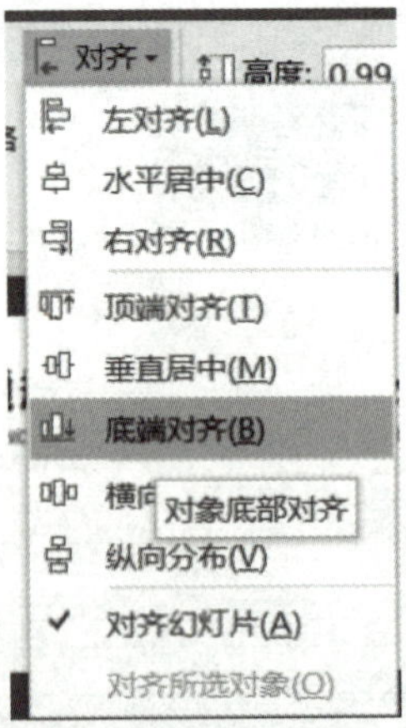

图 4－20　设置三个按钮的对齐方式

【操作步骤四】选中视频播放框，打开“动画”选项卡，单击“高级动画”组的“添加动画”，单击“媒体”里的“播放”，在右侧出现“动画窗格”，单击“1 ▌▌职工活动”右侧的小三角按钮，在弹出的下拉列表中选择“计时”，如图 4－21 所示；打开“播放视频”对话框，单击“触发器”，在此对话框底部出现三个选项，选择

“单击下列对象时启动动画效果”，单击其右侧的下拉按钮，在弹出的下拉列表中选择“矩形：圆角 2：播放”，如图 4-22 所示。

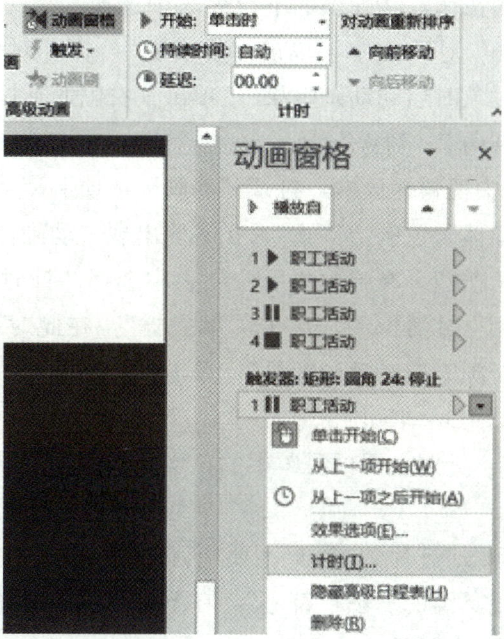

图 4-21　设置“动画窗格”的计时功能

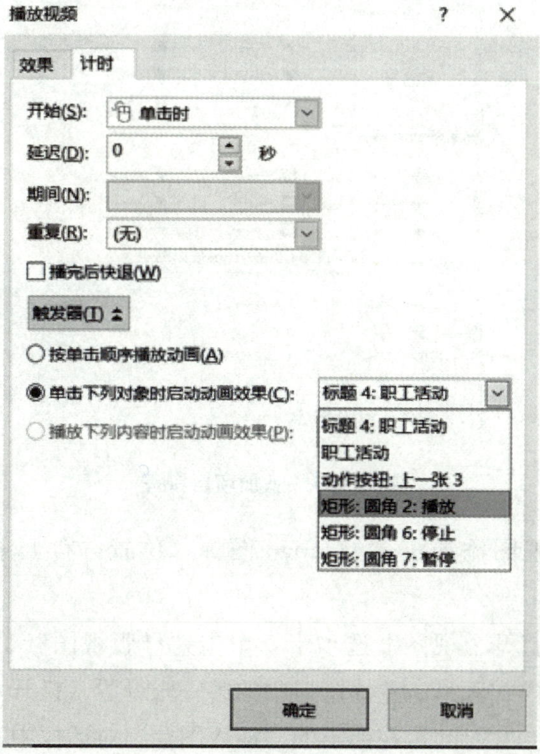

图 4-22　设置播放视频按钮

【操作步骤五】选中视频播放框，打开“动画”选项卡，单击“高级动画”组的“添加动画”，单击“媒体”里的“暂停”，在右侧出现“动画窗格”，单击“1 ‖ 职工活动”右侧的小三角按钮，在弹出的下拉列表中选择“计时”，打开“播放视频”对话框。在“播放视频”对话框中，单击“触发器”，在此对话框底部出现三个选项，选择“单击下列对象时启动动画效果”，单击其右侧的下拉按钮，在弹出的下拉列表中选择“矩形：圆角 7：暂停”。

【操作步骤六】选中视频播放框，打开“动画”选项卡，单击“高级动画”组的“添加动画”，单击“媒体”里的“停止”，在右侧出现“动画窗格”，单击“1 ‖ 职工活动”右侧的小三角按钮，在弹出的下拉列表中选择“计时”，打开“播放视频”对话框。在“播放视频”对话框中，单击“触发器”，在此对话框底部出现三个选项，选择“单击下列对象时启动动画效果”，单击其右侧的下拉按钮，在弹出的下拉列表中选择“矩形：圆角 6：停止”。

（8）为“幻灯片 7：近期主要项目”中的正文文本选择“带填充效果的钻石形项目符号”，颜色默认。

4-4 项目符号及母版编辑

【操作步骤】选中“幻灯片 7：近期主要项目”中的正文文本，打开“开始”选项卡，单击“段落”工具组的“项目符号”，在下拉菜单中选择“带填充效果的钻石形项目符号”，如图 4-23 所示。

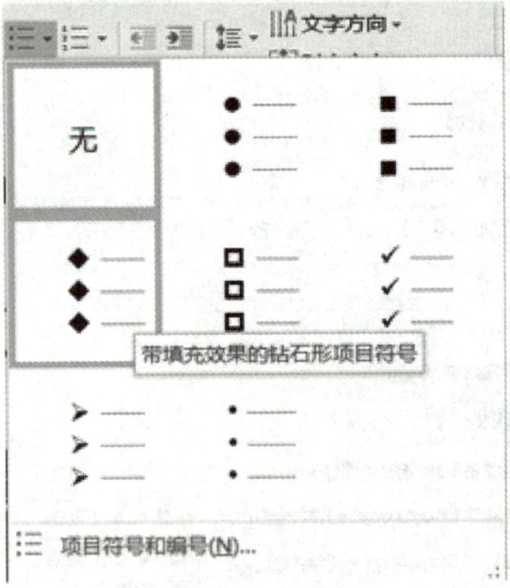

图 4-23　添加项目符号

（9）通过母版视图添加统一的 Logo 图标（位置：右上角，大小：2 厘米×10 厘米）。

【操作步骤一】打开“视图”选项卡，单击“母版视图”工具组的“幻灯片母版”，打开母版编辑模式。单击左侧窗口中的第一张母版，打开“插入”选项卡，单击“图像”工具组的“图片”，在弹出的“插入图片”对话框中，根据图片所在路径找到图片“河北交通设计研究院图标”，单击“插入”按钮即可，如图 4-24 所示。

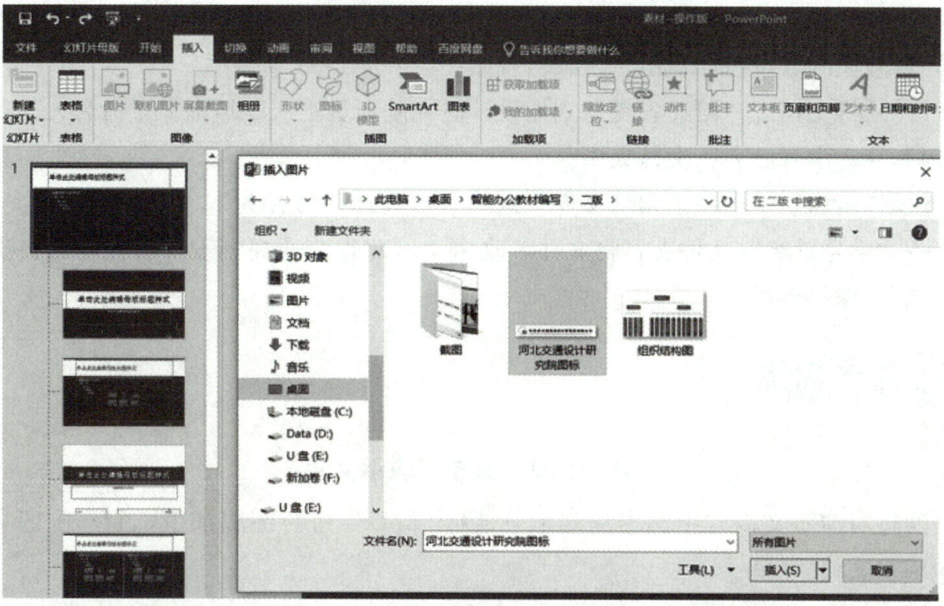

图 4－24　设置“插入图片”对话框

【操作步骤二】选中插入幻灯片母版中的 Logo 图片，单击“大小”工具组右下角的下拉按钮，在弹出的“设置图片格式”对话框中取消选中“锁定纵横比”复选框，然后将高度设置为“2 厘米”，宽度设置为“10 厘米”，如图 4－25 所示。最后

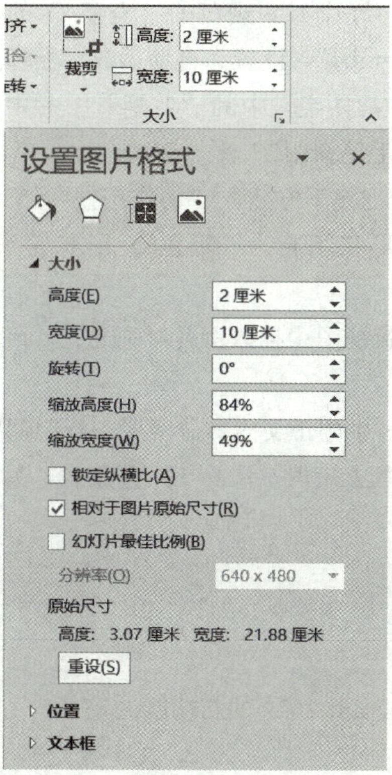

图 4－25　设置图片大小

将图片拖动到右上角合适的位置，单击“幻灯片母版”选项卡中“关闭”工具组的“关闭母版视图”按钮，退出母版编辑视图。

（10）将文档以“河北省交通规划设计研究院新员工入职培训”重命名，另存到“桌面”→“学号姓名”文件夹中。

【操作步骤】单击左上角“文件”选项卡，选择“另存为”，在地址栏找到“桌面”→“学号姓名”文件夹，将文件名改为“河北省交通规划设计研究院新员工入职培训”，保存即可。

任务训练

制作中国书法知识演示文稿

通过对演示文稿“中国书法知识—素材 . pptx”进行编辑加工，制作中国书法知识演示文稿。

要求如下：

（1）打开“中国书法知识—素材 . pptx”，新建幻灯片 1，版式为标题幻灯片，输入文字“中国书法”，文字格式：楷体、72 号、加粗、阴影；并删除最后一张幻灯片。

（2）修改“幻灯片 2：练习书法的益处”，将版式改为“标题和竖排文字”。

（3）插入视频。在“幻灯片 11：规范的‘坐姿’”的内容占位符中插入素材文件“毛笔字书法入门教程 . mp4”，设置为自动播放、循环放映。

（4）在“幻灯片 4：文房四宝”中的“毛笔”图片中添加超链接，实现单击图片后跳转到“幻灯片 10：毛笔介绍”。

（5）在幻灯片 11 中的视频下方插入“动作按钮：结束”，实现单击该按钮结束幻灯片放映，按钮样式：形状填充为“黑色”、形状轮廓为“红色”、形状效果为“棱台”→“角度”。

（6）设置母版。在母版视图中插入图片“书法. jpg”，并设置图片样式为“柔化边缘椭圆”。

（7）分栏。将幻灯片 3 中的正文内容分两栏，行距调整为 1.5，添加自动编号。

（8）将文档以“中国书法知识—作品 1”重命名，另存到“桌面”→“学号姓名”文件夹中。

知识巩固

1. 以下不属于 PowerPoint 2019 的新功能的是（　　）。

A. 平滑切换功能　　　　B. 文本荧光笔

C. 母版编辑　　　　D. 录制功能

2．PowerPoint 2019 的主题选择在（　　）选项卡中。

A．开始　B．插入　C．设计　D．布局

3．PowerPoint 2019 中，SmartArt 图形的插入是在“插入”选项卡的（　　）工具组内。

A．表格　B．页面　C．媒体　D．插图

4．PowerPoint 2019 演示文稿文件的扩展名是（　　）。

A．. ppsx　B．. pptx　C．. ppt　D．. pps

5．PowerPoint 幻灯片浏览视图中，若要选择多个不连续的幻灯片，在单击选定幻灯片前应该按住（　　）。

A．“Shift”键　B．“Alt”键　C．“Ctrl”键　D．“Enter”键

任务二 制作动态丰富的演示文稿

PowerPoint 2019 除了可以创建由一系列幻灯片组成的静态演示文稿，还可以呈现出丰富多彩的动画及动态切换效果。在制作演示文稿时，使用动画效果可以大大提高演示文稿的表现力，在展示过程中起到画龙点睛的作用，提高观众对演示文稿的兴趣。

任务描述

本任务通过对任务一中“河北省交通规划设计研究院新员工入职培训 .pptx”演示文稿进行编辑加工，掌握幻灯片的页面设置、动画效果设置及幻灯片切换等操作方法，制作出呈现方式更具个性化的演示文稿。

任务实施

4－5 标题框及文本框动画效果

（1）为幻灯片 1 设置动画效果。为标题添加“翻转式由远及近”进入效果，持续时间为 1 秒，然后添加“波浪形”强调效果，开始时间为“与上一动画同时”，持续时间为 1.5 秒。为副标题“新员工入职培训”添加“轮子”进入效果，开始时间设置为“上一动画之后”，持续时间为 2 秒。

【操作步骤一】打开素材“河北省交通规划设计研究院新员工入职培训 .pptx”，选择幻灯片 1 中的标题文本框，单击“动画”工具组中“高级动画”组的“添加动画”下拉按钮，在“进入”中选择“翻转式由远及近”，在“动画”选项组中设置持续时间为 1 秒，如图 4－26 所示。再次选中标题文本框，单击“动画”工具组中“高级动画”组的“添加动画”下拉按钮，在“强调”中选择“波浪形”，在“动画”选项组中设置计时，开始时间设为“与上一动画同时”，持续时间：1.5 秒。

【操作步骤二】选中副标题文本框，单击“动画”工具组中“高级动画”组的“添加动画”，在“进入”内选择“轮子”，在“动画”选项组中设置计时，开始时间设为“上一动画之后”，持续时间：2 秒，如图 4－27 所示。

（2）设置标题框动画效果。为幻灯片 4 中的标题添加自右上部的“飞入”进入效果，开始时间设置为“与上一动画同时”，持续时间为 2 秒，延迟 1 秒，添加进入声音为“风铃”，继续添加强调效果“闪现”，开始时间设置为“上一动画之后”，持续时间为 2 秒。

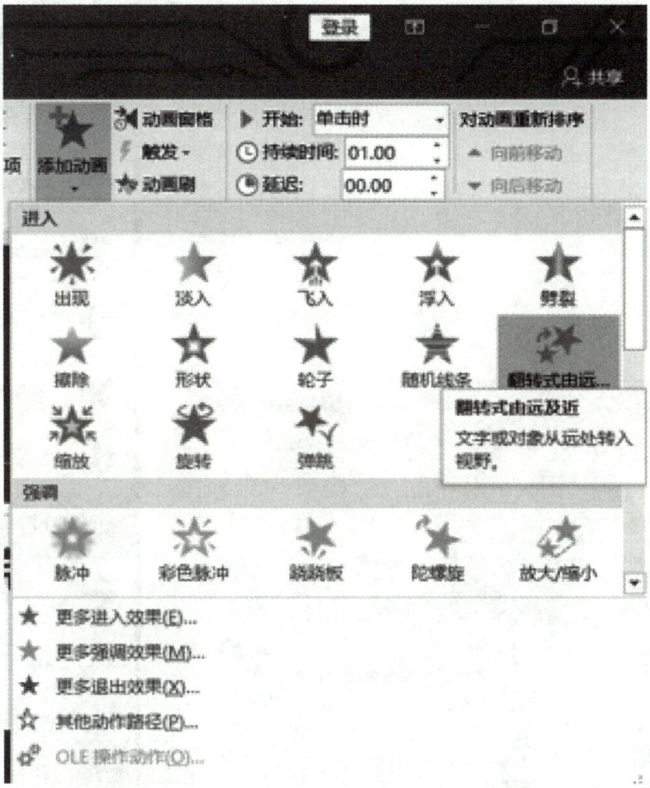

图 4－26　设置标题进入效果

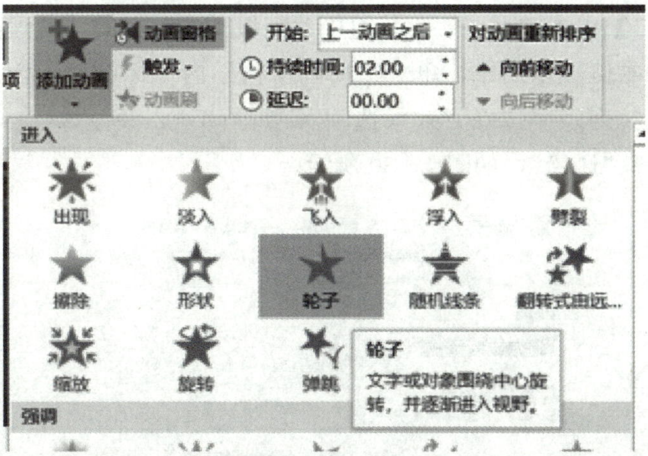

图 4－27　设置副标题进入效果

【操作步骤一】 选择幻灯片 4 中的标题文本框，单击“动画”工具组中“高级动画”组的“添加动画”下拉按钮，在“进入”中选择“飞入”，在“动画”选项组中设置计时，开始时间设为“与上一动画同时”，持续时间为 2 秒，延迟 1 秒；单击“动画”工具组的“效果选项”下拉按钮，在弹出的下拉列表中选择“方向”为“自右上部”，如图 4－28 所示。

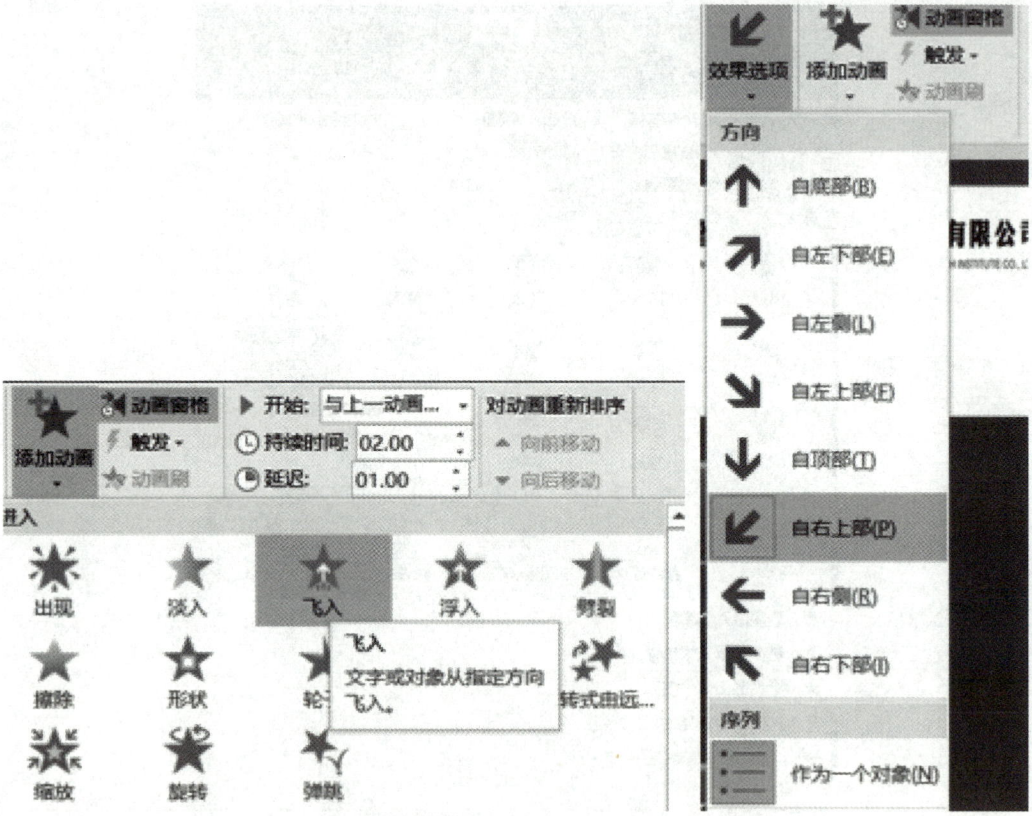

图 4－28　添加“飞入”动画效果及方向

【操作步骤二】单击“动画”工具组中“高级动画”组的“动画窗格”，“动画窗格”会在窗口的右侧显示出来，单击“动画窗格”内“标题 1：组织架构”右侧的下拉按钮，在下拉列表中选择“效果选项”，如图 4－29 所示，在“飞入”对话框中，“声音”选择“风铃”，如图 4－30 所示。

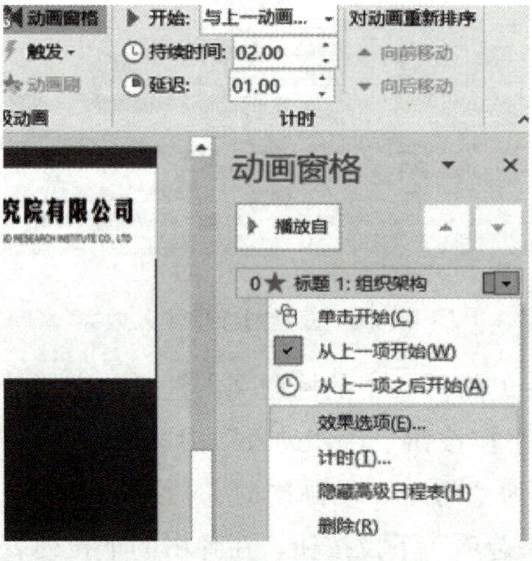

图 4－29　选择“效果选项”

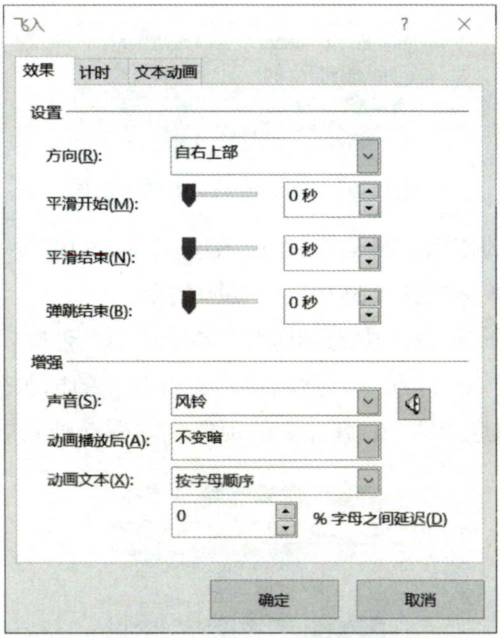

图 4-30　设置“飞入”声音

【操作步骤三】单击“动画”工具组中“高级动画”组的“添加动画”下拉按钮，选择下方的“更多强调效果”，在“添加强调效果”对话框中，单击“温和”下方的“闪现”，如图 4-31 所示。在“动画”选项组中设置计时，开始时间设为“上一动画之后”，持续时间为 2 秒，如图 4-32 所示。

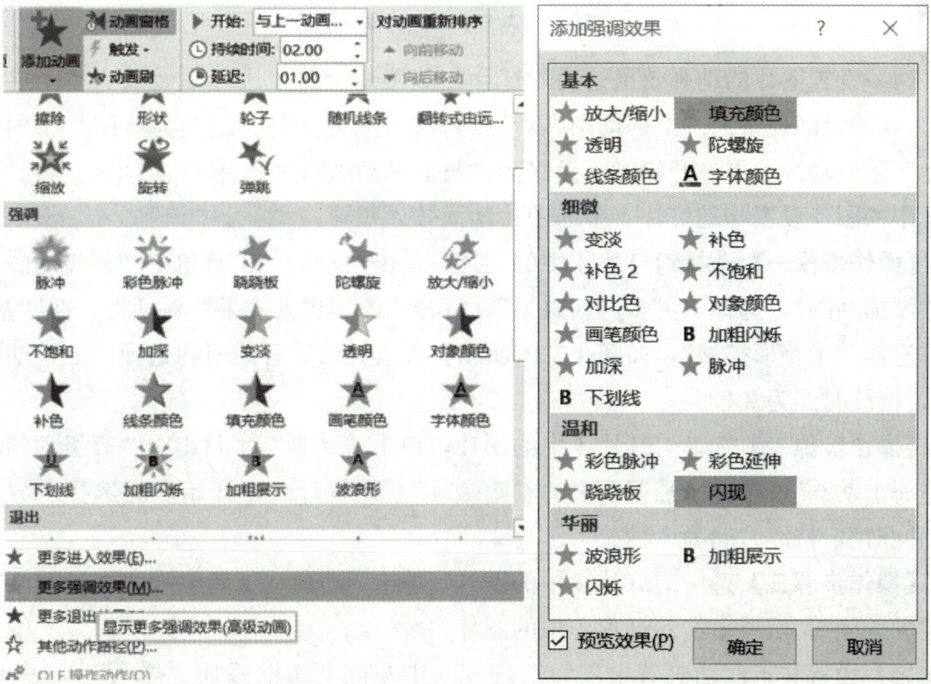

图 4-31　添加“闪现”强调效果

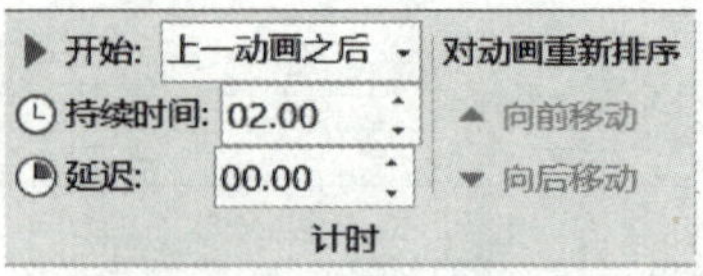

图 4-32 设置强调动画效果时间

（3）动画刷工具的使用。将幻灯片 5、幻灯片 6、幻灯片 7、幻灯片 8 的标题文本框设置成与幻灯片 4 标题文本框相同的动画效果。

4-6 动画刷及图片动画效果设置

【操作步骤】 选择幻灯片 4 中的标题文本框，单击“动画”工具组中“高级动画”组的“动画刷”，如图 4-33 所示，然后单击幻灯片 4 的标题。用同样的操作设置幻灯片 5、幻灯片 6、幻灯片 7、幻灯片 8 的标题文本框动画效果。

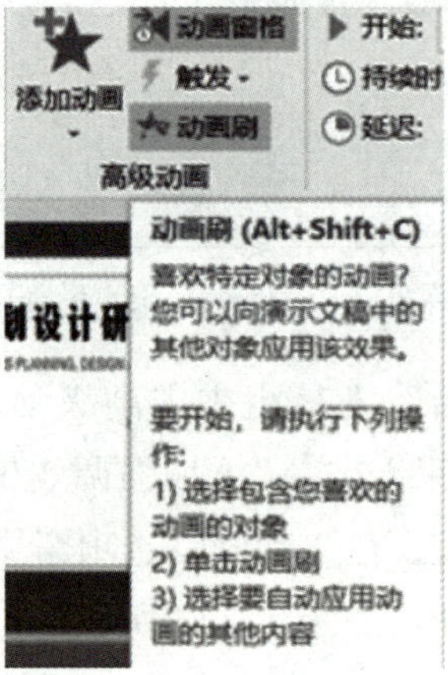

图 4-33 单击“动画刷”

（4）设置图片的动画效果。为幻灯片 4 的图片设置“进入”效果为“十字形扩展”，开始时间设置为“上一动画之后”，持续时间为 2 秒。继续为该图片添加“陀螺旋”强调动画效果，开始时间设置为“与上一动画同时”，持续时间为 1 秒。幻灯片 5 中的图片设置与幻灯片 4 中的图片动画效果相同。

【操作步骤一】 选择幻灯片 4 中的图片，单击“动画”工具组中“高级动画”组的“添加动画”，选择“更多进入效果”，打开“添加进入效果”对话框，在“基本”下方选择“十字形扩展”，如图 4-34 所示。设置计时，开始时间选择“上一动画之后”，持续时间为 2 秒。

【操作步骤二】 选择幻灯片 4 中的图片，单击“动画”工具组中“高级动画”组的“添加动画”，选择“强调”中的“陀螺旋”。设置计时，开始时间选择“与上一动画同时”，持续时间为 1 秒。

【操作步骤三】 选中幻灯片 4 中的图片，单击“动画”工具组中“高级动画”组的“动画刷”，然后单击幻灯片 5 中的图片。

4-7 文本框动画效果及自定义路径

（5）设置文本框动画效果：为幻灯片 5 中左侧文本框添加“浮入”动画效果，开始时间设置为“与上一动画同时”，持续时间为 1 秒，延迟 1 秒。为幻灯片 7 中的

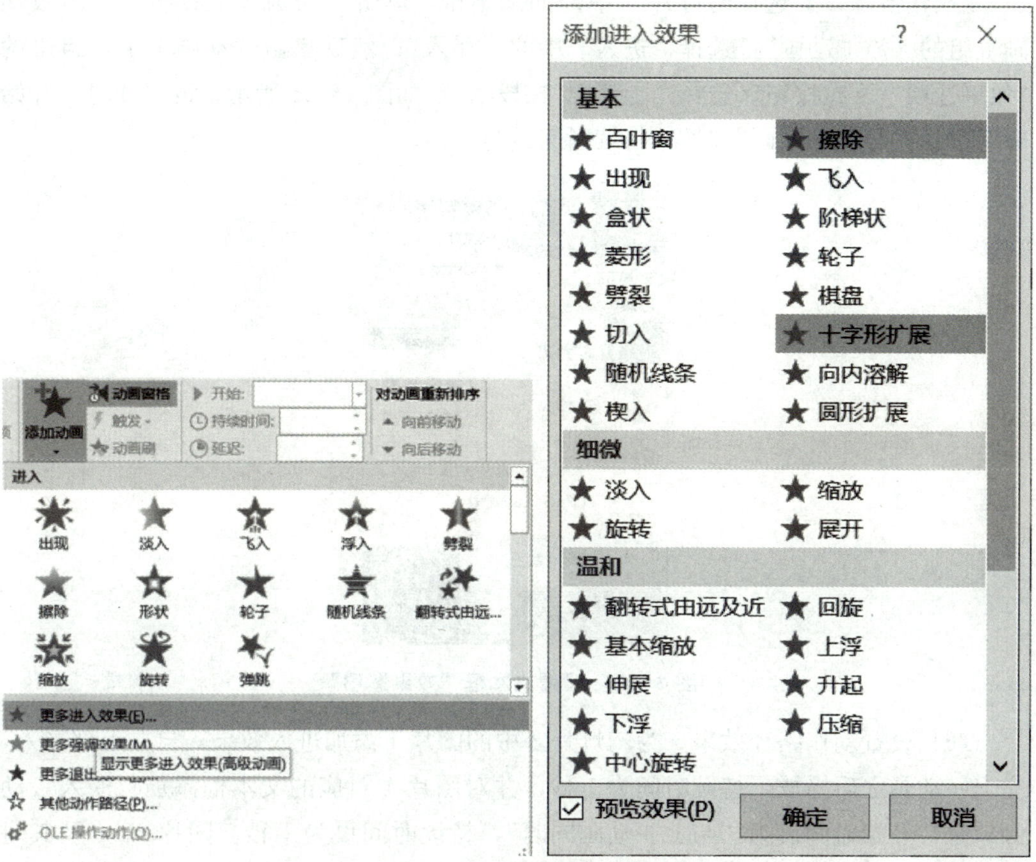

图 4-34 设置图片的进入动画效果

文本框添加向上的“浮入”动画效果，开始时间设置为“与上一动画同时”，持续时间为 1 秒，效果选项为“按段落”。

【操作步骤一】 选择幻灯片 5 中左侧文本框，单击“动画”工具组中“高级动画”组的“添加动画”，选择“进入”中的“浮入”，如图 4-35 所示。设置计时，开始时间选择“与上一动画同时”，持续时间设为 1 秒，延迟 1 秒。

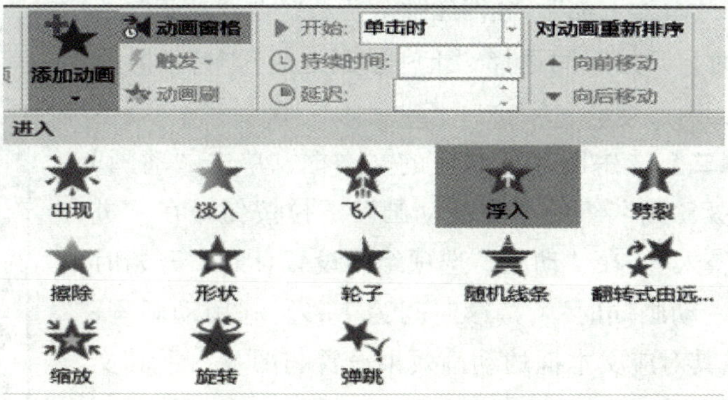

图 4-35 添加“浮入”动画效果

【操作步骤二】选择幻灯片 7 中部的文本框，单击“动画”工具组中“高级动画”组的“添加动画”，选择“进入”中的“浮入”；然后单击“动画”工具组里的“效果选项”下拉按钮，选择“上浮”“按段落”，如图 4－36 所示。设置计时，开始时间选择“与上一动画同时”，持续时间设为 1 秒。

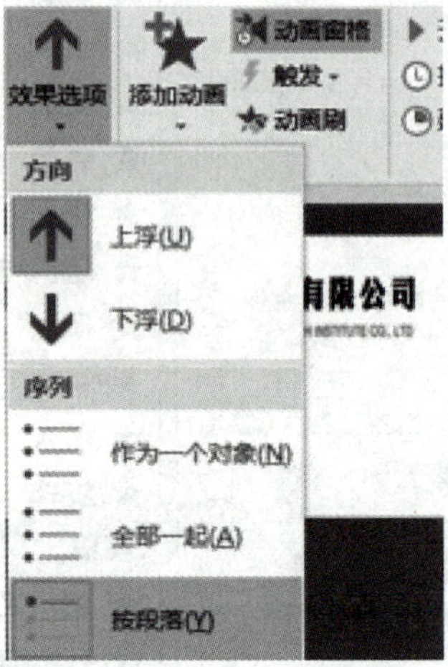

图 4－36　设置文本框“效果选项”

（6）设置动作路径效果。为幻灯片 8 中的图片 1 添加进入效果，自左上部飞入，在上一动画之后播放，持续时间为 1 秒，并对图片 1 对应的文本框添加“淡入”动画效果，开始时间设为“与上一动画同时”，持续时间设为 1 秒。图片 2、3 及其对应文本框的动画设置与图片 1 及其文本框相同。为图片 4 设置添加“自定义”动作路径效果，与上一动画同时播放，持续时间为 2 秒，并对图片 4 对应的文本框添加“淡入”动画效果，开始时间设为“与上一动画同时”，持续时间设为 2 秒。图片 5、6 及其对应文本框的动画设置与图片 4 及其文本框相同。

【操作步骤一】选择幻灯片 8 中的图片 1，单击“动画”工具组中“高级动画”组的“添加动画”下拉按钮，选择“进入”中的“飞入”，再单击“动画”工具组中的“效果选项”，方向选择“自左上部”，如图 4－37 所示。在“动画”选项组中设置计时，开始时间选择“上一动画之后”，持续时间为 1 秒。

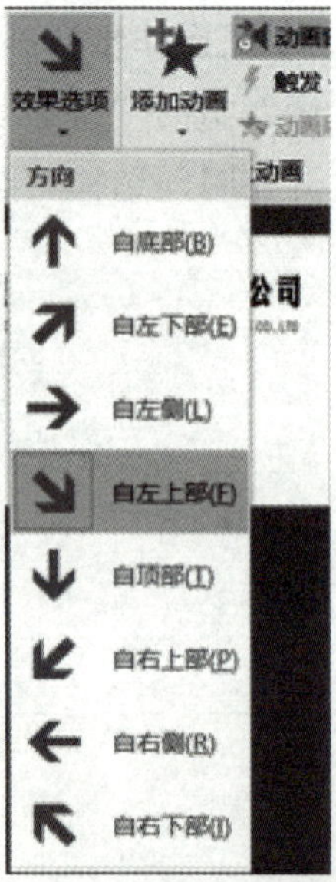

图 4－37　设置图片飞入的方向

【操作步骤二】选中图片 1 对应的文本框，单击“动画”工具组中“高级动画”组的“添加动画”下拉按钮，在“进入”中选择“淡入”。在“动画”选项组中设置计时，开始时间选择“与上一动画同时”，持续时间为 1 秒。利用动画刷，使图片 2、3 及其对应文本框的动画效果设置与图片 1 及其文本框相同。

【操作步骤三】选择幻灯片 8 中的图片 4，单击“动画”

工具组中“高级动画”组的“添加动画”下拉按钮，选择“动作路径”中的“自定义路径”，如图 4－38 所示。然后在幻灯片内容区域通过拖动鼠标绘制任意图形，双击停止绘制，即可实现图片跟随路径移动效果，如图 4－39 所示。最后，在“动画”选项组中设置计时，开始时间选择“上一动画之后”，持续时间为 2 秒。

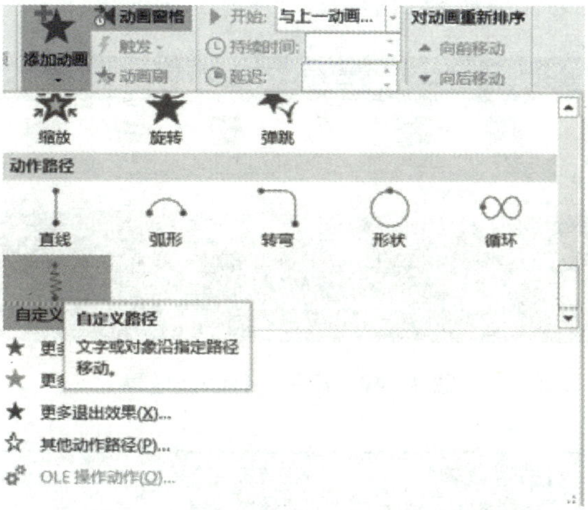

图 4－38　添加“自定义路径”动画效果

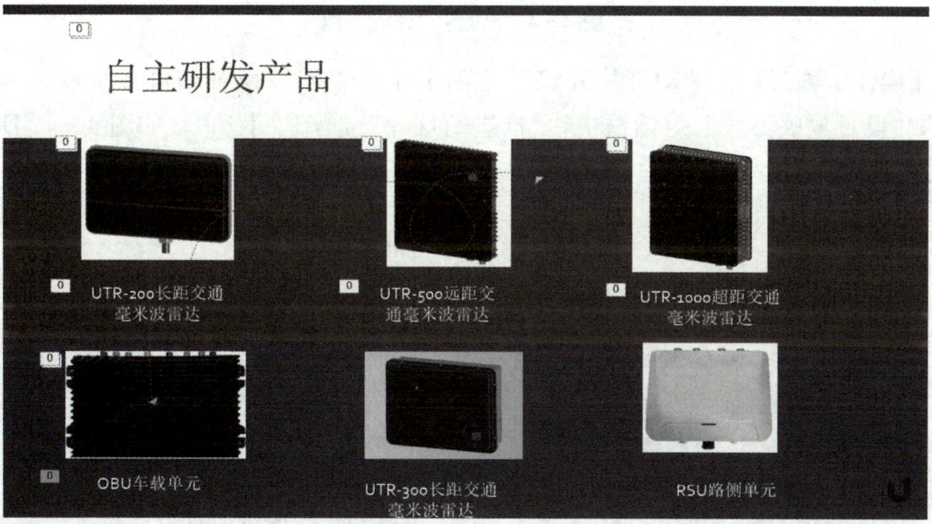

图 4－39　绘制动作路径

【操作步骤四】选中图片 4 对应的文本框，单击“动画”工具组中“高级动画”组的“添加动画”，在“进入”中选择“淡入”。在“动画”选项组中设置计时，开始时间选择“与上一动画同时”，持续时间为 2 秒。利用动画刷，使图片 5、6 及其对应文本框的动画效果设置与图片 4 及其文本框相同。

（7）切换幻灯片及自动放映设置。为每一张幻灯片添加顺时针的“时钟”切换效果，“微风”音效，持续时间为 2 秒，时间间隔为 2 秒。设置推进幻灯片为：手动。

4-8 幻灯片切换及文稿转视频

【操作步骤一】单击“切换”选项卡中的“切换到此幻灯片”，选择“华丽型”中的“时钟”切换效果，单击“效果选项”下拉按钮，选择“顺时针”，如图 4-40 所示。在“计时”组中，声音选择“微风”，持续时间设为 2 秒，“换片方式”选择“设置自动换片时间”，并将时间设置为“00：02.00”（2 秒），如图 4-41 所示，最后单击“计时”组中的“应用到全部”。

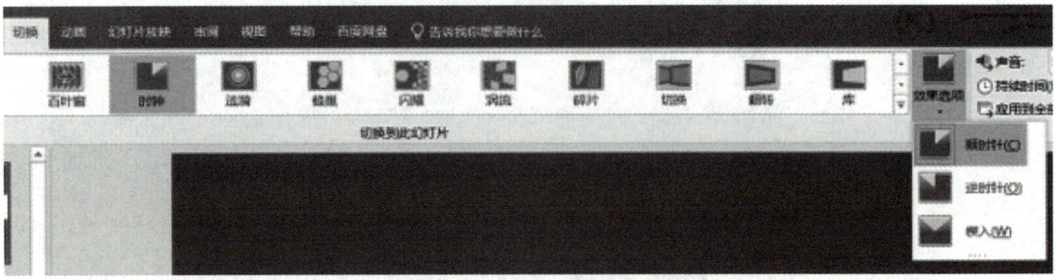

图 4-40　设置时钟切换效果

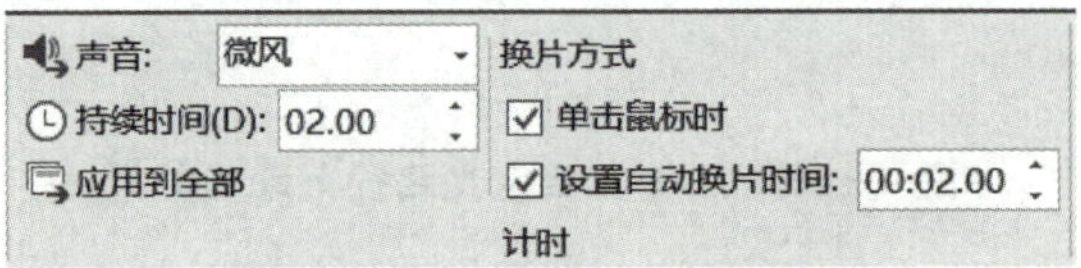

图 4-41　设置“计时”组

【操作步骤二】在“幻灯片放映”选项卡中，单击“设置幻灯片放映”，在弹出的“设置放映方式”对话框中，“推进幻灯片”选择“手动”，如图 4-42 所示。

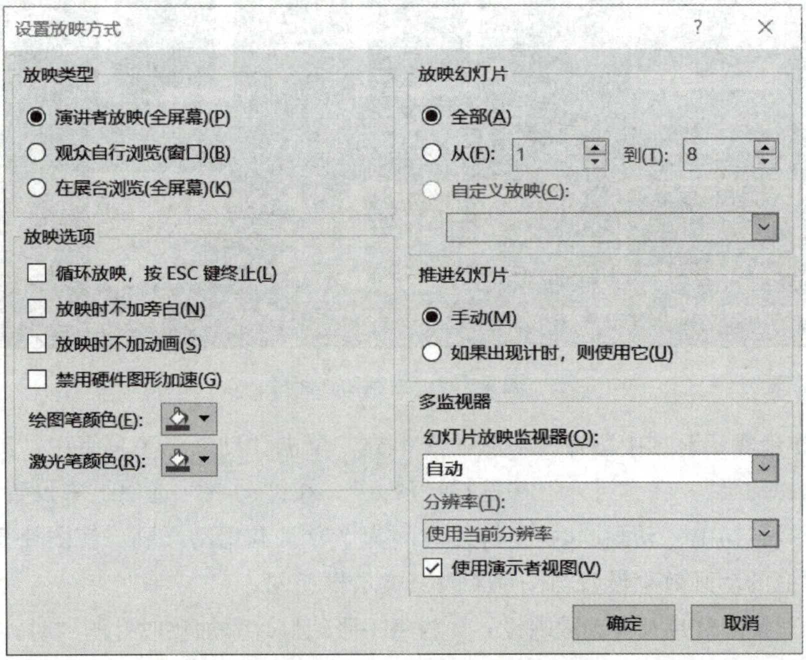

图 4-42　设置放映方式

（8）将演示文稿转换为视频。将演示文稿导出为“全高清（1080p）”视频，不使用录制的计时和旁白，放映每张幻灯片的秒数设置为 5 秒，导出的视频命名为“演示文稿导出视频”，保存到“桌面”→“学号姓名”文件夹中。

【操作步骤】将演示文稿转换为视频有两种方法：①单击“文件”选项卡中的“导出”，在打开的界面中选择“创建视频”，右侧出现“创建视频”界面，如图 4－43 所示；在“全高清（1080p）”下拉列表中可以设置视频的显示大小及画面质量，使用默认的“全高清（1080p）”即可，如图 4－44 所示；再单击“创建视频”，出现“另存为”对话框，在地址栏找到“桌面”→“学号姓名”文件夹，将文件名改为“演示文稿导出视频”，保存即可。②单击“文件”选项卡中的“另存为”，打开“另存为”界面，单击“浏览”，弹出“另存为”对话框，在“文件名”文本框中输入文件名“演示文稿导出视频”，设置文件类型为“Windows Media 视频”，这样也可以将演示文稿转换为视频。

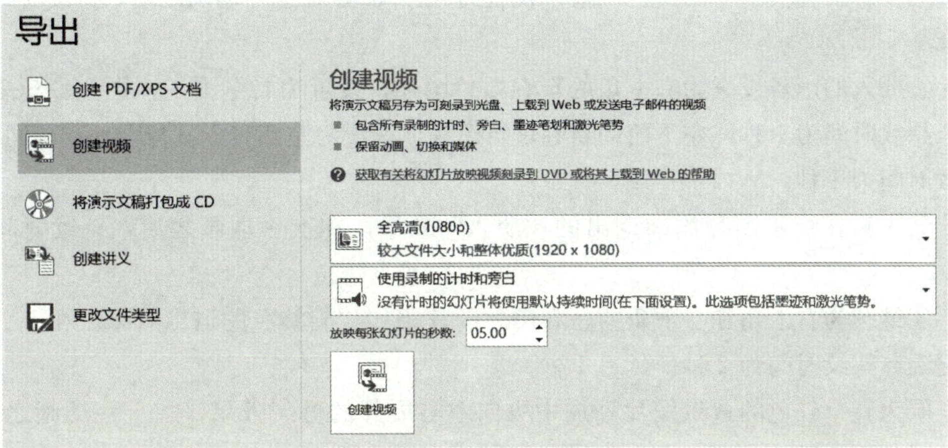

图 4－43　“创建视频”界面

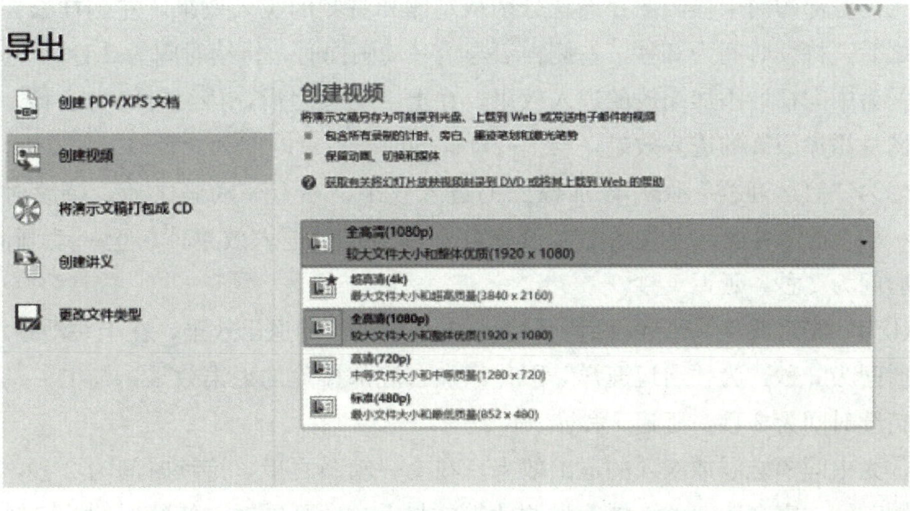

图 4－44　设置视频的显示大小及画面质量

（9）将文档重命名为“河北省交通规划设计研究院新员工入职培训．pptx”，另存到“桌面”→“学号姓名”文件夹中。

【操作步骤】打开“文件”选项卡，选择“另存为”；在地址栏找到“桌面”→“学号姓名”文件夹，将文件名改为“河北省交通规划设计研究院新员工入职培训”，保存即可。

任务训练

幻灯片动画设计练习

通过对演示文稿“新年贺卡—素材．pptx”第1、2张幻灯片进行编辑加工，制作新年贺卡演示文稿。

（1）打开“新年贺卡—素材．pptx”，第1张幻灯片动画效果设计要求如下：

①将“新春贺卡”图片进入效果设置为“浮动”，在上一动画之后，持续时间为2秒。

②插入的声音设置为右上角的新春爆竹图片，设置为右侧飞入，在上一动画之后，持续时间为1秒，左下角的新春爆竹图片，设置为左侧飞入，与上一动画同时，持续时间为1秒。

③为新春快乐图片添加退出的“淡入”效果，在上一动画之后，持续时间为2秒。

④继续为右上角和左下角的新春爆竹图片添加“旋转”的退出效果，在上一动画之后，持续时间为2秒，延迟1秒。

⑤为整个红色的背景图片添加中央向左右展开的劈裂效果，在上一动画之后，持续时间为2秒。

（2）第2张幻灯片动画效果设计要求如下：

①为底部的两朵祥云图片设置分别从左侧和右侧的飞入效果，左侧祥云在上一动画之后，持续时间为2秒，右侧祥云与上一动画同时，持续时间为2秒。

②为中间福娃添加缩放的进入效果，在上一动画之后，持续时间为2秒，继续为此图片添加回旋的进入效果，与上一动画同时，持续时间为3秒。

③为“启运迎祥”图片添加擦除的进入效果，在上一动画之后，持续时间为2秒，为“光启鸿途，开先裕后”设置自左侧切入的进入效果，与上一动画同时，持续时间为2秒，延迟1秒。

④为“光启鸿途，开先裕后”设置自右下阶梯状的退出效果，在上一动画之后，持续时间为2秒，为“启运迎祥”图片添加自底部擦除的退出效果，与上一动画同时，持续时间为2秒，延迟1秒。

⑤为中间福娃添加淡入的退出效果，在上一动画之后，持续时间为2秒，同时添加顺时针、完全旋转的陀螺旋强调效果，与上一动画同时，持续时间为2秒，继

续为福娃图片添加强调效果：放大/缩小，方向为两者，分量为微小，与上一动画同时，持续时间为 2 秒。

⑥为左侧祥云图片添加直线向下的路径，在上一动画之后，持续时间为 2 秒，为右侧祥云添加自定义路径，使其从现在位置飞到幻灯片中间。

(3) 将文档重命名为“新年贺卡—作品”，另存到“桌面”→“学号姓名”文件夹中。

知识巩固

1. PowerPoint 2019 中添加动画效果在（　　）选项卡中。

A. 设计　　B. 视图　　C. 动画　　D. 插入

2. 以下不属于 PowerPoint 2019 可以添加的动画效果类型的是（　　）。

A. 进入　　B. 强调　　C. 动作路径　　D. 视频

3. 在 PowerPoint 中，要终止幻灯片的放映，应使用的快捷键是（　　）。

A. Ctrl+C　　B. Esc　　C. End　　D. Alt+F4

4. 若要在幻灯片中插入垂直文本，应选择的选项是（　　）。

A.“开始”选项卡的“文本框”

B.“审阅”选项卡的“文本框”

C.“格式”选项卡的“文本框”

D.“插入”选项卡的“文本框”

5. 在 PowerPoint 2019 中，要设置幻灯片循环放映是在（　　）选项卡中。

A. 开始　　B. 视图

C. 幻灯片放映　　D. 审阅

项目五
人工智能应用

随着科学技术的发展，人工智能悄然走进人们的生活，并且已经渗透到各个行业和领域，如金融、医疗、教育、交通等。人工智能是计算机科学的一个分支，旨在开发和应用能够模拟、延伸和扩展人类智能的理论、方法和技术，包括机器人、语言识别、图像识别、自然语言处理等，其核心是让机器具有类似于人类智慧的能力，包括感知、学习、推理、决策和行动等。随着技术的不断进步和应用场景的扩大，人工智能将在未来发挥越来越重要的作用，为人类社会带来更多便利和福祉。

学习目标

★知识目标：

1. 掌握人工智能的基础知识，包括基本概念、发展历程、研究分支及不同形态的定义。

2. 熟悉人脸识别的定义和特点，理解实现人脸识别技术的过程和难点，了解人脸识别在不同领域的应用场景。

3. 掌握自然语言处理的基本概念和核心任务，理解自然语言处理的难点，了解自然语言处理在机器翻译、语音识别等领域的应用。

★能力目标：

1. 能够在人工智能应用领域提出新的思路和方法，推动技术创新。

2. 能够关注行业前沿动态，了解新技术和新应用，将其应用于实际工作中，提高工作效率。

★素养目标：

1. 具备扎实的科技基础知识和科学素养，能够理解和评价人工智能技术的原理和应用。

2. 培养对人工智能技术的兴趣和热情，关注人工智能领域的最新动态和技术发展。

3. 树立正确的职业道德观念，遵守人工智能应用的法律法规和伦理规范。

4. 具备责任感和使命感，能够为人工智能技术的发展和应用做出积极贡献。

任务一 人工智能基础知识认知

近年来，人工智能在我们的日常生活中已经随处可见，电影中那些外表以假乱真的仿真人、会开玩笑的语音管家、高超的自动驾驶技术等，都已经进入我们的现实生活中，如今人工智能已不再是理想状态。

人工智能在日常生活中的应用场景：智能手机、智能家居设备、智能汽车上的语音助手等，都具备理解和回应各种问题的能力，它们还可以执行一些简单的任务，如播放音乐、关闭空调、打开汽车天窗等；在线购物平台、音乐流媒体服务和社交媒体平台利用人工智能算法分析用户的偏好和行为，为用户提供他们感兴趣的产品；生活中佩戴的智能手表，已经能够利用人工智能算法来监测和分析用户的健康数据，如心率、睡眠质量和日常活动量，进而用于提供健康建议、预警潜在的健康问题或制订锻炼计划。

除此之外，人工智能还在金融、教育、制造业等领域发挥着重要作用。例如，在金融领域，人工智能可以通过分析大量数据来预测市场趋势，为投资者提供决策参考；在教育领域，智能教育平台能够根据学生的学习风格和节奏，为他们提供量身定制的学习材料和练习题；在制造业中，工业机器人不仅提高了生产效率，还降低了工作中的危险性。

总之，人工智能已经成为我们日常生活中不可或缺的一部分，它正在不断地改变着我们的生活方式和工作方式，本任务将为大家简单介绍人工智能的基础知识。

一、人工智能的定义

人工智能（Artificial Intelligence），英文缩写为 AI，是一门研究、开发、实现和应用智能的科学技术，旨在使计算机和机器具备一定程度的人类智能，以便执行某些复杂的任务，甚至超越人类的智能水平。具体来说，人工智能是通过模拟人类的感知、学习、推理、理解、决策等智能行为，使计算机和机器能够自主地获取和应用知识，并解决问题、实现目标。它结合了计算机科学、数学、控制论、语言学、心理学、生物学、哲学等多学科的理论、方法和技术，形成了一个综合性的交叉学科领域。

人工智能是一个迅速发展的领域，应用范围也在不断变化和扩展，其定义也在不断地发生演变。一直以来，学术界对于人工智能的定义也尚无统一的说法，美国斯坦福大学人工智能研究中心尼尔逊教授对人工智能下了这样一个定义：“人工智能是关于知识的学科——怎样表示知识以及怎样获得知识并使用知识的科学。”而美国麻省理工学院的温斯顿教授认为：“人工智能就是研究如何使计算机去做过去只有人才能做的智能工作。”本书将统一采用《人工智能标准化白皮书（2018 年）》给出的定义：人工智能是利用数字计算机或者由数字计算机控制的机器，模拟、延伸和扩展人类的智能，感知环境、获取知识并使用知识获得最佳结果的理论、方法、技术和应用系统。

二、人工智能的发展历程

（一）第一次繁荣期：1956—1975 年

1956 年达特茅斯会议上首次提出了“人工智能”的概念，并确定了人工智能的发展目标。人工智能的概念被提出后，相继取得了一些令人瞩目的研究成果，如机器定理证明、跳棋程序等，掀起了人工智能发展的第一个高潮。

（二）第一次低谷期：1976—1981 年

人工智能发展初期的突破性进展大大提升了人们对人工智能的期望，人们开始尝试更具挑战性的任务，并提出了一些不切实际的研发目标。机器翻译等项目的失败（如无法用机器证明两个连续函数之和还是连续函数、机器翻译闹出笑话等）及一些学术报告的负面影响，使得人工智能的经费普遍减少。人们对人工智能提出了许多质疑和批评：运算能力不足、计算复杂度较高、尝试与推理实现难度较大等，人工智能的发展走向低谷。

（三）第二次繁荣期：1982—1986 年

这一时期出现的专家系统，模拟人类专家的知识和经验解决特定领域的问题，实现了人工智能从理论研究走向实际应用、从一般推理策略探讨转向运用专门知识的重大突破。专家系统在医疗、化学、地质等领域取得成功，如 1985 年出现了更强可视化效果的决策树模型和突破早期感知机局限的多层人工神经网络。具备逻辑规则推演和特定领域解决问题的专家系统的盛行和五代计算机的发展，推动了人工智能走向应用发展的新高潮。

（四）第二次低谷期：1987—1996 年

随着人工智能的发展，实现难度逐渐增大，加上之前过于乐观的预测导致人们的期望过高，当发现人工智能无法完全达到之前的预期时，对其的资金投入和关注度开始下降。1987 年，LISP 机的市场崩塌，人工智能研究的技术领域再一次陷入瓶颈，抽象推理不再继续被人关注，基于符号处理的模型遭到诸多人工智能研究者的反对，人工智能再次进入低谷期。

（五）复苏期：1997—2009 年

1997 年，IBM 研发的深蓝（Deep Blue）战胜了世界国际象棋冠军，提出了长短期记忆网络（Long Short-Term Memory，LSTM）概念及神经网络应用在优化反向传播。2006 年，杰弗里·辛顿和他的学生开始研究深度学习。人工智能复苏期间，计算机性能与互联网技术的快速普及，促进了 AI 的发展。随着神经网络技术的发展，人们对人工智能开始抱有客观、理性的认知，人工智能技术开始进入稳步发展期。

（六）增长爆发期：2010 年至今

深度学习的应用及类脑计算的提出与发展，为人工智能的发展开辟了全新的道路。当前阶段，人工智能在语音识别、图像分类、自然语言理解、智能问答等领域都取得了显著的突破。2014 年，微软公司发布了全球第一款个人智能助理微软小娜。2016 年 3 月，AlphaGo 以 4∶1 战胜世界围棋冠军。2017 年 10 月，DeepMind 团队公布了最强版 AlphaGo，代号为 AlphaGo Zero。新一代信息技术引发信息环境与数据基础变革，海量图像语音文本等多模态数据不断出现，人工智能的计算能力得到提高。

三、人工智能的研究分支

人工智能的分类可以根据人体构造进行划分，如机器学习（大脑）、计算机视觉（眼睛）、自然语言处理（耳朵和嘴巴）、机器人（四肢）等，所以人工智能的应用分支也相应地根据以上领域进行研究，它们之间也有重叠和相互需要的部分。下面将对人工智能的几大研究分支进行简单介绍。

（一）机器学习

机器学习（Machine Learning）专门研究计算机怎样模拟或实现人类的学习行为，以获取新的知识或技能，重新组织已有的知识结构使其不断改善自身的性能，它是人工智能的研究核心，也是使计算机能够智能化的根本途径。

机器学习的主要任务是指导计算机从数据中学习，然后利用经验来改善自身的性能，而不需要进行明确的编程。机器学习算法会不断地从这些数据中学习，自动发现数据中的模式，并根据这些模式进行预测或做出决策。随着数据量的增加，机器学习算法的性能也不断提高。

在实际应用中，机器学习已经广泛应用于图像识别、语音识别、自然语言处理、推荐系统、智能控制等领域。例如，在图像识别领域，机器学习算法可以通过学习大量的图像数据，自动识别出图像中的物体、场景等信息；在语音识别领域，机器学习算法可以识别不同人的语音，并将其转化为文本信息；在自然语言处理领域，机器学习算法可以自动分析、理解和生成人类语言。

（二）计算机视觉

计算机视觉（Computer Vision）是指让计算机和系统能够从图像、视频和其他视觉输入中获取有意义的信息，并根据该信息采取行动或提供建议。它就像人工智能的“眼睛”一样，赋予了计算机发现、观察和理解的能力。我们日常生活中使用的人脸识别、指纹识别、以图搜图、图像语义理解、目标识别等技术都属于计算机视觉的研究领域。

计算机视觉的目标是模仿人类视觉系统的工作方式，它需要大量数据一遍又一遍地进行数据分析，直到能够辨别差异并识别图像为止。在这个过程中，深度学习技术和卷积神经网络（CNN）技术深刻改变了计算机视觉。深度学习方法用算法模型让计算机能够自行学习视觉数据的上下文。算法赋予机器自学的能力，无须人类编程就使计算机能够识别图像。CNN 将图像分解为像素，并为像素指定标记或标签，从而使机器学习或深度学习模型能够“看”到物体。

（三）自然语言处理

自然语言处理（Natural Language Processing）是计算机科学、人工智能和语言学领域的一个交叉学科，主要研究如何让计算机能够理解、处理、生成和模拟人类语言的能力，从而实现与人类进行自然对话的功能。

自然语言处理的工作原理可以大致分为三个步骤：语言识别、语言理解和语言生成。语言识别是指计算机通过识别人类自然语言的方式来理解和处理语言。在这个过程中，计算机会使用一些自然语言处理技术，如句法分析、语义分析、命名实体识别等方法，用来分析和理解人类自然语言中所蕴含的含义和结构。语言理解是指计算机通过分析人类语言的语法、语义和语境等信息，来理解人类语言的含义和意图。在这个过程中，计算机会使用一些自然语言处理技术，如情感分析、文本分类、主题建模等，来提取人类语言中的信息和情感。语言生成是指计算机通过生成人类语言的方式来回应人类语言的请求或命令。在这个过程中，计算机会使用一些自然语言生成技术，如文本生成、语音合成等，来生成符合语法和语义规则的人类语言。

自然语言处理的应用范围非常广泛，计算机通过自然语言处理技术，可以实现机器翻译、问答系统、情感分析、文本摘要等多种应用。

（四）机器人

机器人是一种可以执行各种任务和工作的自动化机器。它们可以通过学习、推理、感知和动作等来模拟人类的行为和思维过程，一般可以分为两类：一类是具有人类外形的机器人，它们可以像人类一样移动、说话和操作物体；另一类是不具有人类外形的机器人，它们可以在固定位置或环境中执行任务，如自动化生产线上的装配机器人。

机器人的工作原理可以大致分为三个部分：感知、认知和动作。感知是指机器人通过各种传感器来获取环境信息，如视觉、听觉、触觉等；认知是指机器人通过机器学习、深度学习等技术来理解和处理这些信息，并做出相应的决策和行动；动作是指机器人根据决策结果执行相应的动作，如移动、操作物体等。

机器人的发展需要多学科交叉合作，包括计算机科学、机械工程、电子工程、生物学等。同时，为了实现机器人的更加智能化和自主化，还需要不断研究和探索新的技术和方法，如深度学习、强化学习等。

四、人工智能的形态

人工智能到底能否真的像人类那样思考并利用知识完成一定行为呢？人工智能到底已经发展到什么程度了？它们是否已经超出人类所控制的范围呢？这些问题应该一直困扰着很多人。想要深入地探讨这些问题，我们首先要了解一下不同形态的人工智能。

根据人工智能是否能真正实现推理、思考和解决问题，人工智能可以分为弱人工智能、强人工智能和超人工智能。

（一）弱人工智能

弱人工智能也称为限制领域人工智能或者应用型人工智能，它是指那些只能在特定领域表现出智能水平的人工智能系统。这些系统的功能和表现通常有限，只能处理特定的任务，并且不能自主地扩充或深化知识。这些机器表面看起来像是智能的，但是并没有真正拥有智能，也不会有自主意识。比如，战胜围棋世界冠军的AlphaGo就是一个典型的例子，它虽然在围棋棋局中战胜了人类，但是它的智能水平也仅仅就止步于围棋，如果让它进行机器翻译，它就无法给出想要的答案。

所以弱人工智能可以视作人类可控的智能工具，并不会对人类社会造成威胁。虽然弱人工智能无法像强人工智能那样具有全面的智能化和自主化，但在特定任务上可以表现出相当高的性能和效率。目前的主流研究仍然集中于弱人工智能，在语音识别、图像处理、物体分割、机器翻译等方面取得了重大突破，甚至可以接近或超越人类水平。

（二）强人工智能

强人工智能又称为通用人工智能或者完全人工智能，它是指能够像人类一样进行智能思考、自主学习、自我进化的人工智能。具体来说，强人工智能可以像人类一样具有自我意识、情感认知、创造思维等方面的智能表现，并能够独立完成复杂的任务，不需要人类的干预。

强人工智能具备以下特征：

（1）自主性：强人工智能能够进行自主决策，不需要人类的干预。

（2）学习能力：强人工智能能够从经验中学习，并且具备迁移学习的能力，可以将已经学到的知识应用到新的领域中去。

（3）推理能力：强人工智能能够通过逻辑推理和演绎推理解决问题。

（4）理解能力：强人工智能能够理解语言、图像等复杂的信息，并从中提取出有用的信息进行应用。

（5）创新能力：强人工智能能够创造新的概念和想法，具备一定的创新能力。

（6）意识和自我意识：强人工智能具备意识和自我意识，能够意识到自己的存在和周围环境的变化。具有自我意识的人工智能称为“通用人工智能”、“强人工智能”或“类人智能”。

一旦强人工智能符合以上几种特征，人类的工作几乎都可以用人工智能来取代，这一技术在哲学界和科学界都存在着极大的争议，人们对于人工智能发展的担忧也源于此。当然，目前的人工智能技术还远未达到强人工智能的水平，但是科学家们正在不断地探索和研究这个领域，未来的发展还是个未知数。

（三）超人工智能

相较于弱人工智能和强人工智能，人们对于超人工智能的定义还很模糊。牛津大学哲学家、未来学家尼克在他的《超级智能》一书中，将超人工智能定义为在科技创新、通识智慧和社交技能等几乎任何领域都比人类大脑聪明很多的智能。超人工智能远远超过人类智能水平，具有高度的自主性和创新能力，可以自我学习、自我优化、自我进化，并且能够独立完成复杂的任务，甚至超越人类的创造力和想象力。

超人工智能是人工智能领域的一个前沿概念，目前还处于研究和探索阶段。因此，对于超人工智能的发展和应用，需要谨慎地研究和规划，以确保其合理性和可持续发展。

五、人工智能发展的伦理问题

随着人工智能技术的快速发展，其引发的伦理问题也日益凸显，人们开始担忧这种技术可能带来的伦理问题，人工智能的伦理问题一直是一个复杂且重要的议题。以下是一些常见的人工智能伦理问题：

（一）人工智能对人类的威胁

很多人在享受人工智能带来便利的同时，开始担心这种技术可能对人类构成威胁。例如，如果人工智能系统获得了自主决策的能力，它可能会对人类构成威胁，甚至可能会导致人类的灭绝。这种担忧源于人工智能系统的不确定性和不可预测性，使得人们无法预测其行为和决策。

（二）数据隐私和安全

人工智能系统需要大量的数据来进行训练和优化，这些数据可能包含个人隐私信息。如果没有适当的保护，这些数据可能会被滥用，导致个人隐私泄露。此外，如果黑客攻击了人工智能系统，可能会导致数据泄露和系统被恶意控制。

（三）偏见和歧视

人工智能算法在某些情况下可能会表现出偏见和歧视。例如，如果人工智能算法的训练数据源于历史数据集，而这些数据集又包含偏见和歧视，那么人工智能算法可能会“继承”这些偏见和歧视，导致做出不公平的决策。这种偏见和歧视可能会对某些群体造成不利的后果。

（四）责任和问责

当人工智能系统引发事故或错误时，很难确定责任和进行问责。由于人工智能系统是自主运行的，很难确定其决策过程和原因，因此很难追究其责任。此外，如果人工智能系统引发了事故或错误，可能会对人类造成伤害，但其决策过程和原因可能很难追溯和解释。

（五）失业和就业

很多人最关心的问题之一就是人工智能是否会取代人类。人工智能技术的广泛应用可能会导致一些传统岗位的消失，但也可能会创造新的就业机会。人工智能的发展可能会导致一些工种的消失，如驾驶员、服务员等。同时，人工智能的发展也可能会催生新的行业和职业，如数据分析师、人工智能工程师等。

自 2017 年以来，美国、欧盟、中国、加拿大、日本、新加坡等国家或地区陆续发布 AI 发展和治理的法律法规准则，立法探索也历经从宏观性准则和战略到条款逐渐细化的过程。2017 年，我国国务院印发《新一代人工智能发展规划》，对人工智能的发展提出了总体要求，并下达了重点任务，同时也提供了有效的保障措施，确保人工智能快速稳步地发展。2021 年 9 月，国家新一代人工智能治理专业委员会发布了《新一代人工智能伦理规范》，旨在将伦理道德融入人工智能全生命周期，增强全社会的人工智能伦理意识与行为自觉，积极引导负责任的人工智能研发与应用活动，促进人工智能健康发展。所以，未来解决人工智能产生的伦理问题需要政府、社会和公众多方的努力和合作，为人工智能的安全、健康、和谐、稳定的发展创造良好的环境。

任务训练

探讨：思考人工智能是否会取代人类。

知识巩固

1. 以下不属于人工智能的形态的是（　　）。

A. 弱人工智能　　B. 强人工智能

C. 超人工智能　　D. 低人工智能

2. 如果把人工智能的研究分支按照人类的人体构造进行划分，那么以下分类可类比为人类的眼睛的是（　　）。

A. 机器学习　　B. 计算机视觉

C. 自然语言处理　　D. 机器人

3. 首次提出“人工智能”的概念是在（　　）年。

A. 1954　　B. 1955　　C. 1956　　D. 1957

任务二　人脸识别

人脸识别技术属于计算机视觉领域的一个研究方向，是人工智能领域的一个重要分支，被广泛应用于安全、金融、交通、医疗等领域。在我们的生活中，人脸识别已经处处可见，如手机解锁、手机支付、防盗门开锁等都可以通过人脸进行识别，我们正在进入“刷脸”的时代，你的任何数据信息都可以跟你的脸进行绑定。下面我们就一起看看人工智能的人脸识别技术是怎么实现的吧！

一、人脸识别的定义和特点

人脸识别技术是计算机视觉领域中很典型的应用，它是一种基于人脸特征的生物识别技术，利用计算机图像处理、机器学习和模式识别等技术，实现人脸图像信息的自动识别和处理。该技术通过采集和比对人脸特征信息，进行身份验证和识别。

人脸识别是身份识别的一种，它跟身份证识别、指纹识别、虹膜识别等具有相似性。同其他识别方式相比，它具有四个特点：

（1）便捷性：人脸是生物特征，不需要携带类似身份证一样的实物信息即可识别。

（2）非强制性：人脸识别的过程可以不需要对象的配合，只要拍摄到人脸就可以进行识别。

（3）非接触性：人脸识别不需要人跟设备进行接触，相比指纹识别更加安全一些。

（4）并行处理：人脸识别技术可以同时处理一张图片里的多个人脸，不像指纹识别和虹膜识别需要逐一进行识别。

二、人脸识别的过程

人脸识别的过程主要分为四个步骤：人脸检测，人脸对齐，特征提取，特征匹配。

（一）人脸检测

人脸检测是从采集的图像中检测出人脸的位置和大小，是人脸识别的第一步。该步骤通常使用计算机视觉和机器学习等技术，对图像中的人脸特征进行提取和比对，实现人脸的自动检测。它可以检测出采集图像中所包含的面部特征，并忽略诸如建筑物、树木和身体等其他任何东西和部位。有时候，人脸检测也可以通过找到面部的细微特征，如眼睛、鼻子、嘴巴等来确定人脸的精细位置。

（二）人脸对齐

人脸对齐是将不同角度的人脸图像对齐成同一标准的形状，以便于后续的特征提取和匹配。该步骤通常使用计算机视觉和机器学习等技术对人脸特征点进行定位和几何变换，将人脸图像变换到统一的角度和尺寸。首先，通过特征点检测算法，自动定位出人脸图像中的特征点，如眼睛、鼻子、嘴巴、眉毛等部位的轮廓和关键点。然后，通过几何变换算法，将这些特征点对齐到同一标准位置，通常是一个标准化的人脸模型。在实际应用中，人脸对齐技术需要考虑到不同的人脸尺度、姿态、表情和遮挡等因素。因此，准确的人脸对齐算法需要具备稳健的特征点检测、准确的几何变换和自适应的参数调整能力。

（三）特征提取

人脸特征提取也称人脸表征，是利用计算机技术从人脸图像中提取出具有代表性的特征信息，以便于进行人脸识别和分类，是对人脸进行特征建模的过程。其原理基于图像处理、计算机视觉和机器学习等技术，通过分析人脸图像中的各种特征，如眼睛、鼻子、嘴巴、眉毛等部位的形状、大小、位置等信息，提取出与身份相关的特征信息。人脸特征提取的方法归纳起来分为两大类：一种是基于知识的表征方法，另一种是基于代数特征或统计学习的表征方法。

1. 基于知识的表征方法

基于知识的表征方法主要根据人脸器官的形状描述及它们之间的距离特性来获得有助于人脸分类的特征数据，其特征数据通常包括特征点之间的欧氏距离、曲率和角度等，其方法主要包括基于几何特征的方法和模板匹配法。

2. 基于代数特征或统计学习的表征方法

基于代数特征或统计学习的表征方法则是利用机器学习和统计分析等技术，从大量的人脸图像中学习得到特征表示，这些特征通常具有较好的鉴别性，能够区分不同的人脸，其方法主要包括主成分分析法（PCA）、线性判别分析法（LDA）、局部二值模式（LBP）等。这些方法通过对人脸图像进行降维处理，提取出最具有鉴别性的特征，以便于进行人脸识别和分类。

（四）特征匹配

特征匹配是将提取出的人脸特征与数据库中的特征进行比对，找出相似度最高的匹配结果。该步骤通常使用分类器、神经网络等算法，通过计算特征之间的距离或相似度，实现人脸的识别和匹配。

在实际应用中，特征匹配的方法主要包括欧氏距离、卡方距离、余弦相似度等。这些方法通过计算提取出的人脸特征之间的距离或相似度，判断人脸的身份。其中，欧氏距离是最常用的方法之一，它通过计算两个特征向量之间的直线距离，衡量特征之间的相似度。在特征匹配的过程中，还需要考虑不同的人脸尺度、姿态、表情和遮挡等因素对特征匹配的影响。因此，准确的人脸特征匹配算法需要具备稳健的特征表示、特征提取和匹配能力。

三、人脸识别的难点

人脸识别技术虽然已经取得了很大的进展，但在实际应用中由于人脸等生物特征及外部环境的可变性，给人脸识别的效果也带来了巨大的挑战。

（一）光照条件的变化

光照条件的变化会影响人脸图像的亮度和对比度，从而影响人脸识别的准确率。不同时间和环境下的人脸图像可能会因为光照条件的变化而产生较大的差异，给人脸识别带来困难。

（二）面部朝向和姿态变化

面部朝向和姿态变化也是人脸识别的难点之一。不同的人脸姿态和朝向会影响人脸特征的可识别性，特别是当人脸姿态倾斜或者侧脸等情况时，对识别造成较大难度。

（三）面部遮挡

面部遮挡也是常见的人脸识别难点之一。戴口罩、戴眼镜、蓄胡须等情况都可能导致面部特征被遮挡，从而影响人脸识别的准确率。

（四）年龄变化

人脸的年龄变化也是一个挑战。随着年龄的增长，人脸的特征和形态都会发生变化，特别是在儿童和成人之间，年龄变化对人脸识别的影响较大。

（五）表情变化

人脸的表情变化也是人脸识别的难点之一。不同的表情会导致面部特征发生显著变化，如笑、哭、愤怒等表情，从而影响人脸识别的准确率。

（六）相似面孔

相似面孔是指不同人之间的面部特征非常相似，这会导致人脸识别系统难以区分不同的个体。例如，同卵双胞胎、家族成员等具有相似面部特征的人脸，对识别造成较大难度。

（七）采集条件的不同

采集条件的不同也会影响人脸识别的效果。例如，摄像头分辨率、采集环境、角度等因素都可能影响人脸识别的准确率。

虽然人脸识别技术已经取得了很大的进展，但在实际应用中仍然存在一些难点。为了提高人脸识别的准确率，需要不断改进算法和技术，并充分考虑各种因素对识别效果的影响。

四、人脸识别的应用

人脸识别在我们的生活中已经随处可见，其应用范围也非常广泛。以下是一些常见的人脸识别应用场景。

（一）门禁系统

人脸识别技术广泛应用于门禁系统中，人脸识别门禁系统可以快速准确地识别进出人员，提高安全性和便利性。

（二）金融领域

人脸识别技术在金融领域的应用主要与用户的财务信息进行绑定，如银行ATM机、移动支付等。通过人脸识别技术，可以方便快捷地进行身份验证和交易。

（三）公共安全

人脸识别技术在公共安全领域的应用也十分广泛，如公安系统的人脸识别、追捕逃犯等。通过人脸识别技术，可以快速准确地识别犯罪嫌疑人，确保公共安全。

（四）交通领域

人脸识别技术在交通领域的应用主要包括机场安检、汽车站进站等。通过人脸识别技术，可以快速准确地验证乘客身份，提高交通运营效率，帮助人们缩短通勤时间，也协助公共交通领域缓解人流压力。

（五）娱乐产业

人脸识别技术在娱乐产业也有应用，如虚拟现实、游戏等。通过人脸识别技术，可以更加真实地模拟现实世界，提高用户的沉浸感和体验感。

（六）健康医疗

人脸识别技术在健康医疗领域的应用也备受关注，如远程医疗、智能健康管理等。通过人脸识别技术，可以方便快捷地收集和识别患者的健康数据，提高医疗服务的质量和效率。

随着人脸识别技术的不断发展，人脸识别的应用场景还将不断拓展和完善。

任务训练

谈谈你在生活中常应用到的人脸识别技术，以及这些技术给你的生活带来了哪些便利。

知识巩固

1. 以下没有应用到人脸识别技术的是（　　）。

A. 门禁系统　　B. 手机人脸解锁

C. 车站进站验证乘客身份　　D. 语音识别

2. 下列关于人脸识别的过程步骤正确的是（　　）。

A. 人脸检测—人脸对齐—特征提取—特征匹配

B. 人脸对齐—人脸检测—特征提取—特征匹配

C. 特征提取—人脸检测—人脸对齐—特征匹配

D. 特征提取—特征匹配—人脸检测—人脸对齐

3. 以下不属于人脸识别特点的是（　　）。

A. 便捷性　　B. 非强制性　　C. 接触性　　D. 并行处理

任务三 自然语言处理

比尔·盖茨曾说过："语言理解是人工智能皇冠上的明珠。"在人工智能出现之前，机器能智能处理结构化数据，但是网络中大部分数据都是非结构化的，如文本、图片、音频、视频等。在非结构化数据中，数量占据最大的就是文本数据，它虽然没有图片和视频占用的空间大，但是它的信息量是最大的。那么让机器理解这些文本信息并加以利用，就需要用到自然语言处理技术了。仔细回想，你是否用谷歌翻译将中文翻译成其他语言？你是否在微信上将语音转换成文字？这些在我们日常生活中的应用都需要自然语言处理技术。

一、自然语言处理的概念

语言是人类沟通的桥梁，机器也有自己的语言，那就是数字信息，而自然语言处理就是机器语言和人类语言之间沟通的桥梁，以实现人机交流的目的。所以，自然语言处理（Natural Language Processing，NLP）是人工智能领域中的一个重要分支，是一门涉及语言学、计算机科学和人工智能等多个学科的交叉学科，旨在让计算机理解和生成人类语言，以实现人与计算机之间的自然语言交互。

自然语言处理涉及的技术包括词法分析、句法分析、语义理解和篇章分析等，在应用方面已经广泛应用于机器翻译、舆情监测、自动摘要、观点提取、文本分类、问题回答、文本语义对比、语音识别和中文 OCR 等领域。

自然语言处理的发展历程与机器翻译等具体任务紧密相关，随着技术的不断进步，其应用前景越来越广阔。在实际应用中，自然语言处理可以帮助人们更高效地进行文本处理和信息抽取，提高人机交互的智能化水平，为语言学研究提供新的研究方法和视角。

二、自然语言处理的核心任务

自然语言处理有两个核心任务，分别是自然语言理解和自然语言生成。

（一）自然语言理解

自然语言理解（Natural Language Understanding，NLU）是指希望计算机像人一样，具备正常人的语言理解能力，能够理解和分析人类语言的各项任务，包括词性标注、句法分析、语义理解等。其目标是让计算机能够识别和理解人类语言的语法、语义及上下文信息，从而进行相应的操作或回答，如在智能语音助手、搜索引擎、机器客服等领域中，NLU 技术可以帮助计算机理解用户的问题或指令，并给出相应的回答或执行相应的操作。

NLU 技术的实现存在五大难点：语言的多样性、语言的歧义性、语言的鲁棒性、语言的知识依赖和语言的上下文。举个简单的例子，如果你想订机票，在现实生活中有很多种表达方式，如“帮我买一张下周一去深圳的机票”“帮我订一班下周一去深圳的航班”等，听到这些表达的人都能准确地理解是要帮助你“订机票”这件事。而对于机器来说，理解这么多种表达方式具有一定的难度。在 NLU 技术之前，机器只能处理结构化数据，即用户必须输入具有关键词的精确指令，系统才可以处理。而以上的表达方式对于机器来说，文字中并没有包含提前设定好的关键词“订机票”，所以系统无法处理，而且也并不是只要出现了关键词“订机票”三个字就一定能被机器正确理解。比如，“我要退订机票”里也有这三个字，但这句话会被机器处理成用户想要订机票。

自然语言理解这个技术出现后，可以让机器从各种自然语言的表达中区分出来，哪些话归属于这个意图，哪些表达不是归于这一类的，而不再依赖于死板的关键词。比如，经过训练后，机器能够识别“帮我预订一间酒店房间”就不属于“订机票”这个意图的表达。并且通过训练，机器还能够在“帮我买一张下周一去深圳的机票”“帮我订一班下周一去深圳的航班”这些句子中自动提取出“深圳”这两个字指的是目的地，“下周一”指的是出发时间。

（二）自然语言生成

自然语言生成（Natural Language Generation，NLG）是指将计算机处理的信息或知识转换成人类可读的文本，主要目的是降低人类和机器之间的沟通难度，包括文本摘要、机器翻译、文本分类、情感分析等任务。NLG 的目标是让计算机能够生成符合语法规则、语义通顺、表达清晰自然的文本，以便于人类理解和接受。例如，在智能写作、智能客服、新闻报道等领域中，NLG 技术可以帮助计算机自动生成高质量的文本内容，提高生产效率和文本质量。

NLG 有两种方式，即文本到语言的生成（Text-to-Text Generation）和数据到语言的生成（Data-to-Text Generation）。文本到语言的生成是指将已有的文本进行转换或生成新的文本，如将新闻文章生成摘要，或者将长篇文章生成短篇文章。数据到语言的生成是指将非语言格式的数据转换成人类的语言格式。例如，将数据报表或统计信息转换成易于理解的文本，或者将可视化图表转换成文本描述。这两种方式可以根据具体需求选择使用，也可以结合使用以达到更好的效果。

NLG 可以根据复杂度和自动化程度的不同分为三个层次：简单的数据合并、模板化的 NLG 和高级的 NLG。简单的数据合并是最简单的 NLG 形式，它主要基于数据合并或信息抽取技术，其缺点是生成的文本可能比较机械化和重复，缺乏语义上的理解。模板化的 NLG 涉及使用预定义的模板来生成文本。例如，你可以创建一个模板来描述一个产品，包括其名称、价格、特性等。这种方法虽然比简单的数据合并更灵活，但它仍然需要人工创建和维护模板，因此自动化程度有限。高级的

NLG 是最先进的 NLG 形式，它涉及对语言本身的深入理解，以及如何从无到有地生成复杂的、有意义的文本。这通常涉及机器学习技术，如生成对抗网络（GANs）、变分自编码器（VAEs）和 Transformer 模型等。这些方法可以生成高质量的文本，但也需要大量的训练数据和计算资源。

实现自然语言的生成，一共需要六个步骤：

1. 内容确定（Content Determination）

NLG 系统需要决定哪些信息应该包含在正在构建的文本中，哪些不应该包含在正在构建的文本中。通常数据中包含的信息比最终传达的信息要多。

2. 文本结构（Text Structure）

确定需要传达哪些信息后，NLG 系统需要合理地组织文本的顺序。例如，在报道一场篮球比赛时，会优先表达“什么时间”“什么地点”“哪两支球队”，然后再表达“比赛的概况”，最后表达“比赛的结果”。

3. 句子聚合（Sentence Aggregation）

不是每一条信息都需要一个独立的句子来表达，这一步将多个信息合并到一个句子里，表达可能会更加流畅，也更易于阅读。

4. 语法化（Lexicalisation）

当每一句的内容确定下来后，就可以将这些信息组织成自然语言了。这个步骤会在各种信息之间加一些连接词，看起来更像是一个完整的句子。

5. 参考表达式生成（Referring Expression Generation，REG）

这个步骤跟语法化很相似，都是选择一些单词和短语来构成一个完整的句子。不过它跟语法化的本质区别在于 REG 需要识别出内容的领域，然后使用该领域（而不是其他领域）的词汇。

6. 语言实现（Linguistic Realisation）

当所有相关的单词和短语都已经确定时，需要将它们组合起来形成一个结构良好的完整句子。

三、自然语言处理的难点

语言是一个复杂的系统，通过对自然语言处理两大核心任务的学习，可以看出 NLP 技术的研究过程充满了挑战，以下是 NLP 技术常见的几大难点。

（一）语言本身的复杂性和多样性

自然语言本身的语法、语义和上下文环境非常复杂，而且不同地区、不同领域和不同语境下的语言使用习惯和表达方式也存在很大的差异，这给机器理解和生成自然语言带来了很大的挑战。

（二）语义理解的难度

自然语言中的词义、短语和句子的含义往往具有多义性和歧义性，需要依赖上下文环境和语境来进行判断和理解。此外，自然语言中的省略、指代和隐喻等修辞手法也增加了语义理解的难度。

（三）文化和背景知识的缺失

机器在处理自然语言时很难理解和运用人类的文化和背景知识，如成语、谚语、典故等，这些知识对于人类来说是自然而然的，但对于机器来说却是非常困难的。

（四）数据稀疏和不平衡问题

在自然语言处理中，很多任务的数据集都是稀疏和不平衡的，如情感分析、命名实体识别等，这给模型的训练和应用带来了很大的挑战。

（五）计算复杂度和资源限制

自然语言处理模型通常需要大量的计算资源和存储空间，这对于一些资源有限的环境来说是一个很大的挑战。同时，一些复杂的自然语言处理任务也需要大量的标注数据，但获取这些数据往往非常耗时和昂贵。

四、自然语言处理的应用

我们很难想象没有语言的世界，我们每天要面对非常多的文本和语音数据，自然语言处理技术在日常生活中的应用非常广泛，以下是 NLP 最日常的应用场景。

（一）机器翻译

机器翻译是指利用计算机自动将一种语言的文本转换为另一种语言的文本的过程。它是自然语言处理领域的一个重要应用。机器翻译的基本原理是利用大规模语料库和统计学习方法，分析不同语言之间的语法和语义规律，然后根据这些规律将一种语言的文本自动翻译成另一种语言的文本。目前的机器翻译准确率已经很高了，大家使用谷歌翻译或百度翻译等完全可以看懂文章的大意。

（二）语音识别

语音识别是指将人类语音中的词汇内容转换为计算机可读的输入，如按键、二进制编码或者字符序列，其核心任务是自动或半自动地识别出语音信号中的文字信息。目前语音识别已经被广泛应用，如微信里可以语音转文字、汽车中使用导航可以直接说目的地、老年人使用输入法也可以直接用语音而不用学习拼音等。

（三）情感分析

情感分析利用计算机技术自动分析和分类文本中的情感色彩，判断文本所表达的情感是积极、消极还是中性的，用于衡量人们的观点倾向。例如，我们可以对电影评论或由该电影引起的情绪状态进行分析。情感分析是自然语言处理中的一项重要任务，它可以了解人们对某个产品、服务、品牌或事件的看法和态度，为企业的市场策略制定、产品改进提供有力的数据支持，也可以帮助政府机构监测社交媒体上的舆情，及时发现并处理危机情况。

（四）聊天机器人

聊天机器人是一种模拟人类对话进行交流的计算机程序，能够根据用户输入的文字或语音信息，进行智能化回复或提供服务，可以应用于各种场景，如客户服务、智能助手、教育等，常见的苹果 Siri、微软小冰、小米小爱同学等都属于聊天机器人。过去聊天机器人大多只被人们当作娱乐的工具，近年来随着智能家居、智能汽车的发展，聊天机器人展现出越来越多的使用价值。

任务训练

小组讨论：日常生活中应用过哪些自然语言处理技术？它给生活带来了哪些便利？希望它如何改进？

知识巩固

1.（　　）出现后，可以让机器从各种自然语言的表达中区分出来，而不再依赖于死板的关键词。

A. 自然语言生成　　　　B. 自然语言理解

C. 自然语言表达　　　　D. 自然语言分析

2. 以下属于自然语言处理的应用场景的是（　　）。

A. 情感分析　　B. 人脸识别　　C. 机器学习　　D. 自动驾驶

3. 下列关于自然语言处理的说法，正确的是（　　）。

A. 自然语言本身的语法、语义和上下文环境非常复杂，但是对于机器理解和生成自然语言来说不存在难度

B. 自然语言生成是指希望计算机像人一样，具备正常人的语言理解能力，能够理解和分析人类语言的各项任务

C. 聊天机器人是一种模拟人类对话进行交流的计算机程序，能够根据用户输入的文字或语音信息，进行智能化回复或提供服务

D. 自然语言生成第一步需要生成参考表达式

参考文献

［1］侯艳，董浩洁．信息技术办公自动化教程．北京：中国人民大学出版社，2019.

［2］余明辉，汤双霞，谢海燕，等．信息技术与人工智能基础．北京：人民邮电出版社，2023.

［3］杨家成．信息技术应用教程（Windows 10＋Office 2016）．北京：人民邮电出版社，2023.

［4］王改香．办公自动化项目教程．2 版．北京：北京希望电子出版社，2023.

［5］侯炳耀．Office 2019 办公应用实战从入门到精通．北京：人民邮电出版社，2020.

［6］王芹．办公软件应用项目实训．2 版．北京：清华大学出版社，2023.

［7］苏建立，韩立杰．计算机应用基础．北京：北京邮电大学出版社，2014.

［8］赵悦品，王廷臣．计算机基础任务化教程（Windows 7＋Office 2010）．上海：上海交通大学出版社，2016.